グローバル・テレビネットワークと
アジア市場

Global television networks in Asian markets

大場吾郎著

文眞堂

はじめに

　1992年，投宿した香港のホテルでテレビの電源を入れ，驚いた。1980年代初頭から中盤にかけて，日本で流行していたMTV（ミュージック・テレビジョン）が放送されていたからである。日本では民間放送局がミュージック・ビデオを集めた番組をMTVとして深夜に放送していたが，香港で見たMTV（MTVアジア）は音楽専門の24時間チャンネルであり，ビデオ・ジョッキーをアジア系の若者が務めるなど，米国MTVのアジア版といった感じがした。MTVアジアはアジア各国で視聴可能で，その年はシンガポールやクアラルンプールでもMTVアジアを見た記憶がある。放送されるミュージック・ビデオは欧米のものが多かったが，台湾や香港，日本のものも少数ながら流れていた。「アジア向けの音楽チャンネルなのだからミュージック・ビデオも現地のものを流すべきなのか，それとも，あくまで本場・米国のMTVとできるだけ同じものを放送すべきなのか」といった疑問を漠然と抱いたのかもしれないが，仮にそうだったとしても当時はテレビ局に入社して2年目であり，自分が担当する番組のことで頭が一杯で，疑問は手付かずのまま放り出されていた。

　ところが10年近くが経ち，そのような疑問をアカデミックな視座から探求する機会に恵まれた。既にアジアの国の多くが本格的な多チャンネル時代を迎え，MTVをはじめとする米国のケーブルネットワークがチャンネル・ラインアップの中枢を占めるようになっていた。私は米国の大学院でメディア産業について学んでいたが，並行してビジネススクールの講義も履修していた。特に関心があった国際マーケティング領域の論文に目を通す中で，そこに提示されている理論的枠組みをどの程度，テレビ番組製品のマーケティングに適用できるのだろうかと考え始めた。そして，アジア市場における米国系ケーブルネットワークの番組戦略を調査・分析し，最終的に

『Programming strategis of U.S.-originated cable networks in Asian markets : Descriptive study based on the product standardization/adaptation theory』という博士論文にまとめた。本書はその論文を加筆修正しつつ，翻訳したものである。調査市場の1つとして日本を取り上げ，グローバル・テレビネットワークの日本市場での放送番組にも多くのページを割いているため，英語で書かれた論文を日本語で刊行したいと考えた。

　本書の主たる目的は，メディア産業にグローバル化の波が押し寄せている今日，世界規模で事業を展開する巨大メディア企業の活動の実像を照射すること，とりわけグローバル・テレビネットワークがアジア市場において実際にどのようなテレビ番組戦略をいかなる理論的根拠に基づき採用しているのかを解明するとともに，国際マーケティングにおける製品決定の諸要因が放送番組決定にどのような影響を与えうるかを提示することである。

　刊行の意義は以下の点にあると考える。まず，これまでもメディア・グローバリゼーションに関する議論は活発に行われてきたが，それらの多くは，例えば文化帝国主義説に見られたように，社会や文化への影響を論じるものであった。メディア・グローバリゼーションの主体が事実上，巨大メディア企業であるにもかかわらず，それらの実際の決定や行動に着目し，国際市場で提供されるメディア製品の問題を論じたものは他言語のものを含めても現状では少量に留まっている。次に，本書に含まれる知見がメディア・グローバリゼーション研究の文献に加えられるべき法則性を示していることから，学術的価値を有し，当該分野における今後の研究を推進しうる点が挙げられる。最後に，本稿はグローバル規模で競争が激化するテレビ放送産業における番組戦略を研究者のみならず実務家が体系的に考える一助となる可能性を秘め，その意味において産業的価値も併せ持つと考えられる。メディア・コンテンツの国際流通や映像関連企業の統合が日本国内でも注目を集めつつある中，コンテンツ流通において圧倒的な競争力を持つ巨大メディア企業の番組製品戦略を論ずる本書は研究者・実務家双方にとって意義深いものであろう。

　残りの章は以下のように構成される。まず，第1章ではメディア・グロー

バリゼーションという現象を概観するとともに，本書における問題意識および課題を提出する。第2章では製品標準化・適応化に関する理論的枠組みを理解するために国際マーケティング文献を回顧する。中でも，国際マーケティングの文脈において製品標準化・適応化の決定に影響すると想定される企業内および外部要因を考察する。第3章ではメディア経済・経営学，グローバリゼーションといった領域での研究における知見に基づき，第2章で論じられる要因がいかにテレビ番組製品に適用されるかを検討する。第4章は研究におけるデータ収集と分析，そしてサンプル事例となるテレビネットワークならびに調査市場の選出に焦点を当て，方法論を記述する。第5章から第8章では事例であるサンプル・ネットワークのアジア市場における番組戦略を分析する。第9章では事例間分析を行うとともに，本研究における発見を提示する。最後に，第10章で研究における発見の要約と含意，弱点，今後の研究の方向性を記すとともに本研究を結論づけたい。

　研究および本書刊行に際し，実に多くの人からご支援・ご協力を頂いた。まず，私にとって研究の師である，フロリダ大学のシルヴィア・チャン＝オルムステッド博士（Dr. Sylvia Chan-Olmsted）に深く謝意を表したい。メディア経営学の中心人物である彼女のリサーチ・アシスタントを務める中で，研究に対する基本的な姿勢を身につけることができた。博士論文作成に関しては，審査委員会の他の3名（Dr. Marylin Roberts, Dr. Juan-Carlos Molleda, Dr. Jinhong Xie）からも貴重な助言を頂いた。また，ネットワークの実務家たちには多忙な中，インタビューに応じて頂いた。ここでは氏名を列挙しないが，巻末の付録1を参照されたい。インタビューの調整に関しては当時MTVジャパンに，そして現在は日本マクドナルドに勤務する片岡英彦氏，CSSiの酒井洋道氏，ファー・イーストーン・テレコミュニケーションズ（Far EasTone Telecommunications）のリオン・リュウ（Leon Liu）氏に特にご尽力頂いた。また，本書刊行にあたっては文眞堂の前野弘氏，前野隆氏からご支援を頂いた。以上の方々に心からの御礼を申し上げたい。なお，本研究は放送文化基金から研究助成援助金（「米国系ケーブルネットワークのアジア市場における番組戦略研究」）を，そして出版に際し

ては日本学術振興会から科学研究費補助金（研究成果公開促進費・課題番号205133）を頂いた。併せて感謝申し上げる。

　最後に私事ながら，この場を借りて両親ならびに親族である鈴木家，下川家の長年に亘る支援に深甚なる感謝の意を表する次第である。本書を私の人生における"positive motivating force"である妻・美津子と娘・まりんへ捧げる。

目　　次

はじめに

第 1 章　メディア・グローバリゼーションと
　　　　　グローバル・テレビネットワーク　　 1

　Ⅰ．グローバル・テレビネットワークの番組に関するこれまでの
　　　議論　　 9
　Ⅱ．本研究の目的　　 12

第 2 章　文献レビュー　　 18

　Ⅰ．製品標準化・適応化の理論的背景　　 18
　Ⅱ．製品標準化・適応化の決定要因　　 23
　　1．製品特性　　 28
　　2．消費者セグメント　　 29
　　3．各国の文化特性　　 32
　　4．各国の環境特性　　 35
　　　(1)　経済的条件　　 35
　　　(2)　物理的・地理的条件　　 36
　　　(3)　法的環境　　 37
　　　(4)　インフラストラクチャー・支援部門　　 37
　　5．競争　　 38
　　6．ブランドと原産国効果　　 39
　　7．企業特性　　 43
　　　(1)　哲学・方向性　　 43
　　　(2)　経営資源　　 45

　　　　(3)　集中化・分散化の程度 …………………………………… 47
　　　　(4)　市場参入モード ………………………………………… 48

第3章　国際マーケティング理論の適用 …………………………… 51

Ⅰ．テレビ番組の標準化・適応化 ………………………………… 51
Ⅱ．テレビ番組標準化・適応化の決定要因 ……………………… 52
　1．製品特性 ………………………………………………………… 52
　2．視聴者セグメント ……………………………………………… 55
　3．各国の文化特性 ………………………………………………… 57
　4．各国の環境特性 ………………………………………………… 60
　　　(1)　経済的条件 ……………………………………………… 60
　　　(2)　物理的・地理的条件 …………………………………… 62
　　　(3)　法的環境 ………………………………………………… 62
　　　(4)　インフラストラクチャー・支援部門 ………………… 64
　5．競争 ……………………………………………………………… 68
　6．ブランドと原産国効果 ………………………………………… 70
　7．企業特性 ………………………………………………………… 74
　　　(1)　哲学・方向性 …………………………………………… 74
　　　(2)　経営資源 ………………………………………………… 74
　　　(3)　集中化・分散化の程度 ………………………………… 76
　　　(4)　市場参入モード ………………………………………… 77
Ⅲ．調査設問 ………………………………………………………… 78

第4章　研究方法 ……………………………………………………… 81

Ⅰ．質的調査 ………………………………………………………… 81
Ⅱ．事例研究 ………………………………………………………… 83
Ⅲ．事例の選出と数 ………………………………………………… 85
　1．サンプル・ネットワーク ……………………………………… 86
　2．調査市場選出 …………………………………………………… 88

3．調査市場特性 ………………………………………… 91
　Ⅳ．情報源と収集方法 ……………………………………… 93
　　1．個人インタビュー …………………………………… 93
　　2．インタビュー・デザイン …………………………… 94
　　3．インタビュー道具 …………………………………… 95
　　4．インタビュー手順 …………………………………… 96
　　5．既存資料 ……………………………………………… 97
　Ⅴ．分析方法 ………………………………………………… 98

第5章　事例①：MTV …………………………………… 101
　Ⅰ．番組製品 ………………………………………………… 102
　Ⅱ．現地適応化 ……………………………………………… 103
　Ⅲ．テレビ番組標準化・適応化の決定要因 …………………… 106
　　1．製品特性 ……………………………………………… 106
　　2．視聴者セグメント …………………………………… 107
　　3．各国の文化特性 ……………………………………… 107
　　4．各国の環境特性 ……………………………………… 109
　　　(1)　経済的条件 ……………………………………… 109
　　　(2)　物理的・地理的条件 …………………………… 109
　　　(3)　法的環境 ………………………………………… 110
　　　(4)　インフラストラクチャー・支援部門 ………… 110
　　5．競争 …………………………………………………… 110
　　6．ブランドと原産国効果 ……………………………… 111
　　　(1)　ブランド ………………………………………… 111
　　　(2)　原産国 …………………………………………… 112
　　7．企業特性 ……………………………………………… 113
　　　(1)　哲学・方向性 …………………………………… 113
　　　(2)　経営資源 ………………………………………… 114
　　　(3)　集中化・分散化の程度 ………………………… 116

(4)　市場参入モード ……………………………………………… 117
　Ⅳ．総合分析 ………………………………………………………… 117

第6章　事例②：カートゥーン・ネットワーク ……………… 119

　Ⅰ．番組製品 ………………………………………………………… 121
　Ⅱ．現地適応化 ……………………………………………………… 122
　Ⅲ．テレビ番組標準化・適応化の決定要因 ……………………… 124
　　1．製品特性 …………………………………………………… 124
　　2．視聴者セグメント ………………………………………… 125
　　3．各国の文化特性 …………………………………………… 126
　　4．各国の環境特性 …………………………………………… 128
　　　(1)　経済的条件 …………………………………………… 128
　　　(2)　物理的・地理的条件 ………………………………… 128
　　　(3)　法的環境 ……………………………………………… 128
　　　(4)　インフラストラクチャー・支援部門 ……………… 128
　　5．競争 ………………………………………………………… 129
　　6．ブランドと原産国効果 …………………………………… 130
　　　(1)　ブランド ……………………………………………… 130
　　　(2)　原産国 ………………………………………………… 131
　　7．企業特性 …………………………………………………… 132
　　　(1)　哲学・方向性 ………………………………………… 132
　　　(2)　経営資源 ……………………………………………… 134
　　　(3)　集中化・分散化の程度 ……………………………… 134
　　　(4)　市場参入モード ……………………………………… 135
　Ⅳ．総合分析 ………………………………………………………… 136

第7章　事例③：ESPN ……………………………………………… 138

　Ⅰ．番組製品 ………………………………………………………… 139
　Ⅱ．現地適応化 ……………………………………………………… 140

Ⅲ．テレビ番組標準化・適応化の決定要因 …………………… 142
　　 1．製品特性 ………………………………………………………… 142
　　 2．視聴者セグメント ……………………………………………… 143
　　 3．各国の文化特性 ………………………………………………… 143
　　 4．各国の環境特性 ………………………………………………… 146
　　　（1）物理的・地理的条件 ………………………………………… 146
　　　（2）法的環境 ……………………………………………………… 146
　　　（3）インフラストラクチャー・支援部門 …………………… 146
　　 5．競争 ……………………………………………………………… 147
　　 6．ブランドと原産国効果 ………………………………………… 147
　　　（1）ブランド ……………………………………………………… 147
　　　（2）原産国 ………………………………………………………… 148
　　 7．企業特性 ………………………………………………………… 148
　　　（1）哲学・方向性 ………………………………………………… 148
　　　（2）経営資源 ……………………………………………………… 151
　　　（3）集中化・分散化の程度 ……………………………………… 151
　　　（4）市場参入モード ……………………………………………… 152
　Ⅳ．総合分析 …………………………………………………………… 152

第 8 章　事例④：ディスカバリー・チャンネル ……………… 154

　Ⅰ．番組製品 …………………………………………………………… 155
　Ⅱ．現地適応化 ………………………………………………………… 156
　Ⅲ．テレビ番組標準化・適応化の決定要因 …………………… 157
　　 1．製品特性 ………………………………………………………… 157
　　 2．視聴者セグメント ……………………………………………… 158
　　 3．各国の文化特性 ………………………………………………… 158
　　 4．各国の環境特性 ………………………………………………… 160
　　　（1）経済的条件 …………………………………………………… 160
　　　（2）物理的・地理的条件 ………………………………………… 160

(3)　法的環境 …………………………………………………… 160
　　　(4)　インフラストラクチャー・支援部門 ……………………… 160
　5．競争 ……………………………………………………………… 161
　6．ブランドと原産国効果 ………………………………………… 162
　　　(1)　ブランド ……………………………………………………… 162
　　　(2)　原産国 ………………………………………………………… 162
　7．企業特性 ………………………………………………………… 162
　　　(1)　哲学・方向性 ………………………………………………… 162
　　　(2)　経営資源 ……………………………………………………… 164
　　　(3)　集中化・分散化の程度 ……………………………………… 165
　　　(4)　市場参入モード ……………………………………………… 166
　Ⅳ．総合分析 …………………………………………………………… 166

第9章　ネットワーク事例間分析 …………………………………… 168

　Ⅰ．番組製品 …………………………………………………………… 168
　Ⅱ．現地適応化 ………………………………………………………… 169
　Ⅲ．テレビ番組標準化・適応化の決定要因 ………………………… 172
　1．製品特性 ………………………………………………………… 172
　　　(1)　文化的感受性と普遍的魅力 ………………………………… 172
　　　(2)　番組製作費とフォーマット ………………………………… 173
　2．視聴者セグメント ……………………………………………… 174
　3．各国の文化特性 ………………………………………………… 175
　4．各国の環境特性 ………………………………………………… 177
　　　(1)　経済的条件 …………………………………………………… 177
　　　(2)　物理的・地理的条件 ………………………………………… 178
　　　(3)　法的環境 ……………………………………………………… 179
　　　(4)　インフラストラクチャー・支援部門 ……………………… 180
　5．競争 ……………………………………………………………… 182
　6．ブランドと原産国効果 ………………………………………… 182

(1)　ブランド……………………………………………………183
　　　(2)　原産国………………………………………………………184
　　7.　企業特性…………………………………………………………185
　　　(1)　哲学・方向性………………………………………………185
　　　(2)　経営資源……………………………………………………188
　　　(3)　集中化・分散化の程度……………………………………190
　　　(4)　市場参入モード……………………………………………193

第10章　結　　論……………………………………………………196

　Ⅰ．番組決定の諸要因に関する考察…………………………………197
　　1.　製品特性…………………………………………………………197
　　2.　視聴者セグメント………………………………………………198
　　3.　各国の文化特性…………………………………………………198
　　4.　各国の環境特性…………………………………………………199
　　5.　競争………………………………………………………………199
　　6.　ブランドと原産国効果…………………………………………200
　　7.　企業特性…………………………………………………………201
　Ⅱ．最終的な見解………………………………………………………202
　Ⅲ．経営実務への含意…………………………………………………204
　Ⅳ．本研究による貢献…………………………………………………207
　Ⅴ．本研究の弱点と今後の方向性……………………………………208

付録1　インタビュー回答者一覧………………………………………213
付録2　インタビュー回答者のリクルート方法………………………215

参考文献一覧………………………………………………………………217
索引…………………………………………………………………………236

第1章
メディア・グローバリゼーションと
グローバル・テレビネットワーク

　かつて多くの国で国家管理下に置かれていたメディアの民営化やメディア産業における規制緩和，そして多チャンネル化を実現させた映像配信技術の発展によって，1980年代後半以降，テレビ番組の国際ビジネスは大きな変化を遂げてきた。従来の国際流通では，テレビ番組は基本的にシリーズごと（例：連続ドラマ），あるいは1本ごと（例：ドキュメンタリー番組）を単位として放送業者，製作者，仲介代理業者らによって外国の取引相手へ販売されてきた。1950年代にアメリカ合衆国（以下，米国）の映画会社は自社のスタジオで制作したテレビ番組の海外シンジケーション[1]を早くも想定していた（Renaud & Litman, 1985）。それ以降，上記の関連業者らはテレビ番組を輸出してきたわけだが，そこに投入される人員ならびに資本は比較的少量に留まっていた。このように伝統的なテレビ番組単位の国際流通形態が現在においても不変である一方で，メディア企業による入念な戦略決定を必要とする別の形態がメディア・グローバリゼーションとの関わりの中で注目を集めてきている。いくつかのメディア企業は自社のテレビ番組ライブラリーを活用したシンジケーションによって収入を得るだけでなく，自社所有のテレビネットワークを世界規模で進展させている。

　「グローバリゼーション」は多くの場所であたかも流行語のように用い

1　「シンジケーション（syndication）」とは，ネットワークを介さないテレビ番組流通システムである。シンジケーション市場ではネットワークでの放送済み番組ならびにシンジケーション用の新番組が番組権利者（シンジケーター）と個別の放送局間で取引される。

られているが，商業におけるグローバリゼーションは「企業がテクノロジー，労働力，資本といった資源を各国市場間の相互依存関係の中で統合し，その商業活動を世界規模で連結・調整するプロセス」と定義される（Hitt, Ireland, & Hoskisson, 2003）。グローバリゼーションはメディア産業でもさかんに議論されてきたテーマである。メディア・グローバリゼーションは，「トランスナショナル・メディア企業（transnational media corporations/TNMCs）」（Gershon, 1997; Hollifield, 2001）や「グローバル・メディア複合企業（global media conglomerates）」（Chan-Olmsted, 2006）と称される巨大メディア企業[2]の商業活動の舞台が世界的な規模・範囲に拡大することによって促進されてきた。強大な経済力を有するTNMC各社（Gershon, 1993）は多くの国々で多岐に亘るメディア関連事業を展開し，企業戦略として規模・範囲の経済達成を目指した経営多角化を推進している。

圧倒的多数のTNMCが米国で起業され，現在もそこに本拠を構えている。しかし一方で表1-1に見られるように，米国系の3大TNMC（タイム・ワーナー，ディズニー，ヴィアコム）は収入の相当な部分を米国以外の市場に依存しつつある。多くのTNMCにとって最大の収入源であった米国市場でメディア製品に対する需要が飽和しつつある中，今後の成長のカギとなる米国以外の市場の重要性は増すと予想されている（Chan-Olmsted & Albarran, 1998; Croteau & Hoynes, 2001）。自国市場に大きな成長を望めないのであれば，さらなる成長の可能性を秘めた自国外市場からの収入を切望するのは当然であろう。加えて，特定外国市場における経済的衰退の可能性や消費者のメディア製品受容の不確かさゆえ，TNMCは海外市場での商業活動を多角化する傾向にある。これは特定市場での損失をその他の市場での利益で相殺すること，つまり市場間相互補助（cross-subsidization across markets）を念頭においてのことである。このようなグローバル規模での事業拡大を促す諸条件のもと，TNMC各社は最も高い収益が望めそうな方法で外国メディア市場への進出を試みる。

---

[2] ここでの「メディア企業」とは，消費者向けにメディア製品の生産・配給に携わる企業を指す（Albarran & Chan-Olmsted, 1998）。

表 1-1　米国系 3 大 TNMC の国・地域別収入

(単位：100 万米ドル，括弧内は合計に占める割合)

タイム・ワーナー	2002年	2003年	2004年
米国	30,516 (82.3)	32,123 (81.2)	33,573 (79.8)
英国	2,059	2,194	2,507
ドイツ	919	1,239	1,161
日本	562	577	685
フランス	572	773	879
カナダ	345	413	503
その他	2,087	2,244	2,782
(海外市場計)	6,544 (17.7)	7,440 (18.8)	8,516 (20.2)
合計	37,060 (100.0)	39,563 (100.0)	42,089 (100.0)
ディズニー	2002年	2003年	2004年
米国・カナダ	20,770 (82.0)	22,124 (81.8)	24,012 (78.1)
欧州	2,724	3,171	4,721
アジア太平洋	1,325	1,331	1,547
中南米・その他	510	435	472
(海外市場計)	4,559 (18.0)	4.937 (18.2)	6,740 (21.9)
合計	25,329 (100.0)	27,061 (100.0)	30,752 (100.0)
ヴィアコム	2002年	2003年	2004年
米国	16,330 (85.1)	17,488 (84.0)	18,812 (83.5)
英国	647	706	910
その他欧州	972	1,182	1,324
カナダ	659	771	853
その他	578	681	627
(海外市場計)	2,857 (14.9)	3,340 (16.0)	3,714 (16.5)
合計	19,187 (100.0)	20,828 (100.0)	22,526 (100.0)

データ出所：Time Warner Inc. (2005a); Viacom Inc. (2005a); Walt Disney Co. (2005).

　入念な戦略策定を必要とするグローバル規模での事業展開はメディア企業の経営のあり方を根本的に変えてきた（Hollifield, 2003）。例えば，それは TNMC の市場参入方法における変化に見られる。TNMC は従来のテレビ番組の国際流通に見られたように単に輸出販売に従事するだけではなく，外国市場への参入に際し，現地での経営に対する高い支配力を求め，直接投資などの複雑な形態を採用する傾向にある。「海外直接投資（foreign direct investment/FDI）」とは，外国での企業経営に関与するために株式を取得することであり，典型的には完全所有子会社（wholly-owned subsidiaries）や

合弁企業 (joint ventures) といった現地法人新設や既存外国企業買収によって実現される。しかし、多くの場合には不慣れな環境下での事業に対して資源を投じる必要があるため、高いリスクを伴う (Agarwal & Ramaswami, 1992; Ball, McCulloch, Frantz, Geringer, & Minor, 2002; Terpstra & Yu, 1988)。

ホリフィールド (Hollifield, 2003) は2002年にメディア企業上位10社すべてが、そして上位25社のうち少なくとも64%が自国外でなんらかの事業や投資を行っていたことに着目し、メディア企業による外国進出が顕在化してきたことを指摘した。加えて、メディア企業が事業展開を行う国家市場数も増加する傾向にある。ジョンとチャン＝オルムステッド (Jung & Chan-Olmsted, 2005) は、メディア企業上位26社が子会社を持つ外国市場の平均数が1991年から2002年の間で5から12へ増えたことを明らかにした。アジアや東・中央ヨーロッパなどの新興経済国におけるメディア関連の規制緩和やメディア産業へのFDI推進がTNMCによるさらなる資源投入を加速させている (Li & Dimmick, 2004)。

政治制度や趨勢の変化、技術的進歩と相まって、世界各地における経済発展は国際的な映像市場の成長を促してきた (Chan-Olmsted & Oba, 2006)。実際、前述の米国系3大メディア企業（タイム・ワーナー、ディズニー、ヴィアコム）を重要なグローバル企業たらしめる共通の主要事業分野は映画とテレビである (Picard, 2002)。これらのTNMCは米国において多くの大手ケーブルネットワーク[3]を所有しており、世界規模で視聴者数を増やすため、それらケーブルネットワークの子会社 (subsidiaries) や関連会社 (affiliates)[4] を積極的に外国市場に設置してきた。

---

3 「ケーブルネットワーク」は衛星経由で各地域のケーブルテレビ局 (cable operators) へ情報や娯楽番組のパッケージを配信する。日本では一般にCSネットワークと呼ばれる。ケーブルネットワークはケーブル番組供給事業者を指し、しばしばケーブルチャンネルやケーブル番組サービスと同義で使われている。ケーブル番組供給事業者はある地点から各地域のケーブルテレビ局へ番組を同時配信しており、これはネットワークの主要な特性であると考えられる (Picard, 1993)。

4 「子会社」は親会社が議決権株式の過半数所有を通して経営を支配している事業体（例：完全所有子会社）を指す。合弁企業が子会社と見なされるか否かは出資比率による。一方、「関連会社」は株式所有以外の形式（例：ライセンス契約など）で結びついている事業体も含む

潤沢な財源を持つ TNMC だけが FDI がしばしば伴う高いリスクや低いリターンに耐えることができ，最終的にネットワークを世界規模で展開できると考えられる[5]。実際，米国のケーブルネットワークが海外事業展開を始めた 1990 年代初頭にはそのような事業が実益を生じるようになるまでには多くの歳月が必要であると予想された（Amdur, 1994; Fahey, 1991; Hughes, 1997b）。しかし，短期間では回収不可能な巨額の初期投資を必要としたにもかかわらず，TNMC 各社は自社ケーブルネットワークの世界展開がやがて必ず良い結果に結びつくと確信していた。それから約 15 年間，TNMC 各社のネットワークは継続的に世界の新市場を開拓し，着実に成長してきている。例えば，1996 年から 2001 年までの間に MTV ネットワークス・インターナショナルの収入は 2 億 3100 万ドルから 6 億ドルへ上昇した（Capell, Belton, Lowry, Kripalani, Bremner, & Roberts, 2002）。

米国系ケーブルネットワークは現在，多くの国のケーブルテレビや衛星放送といった多チャンネル映像番組配信サービス（以下，多チャンネル・サービス）において重要な位置を占めている。タイム・ワーナーが所有するケーブル・ニュース・ネットワーク・インターナショナル（Cable News Network International/CNNI）は 200 以上の国と地域で視聴されている。CNNI の到達規模の大きさは，2005 年 8 月の段階で世界には 192 の独立国家と 73 の保護領，特別統治地区，その他が存在していたこと（Central Intelligence Agency, 2005）を考えれば容易に実感できるだろう。一方，ヴィアコムが所有するミュージック・テレビジョン（Music Television/MTV）は世界最大のテレビネットワークとして地球上の 3 億 4 千万世帯以上に届いている。MTV 視聴者 10 人中 8 人は米国外に住んでおり，世界規模で見た場合には

　　（Ball et al., 2002）。本章では所有形態に関わらず，ケーブルネットワークを所有するメディア企業がグローバル規模で展開する提携（global alliance）の一部となる海外事業体全てに対する総称として関連会社を用いている。

5　ターナー・ブロードキャスティング・システムの国際ビジネスおよびネットワーク開発担当の副社長であったボブ・ロスは「我々は現段階では国際事業における赤字を余儀なくされているが，我々のように年に 27 億ドルを稼ぎ出す企業だけが長期にわたる投資に 2500 万ドルも費やすことができる。結局のところ，中小メディア企業がグローバル市場に進出するのは難しいだろう」と述べた（Amdur & Bell, 1994）。

CNNIでさえMTVの半分以下の視聴可能世帯を持つに過ぎない（Capell et al., 2002）。CNNIやMTVに続いて，多くの米国のケーブルネットワークが外国市場へ進出し，国内に留まり続けるネットワークとは区分されるべき「グローバル・テレビネットワーク」（Chalaby, 2003）という呼称がふさわしい番組供給事業者へと変貌を遂げてきた。表1-2は主要な米国系ケーブルネットワークが到達している国・地域の数および世帯数をまとめている。

米国のケーブルネットワークの世界展開を典型的なメディア・グローバリゼーションと見なすことができる。それらネットワークは多くの国で視聴可能であるだけでなく，様々な市場参入方法で設立・提携した関連会社を通して，多くの特定国・地域向け番組チャンネル（現地版チャンネル）を運営しているからである。例えば，2004年の段階でMTVネットワークスは米国外に15の関連会社によって運営される27の現地版チャンネルを持っていた（表1-3を参照）。

グローバル・テレビネットワークは地理的に広範囲に及ぶ国々で商業活動を行う中で，特定国（主に米国）で製作された番組を到達可能範囲内のできるだけ多くの国で放送することができる。また，いくつかの番組はグローバル規模での視聴者を想定して製作されているとも言われる。テレビ番組には視聴者の数が増えても追加費用は基本的に微小であるという特性があり，グ

表1-2 世界における米国系ケーブルネットワークの到達規模

	到達国・地域数	世帯数	年
カートゥーン・ネットワーク	160	不明	2005
CNBC	101	2億1千万	2005
CNNI	200以上	1億7000万以上	2005
ディスカバリー・チャンネル	160以上	不明	2004
ディズニー・チャンネル	不明	1億1600万以上	2004
ESPN	192	不明	2005
ホールマーク・チャンネル	122	1億2500万	2005
HBO	50	不明	2004
ヒストリー・チャンネル	130以上	2億3000万以上	2005
MTV	140	3億4000万以上	2005
ニケロデオン	149	3億以上	2005

データ出所：Discovery Communications Inc. (2004); National Cable & Telecommunications Association (2005); Time Warner Inc. (2005b); Viacom Inc. (2005b, c); Walt Disney Co. (2004a).

表1-3 MTVの現地版チャンネルと所有形態

関連会社	所有形態	現地版チャンネル名	主要市場
MTVヨーロッパ	完全所有子会社	MTV英国/アイルランド	英国,アイルランド
		MTVオランダ	オランダ
		MTVスペイン	スペイン
		MTVフランス	フランス,スイス
		MTVセントラル	ドイツ,オーストリア
		MTVポルトガル	ポルトガル
		MTVノルディック	北欧諸国
		MTVヨーロピアン	ハンガリー,チェコ
MTVイタリア	合弁事業	MTVイタリア	イタリア
MTVポーランド	合弁事業	MTVポーランド	ポーランド
MTVルーマニア	ライセンス契約	MTVルーマニア	ルーマニア
MTVロシア	合弁事業	MTVロシア	ロシア
MTVラテンアメリカ	完全所有子会社	MTVノース	メキシコ
		MTVセントラル	チリ,ベネズエラ
		MTVサウス	アルゼンチン
MTVブラジル	合弁事業	MTVブラジル	ブラジル
MTVアジア	完全所有子会社	MTV台湾	台湾
		MTVサム	シンガポール,マレーシア
		MTVインド	インド,パキスタン
		MTVチャイナ	中国,香港
MTVインドネシア	合弁事業	MTVインドネシア	インドネシア
MTVジャパン	合弁事業	MTVジャパン	日本
MTVコリア	合弁事業	MTVコリア	韓国
MTVフィリピン	合弁事業	MTVフィリピン	フィリピン
MTVタイ	合弁事業	MTVタイ	タイ
MTVオーストラリア	ライセンス契約	MTVオーストラリア	オーストラリア
MTVカナダ	ライセンス契約	MTVカナダ	カナダ

データ出所:Viacom Inc. (2004).

ローバル・テレビネットワークはテレビ番組を世界各地へ配給することで規模の経済を達成することができる。

　何人かの研究者はメディア製品の世界規模での供給を「文化帝国主義(cultural imperialism)」と結び付けて論じてきた。そこでは西欧諸国,とりわけ米国による圧倒的な量の文化製品輸出がその他の国での文化的支配に結びつくと想定された。文化帝国主義説の主要な提唱者の1人であるシラー(Schiller, 1976, 1991)は,米国メディア企業の海外進出は第三世界諸国や世界の主要国ではない国(periphery countries)の人々に米国の価値観

を押し付け，それらの国の文化的かつコミュニケーション上の主権を脅かすと主張した[6]。しかし近年になって，それぞれの国・地域におけるメディア製品消費行動を十分に考慮していない文化帝国主義説は単純すぎるという批判が起きている（Sinclair, Jacka, & Cunningham, 1996; Straubhaar, 1997; Thussu, 2000）。視聴者はより自分の嗜好に合致する文化製品，通常は自国製文化製品を好む傾向にあることが理論と証拠の両方によって支持されている（Straubhaar, 1991）。

文化帝国主義説の正当性を検討するのは本研究の目的ではないが，シラー（Schiller, 1991）が論じたように，文化帝国主義説はTNMCが同一のメディア製品を世界各地で供給するという前提に立っている点は注視する必要がある。確かにグローバル・テレビネットワークは同一のテレビ番組を到達範囲内の全市場に配給することができる。しかし，仮にあるテレビ番組があらゆる場所で視聴可能であっても，その番組が各地で同じような反応を視聴者から得るとは限らないし，ましてや同程度の人気を博するとは限らない（Street, 1997）。視聴者の自国製テレビ番組への強い嗜好を考えた場合，グローバル・テレビネットワークがもう1つの番組オプションとして，それぞれの市場の需要に対応し，ローカル市場で企画・調達したテレビ番組を放送することもありうる。ストラウバーとダーテ（Straubhaar & Duarte, 2004, p.247）は「視聴者は現地語で話しかけ，自分たちが好むジャンルを重点的に扱い，現地の有名人を出演させ，ローカル市場に固有なものに関心を示すネットワークを求めている」と主張する。また，ホン（Hong, 1998）は，人々は結局のところ自分たちの生活に近いものを見たがると簡潔に述べる。このような視座に立つならば，人々にとって本当に重要かつ特別であるのは多くの場合，ローカル市場の嗜好を尊重・反映したテレビ番組であると考えられる。

6　外国製メディア・コンテンツへの接触が価値観の変化に有意な影響を及ぼすか否かは議論の余地がある。サルウェン（Salwen, 1991）は欧米のメディア・メッセージへの長期にわたる接触は文化的価値観を微妙に変えると認め，文化帝国主義説を支持した。一方，エラスマーとハンター（Elasmar & Hunter, 1997）は外国製テレビ番組が視聴者の価値観に与える影響はきわめて小さいことをメタ分析により明らかにしている。

一方で，サンチェス＝タバーネロ（Sanchez-Tabernero, 2006）は「一部の欧州やアジアの人々は自分たちの国の音楽アーティストよりも，マドンナやエミネムといった米国の音楽アーティストをより身近に感じている可能性がある」と述べる。つまり人々は通常，身近なものを好むが，ある場合においては「近いもの（the near）」と対立する「遠いもの（the far）」により馴染んでおり，希求することがある（Sanchez-Tabernero, 2006）。このように相反する視聴者の特性が，現地版チャンネルの存在理由を明確にする。それによってグローバル・テレビネットワークは，グローバル規模で標準化したテレビ番組とローカル市場の嗜好に適応したテレビ番組の両方を折衷的に放送することができるからである。

　国際コミュニケーション研究者が主張するように，メディア・グローバリゼーションと文化帝国主義を明白に区分するのは前者がしばしば普遍性と個別性（universalism and particularism），均質化と異質化（homogenization and heterogenization）といった一見したところ相反する概念を包摂し，全体的（グローバル）および局部的（ローカル）なものが双方向的に力をやりとりする必要性を伴う点である（Robertson, 1995; Tomlinson, 1997）。このため，グローバル・テレビネットワークはそれぞれに異なるローカル市場の嗜好に対応すると同時に，グローバル規模に及ぶ業務の中で万国共通の文化的景観ならびに規模の経済および効率性を追求する機会を探っているのである。

I．グローバル・テレビネットワークの番組に関するこれまでの議論

　メディア・グローバリゼーションについての初期の研究では，それがいかに国家のアイデンティティ，文化，伝統，そして自国のメディア産業への脅威となりうるかといった，政策およびマクロ経済的諸問題が主に議論されてきた。外国のテレビ番組事業者が送出する電波の自国領土への到達はその国の主権を侵すものと見なされた（Chalaby, 2004a）。その一方で，いくつかの

研究が昨今，グローバル・テレビネットワークの番組内容に焦点を当てるようになってきている。それらの研究によると，米国のケーブルネットワークの多くは外国市場へ進出し始めた当初，米国製テレビ番組ばかりを放送していたが，欧州（Chalaby, 2002, 2003），アジア（Chan, 2004; Chang, 2003; Chen, 2004），そして中南米（Sinclair, 2004; Straubhaar & Duarte, 2004）の市場で現地適応化されたテレビ番組を放送するように変化してきているという。

今日，「現地適応化（local adaptation）」は多くのグローバル・テレビネットワークにとってのマントラのようなものと考えられる。それぞれのローカル市場に固有であり，それゆえに外国製テレビ番組受容に影響を及ぼすと推測される文化的価値を現地適応化は反映しているというのが，研究者の一般的な解釈である。加えて，何人かの研究者はローカル市場における競争激化をテレビ番組現地適応化の促進要因として挙げている。より高い文化的魅力を備えた自国製テレビ番組で視聴者を引きつける国産の番組供給事業者との競争を乗り切るため，グローバル・テレビネットワークは現地適応化された番組を放送しなければならないという論理である。しかしながら，文化的な差異から生じうる不利点にもかかわらず，現実には多くのグローバル・テレビネットワークが，程度の差はあるものの，同一番組を世界規模で配給している。この点に関する理由として先行研究は，ある種の番組は文化的感受性—その価値や魅力が市場文化によって左右される程度—が弱く（less culturally sensitive），普遍的な魅力を持つことを挙げている（例：HBO が放映するテレビ用大作映画[7]）。要するに，多くの先行研究ではグローバル・テレビネットワークの放送番組は文化的な枠組みと番組製品の特性によって大部分が決定されると想定されてきたのである。

メディア製品はしばしば文化製品と見なされるため，各国市場の文化がメディア製品の国際流通性に影響を及ぼしうる点が強調されるのは理解でき

7　HBO（Home Box Office）はテレビ用映画や劇場用映画専門のプレミアム・ケーブルチャンネルである。アジアには欧米製映画に対する高い需要が存在すると信じられている（Osborne, 2000）。

る。ホフステード（Hofstede, 2001）によれば，「文化」とは人間に考えや行動の指針を示し，1つの人間集団の成員を他の集団の成員から区別する心理の集合的プログラミングである。ある文化集団の成員に固有な価値があるとして，彼らに受け入れられる製品が異文化集団の成員には受け入れられない可能性がある。クレイグ，グリーンとダグラス（Craig, Greene, & Douglas, 2005）は，劇場用映画はそれが作り出される文化による創作物であると述べる。劇場用映画が原作者の見解，監督の想像力，出演者の脚本解釈—それら全ては文化的背景に影響される—を反映しているからである。従って，文化的境界線を理解することは特に各市場の文化によって受容の度合いが左右される製品を流通させる際に重要であり，このことはテレビ番組にも当てはまると考えられる。テレビ番組の価値はその番組が表す意味を視聴者がどのように理解・認識するかによって決まるところが大きい。しかしながら依然として議論の余地があるのは，テレビ番組の国際流通が多くの場合に文化的要因によってのみ動かされているのかという点である。

　外国市場で放送されるテレビ番組は，グローバル・テレビネットワークが利益追求のための行動方針として採用する番組戦略の枠組みの中で決定されると考えられる。重要なことは，戦略とは通常，企業が産業や市場へ入念に対応し，自社内の強みを活用するために考案されるものであるという点である（Bartlett & Ghoshal, 1991; Zou & Cavusgil, 1996）。世界経済がめまぐるしく変化し続ける中，国際ビジネスも企業内外の要因に照らし合わせて検討される必要があるだろう。デス，ランプキンとテイラー（Dess, Lumpkin, & Taylor, 2004）は，グローバル市場向け製品が存在し，規模・範囲・学習の経済の潜在性があり，重要資源が限定的にしか入手できない場合，企業は世界標準化戦略アプローチを選択するが，ローカル市場に異なる嗜好や規制が存在し，資源が広く入手可能である場合には現地適応化戦略を選択するだろうと指摘する。テレビ番組戦略に関しては，ディスカバリー・コミュニケーションズの上級副社長だったドメニク・フィオラバンティがネットワークの国際的成功にはローカル市場への細やかな配慮や優れた製品だけでなく，組織力，長期ビジョン，財政的コミットメントが必要条件であると述べている

(Walley, 1995)。

　しかしながら，グローバル・テレビネットワークの番組に関する文献の中では市場間の文化的相違以外の外部要因にはあまり注意が向けられてこなかった。海外市場で放送されるテレビ番組が組織内構造，企業風土，資源といった企業内部要因にどのように方向づけられるかについてはほとんど議論されてこなかった[8]。テレビ番組はメディア企業の製品であるという単純な事実を考えれば，提供される番組製品の背後にある根拠を経営の観点から調査・検討する必要があることは確かである。さもなければ，「ニケロデオン（Nickelodeon）は他国の事業パートナーとともに新番組を企画・制作しようとするが，カートゥーン・ネットワーク（Cartoon Network）は放送番組を自社のライブラリーに依存している」（Mifflin, 1995）という現象を十分に解説することは難しい。両者はアニメーション番組専門のケーブルネットワークであるが，異なるTNMC—それぞれヴィアコムとタイム・ワーナー—に所有され，海外市場において対照的な番組戦略を採用している。企業内部要因（例：事業展望や経営資源）の差異が結果として放送番組に差異を生じさせているという推測は説得力があるだろう。

II．本研究の目的

　当然ながら，戦略を最終的に決定するのは企業である。ある戦略がどれだけ実践的に見えても，企業の政策決定者が認可を与えなければ実行に移されることはないだろう。テレビ番組戦略も企業内部・外部の分析が十分に行われて初めて決定されうるものと考えられる。本研究は企業内外の要因が戦略

8　いくつかの研究が海外市場における番組供給をより経営的な観点から論じている点は記す必要があるだろう。シュリクハンデ（Shrikhande, 2001, 2004）は一連の研究の中でグローバル・ニュースネットワークのアジア市場における番組戦略に着目し，それらネットワークの競争優位，資源配置，事業提携を戦略的観点から論じた。もう1つの重要な研究はパサニア＝ジャイン（Pathania-Jain, 1998, 2001）によって行われている。パサニア＝ジャインはインドにおけるテレビ番組現地適応化に大きく貢献したTNMCと現地メディア企業間での戦略的提携を分析した。ただ，これらの研究における知見はグローバル・ニュースネットワークやインド市場という事例に限って有効性を持つものだろう。

決定に影響を及ぼしうるという前提に立ち,グローバル・テレビネットワークの番組製品,そしてそこで番組戦略を担当している幹部やマネージャーが何を放送番組製品の決定因と捉えているかを調査する。

本研究はグローバル・テレビネットワークがどのような行動,つまりどのような番組戦略を実行し,そしてなぜそのような行動を取るのかという問いに答える記述的行動研究(descriptive behavioral study)であり,ネットワークはどのような行動を取るべきかという問いに答える規範的行動研究(normative behavioral study)ではない。従って,本研究の目標は,実際に業務に携わる人間のメンタル・モデルに基づき,なぜ特定の番組戦略が現実世界において採用されるのかを照射することである。本研究ではグローバル・テレビネットワークが実際に放送しているテレビ番組を比較・検討しながら,諸要因が放送番組の決定にいかなる影響を与えうるかを分析したいと考える。

課題は,ホリフィールド(Hollifield, 2001)が記すとおり,組織や経営における決定ならびに行動のモデルを理論に基づいて構築し,グローバル・テレビネットワークの戦略分析に応用させることが可能であるかという点である。この点に関してグローバル・メディア経営の研究者らは一般的な経営戦略研究に理論的基礎を求めてきた(例:Chan-Olmsted & Chang, 2003; Gershon, 2000; Jung & Chan-Olmsted, 2005)。経営戦略は通常,幅広い問題を取り扱う。例えばイップ(Yip, 1995)は,世界を活動の舞台とする企業は5つの「戦略上のてこ(strategic levers)」に沿って選択を行うと指摘する。それらのてことは市場参加,提供製品,価値を産み出す活動場所,マーケティング・アプローチ,競合相手の動きである。

本研究はグローバル・テレビネットワークの番組製品をマーケティング・アプローチの文脈の中で論じる。製品はいわゆるマーケティングの4P—product(製品政策),price(価格政策),promotion(販売促進政策),place(流通政策)—の1つであり,マーケティング計画の主要構成要素である。マーケティングはターゲット市場のニーズや欲求を満たす製品を開発・提供する過程で重要な役割を果たす。コトラーとアームストロング(Kotler &

Armstrong, 2003）によれば，マーケティングのコンセプトに照らし合わせた場合，企業がゴールへ到達できるか否かはターゲット市場で必要とされるもの（ニーズ，needs）とその市場での欲求（ウォンツ，wants）を判断し，競合他社よりも効果的かつ効率的に顧客に満足（satisfactions）を与えられるか否かにかかっている。一方で，製品は市場における法的規制や経済的条件に適合するようにも開発・提供されなければならない。

　海外市場で成功する製品を開発するためには製品カテゴリーの外国環境への適用性や互換性，そして製品デザインに市場の違いを取り込むことができる企業の能力が必要となる（Medina & Duffy, 1998）。実際，ケーブルテレビや衛星放送の幹部たちも将来的に成功するためには正しいコンテンツを適切な市場に供給することが必須であることを認めている（Bowman, 2003/2004）。これは正にマーケティング領域において対処されるべき問題であろう。従って，製品に関する国際マーケティングの理論的枠組みはグローバル・テレビネットワークの番組戦略の分析に寄与すると考えられる。国際マーケティング領域に関わる実務者と研究者の双方が提供製品の問題，とりわけ製品標準化・適応化の問題に長年取り組んできた。しかし，国際マーケティング研究において広範囲にわたる財やサービスが標準化・適応化の対象として調べられてきたにもかかわらず，これまでのところメディア製品・サービスはほとんど関心を集めてこなかった。

　他の製品には見られない独特な性質を有するテレビ番組製品に国際マーケティング研究における全ての理論が必ずしも当てはまるわけではないという点は記しておく必要があるだろう。例えば，テレビ番組は本質的に公共財かつ無形情報財であり，私的財や有形財とは区分されるものである。テレビ番組製品は公共財として非競合的かつ非排他的消費（nonrival and nonexcludable consumption）[9]を前提とする。また，テレビ番組製品は様々

9　製品を消費するとき人々は競合関係にあるが，このことはテレビ番組製品には当てはまらない。ある人がテレビ番組を視聴しても，そのことで他者が享受しうる量が減ることはなく，その番組に価値を見出す人は誰も消費から排除されない（Owen & Wildman, 1992）。しかしながら，ケーブルテレビの番組においては様々な支払い形式のため消費者の排除が見られる（Reca, 2006）。

な映像メディア(例:再放送やビデオ・パッケージ)で再利用可能な非劣化財(nondepletable goods)でもある(Reca, 2006)。何百万人という視聴者が同時にあるいは順次に1つのテレビ番組を楽しむことができる。視聴者が増えてもテレビ番組にはほとんど追加費用がかからず,規模の経済が働く。さらに,多くのテレビ番組は消費者(視聴者)[10]と広告という異なる二つの収入源に依存する財(dual goods)でもあり(Picard, 1989),視聴者と広告主の意向がメディア製品に影響を及ぼす。

一方で,購入前に消費者によってそのクオリティが確かめられる精査財(search goods,例:洋服や家具など)とは対照的に,経験財(experience goods)であるテレビ番組のクオリティは実際に視聴するまで不確かで評価しづらい。また,テレビ番組は社会での情報の流れにおいて重要な役割を果たすように,恐らく他のどのような製品よりも大きな社会的・政治的影響力を持つ。このような社会や政治に対する影響力ゆえにメディア企業の活動はしばしば実際の規制の対象となる。最後に,テレビ番組の受容は個別市場における文化特性や嗜好の影響を受けやすい。一般消費財に関する国際マーケティング研究の文献から得られる理論をテレビ番組製品に適用させる場合,以上のようなテレビ番組製品とその他の製品との差異を心に留めておく必要があるだろう。

特に,本研究は米国系ケーブルネットワークが実際に海外市場で策定する番組戦略の分析に主眼を置いている。既に指摘したように,過去15年間の大規模な海外市場進出に伴い,多くの米国ケーブルネットワークがグローバル・テレビネットワークへと変貌を遂げてきた。米国以外の国に起源をもつ国際的なテレビネットワークの存在を無視すべきではないが,それらの多くは地域向けサービスに留まっており,現段階では米国系のものほど広範囲に到達していない[11]。とりわけ,米国系ケーブルネットワークがアジア市場でどのような番組戦略を打ち出しているかは研究に値するであろう。地理的に

---

10 より厳密に言えば,人々が視聴に費やす時間が広告主に売られる。
11 恐らく最も著名な例外は,英国系で200以上の国と地域の2億5800万世帯をカバーしているBBCワールドであろう(BBC World, 2005)。

見た場合，アジアは地球上で米国の全く反対側に位置するだけでなく，米国のものとは明らかに異なる文化・環境特性を有すると信じられている。一方でアジアの巨大かつ急増する人口，上昇する可処分所得，全体における中間層の出現，大規模な産業再構築，インフラストラクチャーの発達は全ての財とサービスに対して巨大な市場を産み出してきた。そのため，アジア市場の経済成長に乗り遅れれば，輸出成長の縮小，売上の損失，そして収益性の低下を招くと広く信じられている（Strizzi & Kindra, 1998）。

アジアにおける生活水準の向上はより多くの余暇の時間を生じさせ，娯楽の価値を高めてきた。実際にアジアには急成長を遂げた商業メディア市場が存在する。多チャンネル・サービスが世界で最も急速に成長しているのはアジア太平洋地域であり，地域の14の主要国における平均普及率[12]は1991年の5.1％から2000年の29.7％へ上昇した（Zenith Optimedia, 2002）。1980年代後半にはアジアにほとんど存在していなかった有料テレビ放送市場は，2003年には150億ドル規模にまで発展した（Bowman, 2003）。しかしながら，多くのアジア市場では多チャンネル・サービスの成長が非常に急速であるため，番組コンテンツに対する需要が依然として供給を上回っている。ケーブルテレビや衛星放送実務者にとってアジア市場は米国や欧州市場と比べて未開発市場であり，それゆえに米国系ケーブルネットワークのさらなる成長の牽引役になりうると目されている。

アジアの国々は西欧の国々とよりもむしろアジアの国々同士で多くのものを共有しているという考えは妥当であろう。例えば，似たような倫理的価値や家族単位という概念を共有している。しかし微視的に見た場合，アジア地域は多種多様な文化や言語の複雑な寄せ集めのようでもある。タイ（Tai, 1997）によれば，アジアとは1つの地域というよりも各局部市場が一連となっているものであり，それぞれの市場が独特な性質を持つ。地域内の文化

---

[12] ここでの14の主要国とは，オーストラリア，中華人民共和国（中国），香港特別行政区（香港），インド，インドネシア，日本，韓国，マレーシア，ニュージーランド，パキスタン，フィリピン，シンガポール，中華民国（台湾），タイである。香港は公式には中国の一部であるが，別に扱われている。「普及率」とは，なんらかの契約を通じて多チャンネル・サービスを利用している世帯が全世帯に対して占める割合を指す。

や言語の多様性のため，アジア諸国に対する単一の地域向け番組サービスはうまく行かない可能性があり，この点は地域向け番組サービスが成功を収めている中南米とは異なる。また，一口にアジア市場と言っても，日本のように高度に発達した円熟市場からベトナムのように未だ開発途上にある新興市場まで，経済やインフラストラクチャーの発展は国によって大きく異なる。実際，ケーブルテレビ産業と広告市場の発展の程度はそれぞれの国の間で大きな差がある（Oba & Chan-Olmsted, 2005）。インドから日本まで広がる地域においては，グローバル・テレビネットワークが単一のビジネス・モデルを確立することは難しいと考えられる。

　さらに，それぞれの国においてゲートキーパーの役割を果たす規制監督機関，ローカル市場での競争の増加，視聴者の嗜好といった力学が，アジアでの米国系ケーブルネットワークの商業活動に影響を及ぼすこともありうる（Chadha & Kavoori, 2000）。米国製番組は世界のテレビ番組輸出の少なくとも75%を占める（Hoskins, McFadyen, & Finn, 1997）が，ほとんどのアジアの国では主要な局がプライムタイムに米国製番組を放送することは非常に稀である（Godard, 1994; Waterman & Rogers, 1994）。以上の点を併せて考えると，アジア地域は米国系ケーブルネットワークが事業展開を行う際，最も魅力的だが困難な市場を提供すると述べて差し支えないだろう。

第2章
文献レビュー

Ⅰ．製品標準化・適応化の理論的背景

　本章では，製品の国際マーケティングにおける基礎となる理論的枠組みを概観する。各国間や各企業間に存在する相違点に着目した国際マーケティング研究の文献は，企業がどのような製品を海外市場に向けて開発・提供し，その製品決定の根拠が何であるかを理解するための知識を与えてくれるであろう。テレビ番組を消費者のニーズや欲求を充足するために市場で提供される製品の一種と捉えるならば，国際マーケティングにおける理論は多くの消費財同様，テレビ番組製品にも―前章で述べられたテレビ番組製品に固有な特性のために全てがというわけではないが―適用されるという考えが本研究の前提となっている。

　「市場」は，特定のニーズや欲求を共有し，それらを充足するための交換に積極的に従事する，あるいは従事しそうな全ての人によって構成される（Kotler, 1994）[13]。どのような商業活動であれ，その主目的は収益性の高い顧客を獲得・維持する点にあり，そのために需要および潜在需要がありそうな財やサービスを提供しなければならない。ドラッカー（Drucker, 1977）によれば，企業は顧客創造という目的のためにマーケティングとイノベーションという2つの基本機能を有する。商業におけるマーケティングは製品の開発，販売促進，流通，販売を含み，企業が顧客を満足させると同時に収益を市場に連動させ，組織目標の達成を目指すためのプロセスである。

　上記のようなマーケティングの基本性質は国が変わっても不変であるが，

---

[13] 経済学では一般に，ある製品に関する取引を行う売り手と買い手の集合体を市場と呼ぶ。

Ⅰ．製品標準化・適応化の理論的背景　19

　国際マーケティングの場合，国内マーケティングの場合とは異なり，企業は2種類以上の環境条件下で同時に活動を行う必要がある。企業にとって統制不可能な文化，法的義務，政府の規制，気候といった条件はそれぞれの市場において多かれ少なかれ異なっている。このような市場間における差異の存在が国際マーケティングを国内マーケティングと明確に区分している（Cateora & Graham, 2001）。要するに，マーケティングの原則や概念は普遍的な適用性があると考えられるが，国際マーケティングを行う企業は統制不可能な要因がそれぞれに存在する各国市場において事業活動を行う必要がある。しかし注意しなければならないのは，マーケティング実務者は条件の差異に着目し，マーケティング・プログラムを適応させ，それぞれの市場の消費者に受け入れられるようにする一方で，条件の類似性を探し，同一のマーケティング戦略を遂行しうる機会も模索しなければならないという点であろう。

　企業が国際市場へ進出する際，製品，販売促進，価格，流通という4つの要素における戦略決定を効果的に組み合わせる，いわゆる「マーケティング・ミックス」において2つの対照的なアプローチが選択可能である。1つは「標準化（standardization）」であり，文字通り解釈すれば世界を各国市場の集合体というよりも単独の市場であるかのように捉え，グローバル規模で同一の製品を同じ方法で売ることである（Levitt, 1983）。実行の可能性はともかく，マーケティング戦略の完全標準化とは，各国市場において均一的な価格，流通経路，販売促進方法で同一製品を提供することを意味する（Baalbali & Malhotra, 1993; Buzzell, 1968）。

　もう1つのアプローチは「適応化（adaptation）」あるいは「カスタム化（customization）」であり，各国間の文化的，経済的，政治的差異を注視し，ローカル市場の条件や習慣に即した戦略を伴う（Hill & Still, 1984; Quelch & Hoff, 1986; Wind, 1986）。適応化はカスタム化としばしば同義で使われている[14]。実際に，マーケティング戦略を標準化すべきか適応化すべきかと

14　しかしMedinaとDuffy（1998）は両者間の違いを指摘する。適応化は強制的条件による変更に関連したものであるが，カスタム化に伴う変更は企業にとって任意的なものである。本書で

いう問題は，どちらか一方のアプローチを選択することが国際市場に参入する企業の競争力に重大な影響を及ぼすと考えられ，1960年代以降，研究者と実務者の双方が真剣に取り組んできた問題である（Buzzell, 1968; Jain, 1989）。

　中でも，国際マーケティングにおける主な論争は「製品」の標準化・適応化における有効性を軸として展開されてきた。様々な研究者（例：Agrawal, 1995; Onkvisit & Shaw, 1987; Papavassiliou & Stathakopoulous, 1997）によって包括的にまとめられている広告領域での調査を除けば，製品はその他のマーケティング・ミックスにおける要素よりも多くの関心を集めてきた領域である（Baalbaki & Malhotra, 1993; Shoham, 1995; Terpstra & Sarathy, 2000; Waheeduzzaman & Dube, 2004）。企業が市場の情報を効果的かつ効率的に製品コンセプトに反映させ，ターゲット市場において製品をポジショニングする際，マーケティングは主要機能としての役割を果たす（Song, Montoya-Weiss, & Schmidt, 1997; Xie, Song, & Stringfellow, 2003）。また，製品には消費者が高い価値を置く条件が備わっているため，マーケティング・ミックスにおける製品計画は企業の戦略開発における中核をなすものであり，もし製品が消費者のニーズを充足できないのであれば，いかなる販売促進活動，値引き，流通体制も購買を促すことは難しいと考えられる（Ball et al., 2002; Medina & Duffy, 1998）。

　国際マーケティングにおける標準化・適応化に関する論争が注目を浴びるようになったのはレビット（Levitt, 1983）の論文によるところが大きい。レビットはコスト面での優位性をもたらす規模の効果を強調し，企業はあらゆる市場で同じ製品を同じ方法で売るべきであると主張した。費用削減や経営効率の面から見れば，世界のいずれの市場においても標準化された製品を提供する企業は，個々の市場を別々に扱い，それぞれに異なる製品を売る競合他社に対して優位性を持つだろう。諸国間での資源共有，調整，統合を通して得られる規模の経済性と経営効率を重要視する場合，企業は可能な限り

　は国際マーケティング研究の文献において標準化の対語として一般的に用いられる適応化を主として使う。

製品標準化を試みると考えられる。

　さらに，国際的イメージの確立を目指す企業はグローバル規模で標準化製品を提供することで世界中の消費者に統一されたブランド・イメージを与えることができる。ソレンソンとヴィーチマン（Sorenson & Wiechmann, 1975）はブランドが高く標準化されていることを実証したが，これは1つには企業が登録商標を重要視するからであり，容易に認識される世界的ブランドのフランチャイズを持ちたいというマネージャーらの願望のためでもある。例えば，ある国からの旅行者が海外の商店で見慣れたブランドを見つけた場合，そのブランドを購入する可能性が高い（Alashban, Hayes, Zinkhan, & Balazs, 2002; Buzzell, 1968; de Chernatony, Halliburton, & Bernath, 1995）。さらにバゼル（Buzzell, 1986）は，旅行者が自国へ戻った時にそのブランドを目にすることでブランドへの信頼・ロイヤルティ（loyalty）が強化され，競合他社製品へ逃げられる可能性は減るだろうと述べる。一方，クゥエルチとホフ（Quelch & Hoff, 1986）は高品質製品と優れたアイディアは普遍的な魅力を持つため，できるだけ広範囲で販売・利用されるべきであると主張する。このような視座に立つ場合も，企業は世界戦略として製品標準化を積極的に採用すると考えられる。

　しかしながら，完全標準化というアプローチはあまりに楽観的で，単純化されたものである。そこでは国際業務に固有な複雑さや文化的，経済的，制度的に多様である外国市場へ進出する際の効果的な戦略形成がどのようなものか考慮されていない（Douglas & Wind, 1987）。たとえ製品があらゆる場所で売られていたとしても，そのことはその製品が全ての市場で同程度に受け入れられていることを意味するわけではない。現実には，ローカル市場のニーズや欲求に応えるために独自の製品ライン開発や製品の修正が必要となるかもしれない。実際，世界中で均一なように見受けられる製品にでさえ，国ごとに微妙な変化が加えられていることが多い（Kotler, 1986）。世界標準化を強力に唱道したレビット（Levitt, 1983）でさえ，企業は個別市場における必要条件を満たすため，消極的にせよ製品適応化を考慮しなければならない場合があると認識していたことは特筆すべきであろう。

しかし，もう一方の極端なアプローチである完全適応化も望ましいものではない。様々な国に跨る業務で得られる相乗効果（synergy）の可能性を全く排除しているからである（Wind, 1986）。ウスニエル（Usunier, 1993）によれば，標準化は費用削減のために企てられるが，その代わりに個別市場に固有な特性への顧慮が犠牲にされる。つまり国際マーケティング実務者にとって問題となるのは，大雑把に述べるならば，世界標準化がもたらす規模の経済性と現地適応化のために満たさなければならない外因的必要条件の二律背反性（trade-off）である。バートレットとゴーシャル（Bartlett & Ghoshal, 1991, 2000）は，企業がグローバル規模での事業統合を効率的に達成すると同時に各ローカル市場に柔軟に対応できるように，全体的な力と局地的な力を統合する必要があると主張する。このような力の統合はしばしば「グローカリゼーション（glocalization）」と呼ばれ，そこではある要素は標準化され，別の要素は現地適応化される。しかしながら，それぞれに異なる各国市場でのニーズと製品標準化戦略から生じる利点の間でバランスを適切に保つことは困難な課題である（Buzzell, 1968）。

さらに，未だに問題となっているのは製品標準化と経営成果の関係である。先に論じられたように，製品標準化の利点は何よりもまず費用の削減に見られる。しかしウォルターズ（Walters, 1986）やホワイトロックとピンブレット（Whitelock & Pimblett, 1997）は，マーケティング実務者が考えなければならない重要な問題は標準化が費用削減につながるか否かではなく，それが収益性の向上や長期間の成果に結びつくか否かであると述べる。確かに収益は費用だけでなく売上にも左右される。この点に関してバゼル（Buzzell, 1968）は，たとえ製品標準化による費用削減が外国市場での売上不振という犠牲のもとに成り立っているものであっても，対利益効果はプラスであると説く。逆に何人かの研究者（Douglas & Wind, 1987; Kotler, 1986; Quelch & Hoff, 1986; Rau & Preble, 1987）は現地適応化が結果的には収益最大化を招くと推測する。彼らによると，製品適応化は強制的なものであれ任意的なものであれ市場における製品の競争力を高め，高い売上をもたらすものであり，従って追加コストに値するものである。

懸案となるのは，製品をローカル市場の嗜好に適応させなかったり，市場間の重大な差異を十分に考慮しなかったために生じる潜在的機会喪失と，製品標準化による費用削減のバランスをどのように取るかである。要するに，標準化・適応化の妥当性は究極的には選択結果がもたらす利益，つまり経済的ペイオフ（economic payoff）によって決まると考えられる。もし標準化戦略が市場に価値を提供しないのならば，売上を増加させることは難しいし，肯定的反応や売上増加という実を結ばないのならば，そのような戦略への投資は企業の価値ある資源の非効率的利用に他ならない（Ryans, Griffith, & White, 2003）。しかしながら製品標準化の経営成果への実影響を調査した研究は少ない。ダグラスとクレイグ（Douglas & Craig, 1992）はグローバル規模でのマーケティング戦略が主流とならないのは，それが企業の財務業績に好影響を与えるという命題を裏付ける証拠が欠如しているためであると述べた。

　数少ない実証的研究においても標準化・適応化と経営成果の関係は一致を見ていない。サミーとロス（Samiee & Roth, 1992）は投資収益率，資産収益率，売上成長率などによって示される財務実績と製品標準化の関係を調査したが，有意な相関は見られなかった。カブスギルとゾウ（Cavusgil & Zou, 1994），ショーハム（Shoham, 1996），ジマンスキ，バラドワジとバラダラジャン（Szymanski, Bharadwaj, & Varadarajan, 1993）は製品適応化戦略が業績を実質的に高めることを証明した。反対に，オドネルとジョン（O'Donnell & Jeong, 2000）の実証的研究によれば，ハイテク生産財の場合は世界標準化がより良い業績に結びついている。同様に，ワヒーダザマンとデューベ（Waheeduzzaman & Dube, 2002）は売上高収益率や売上増大といった財務業績に対して標準化が貢献をしていることを明らかにした。

II. 製品標準化・適応化の決定要因

　製品の完全標準化も完全適応化も実際には可能性が低く，望ましいものではないならば，多くの企業は両者間のどこかに海外事業における製品方

針の着地点を見出す必要がある。重要なのは，実に多くの研究者（Baalbaki & Malhotra, 1995; Boddewyn, Soehl, & Picard, 1986; Buzzell, 1968; Cavusgil, Zou, & Naidu, 1993; Jain, 1989; Quelch & Hoff, 1986; Ryans et al., 2003; Samiee & Roth, 1992; Sorenson & Wiechmann, 1975; Walters, 1986）が標準化・適応化という概念を同一線上の両端と捉え，その決定は二者選択的なものではなく，程度の問題であると述べている点である。標準化の程度が高いほど適応化の程度は低いわけだが，ロイカとパワーズ（Loyka & Powers, 2003）が論じるように，標準化と適応化は必ずしも相互排除的なものではない。

さらに何人かの研究者ら（Agarwal, 1992; Boddewyn & Hansen, 1977; Cavusgil et al., 1993; Lemak & Arunthanes, 1997; Wang, 1996）は，標準化・適応化の程度は諸要因やそれらの要因に適合する戦略を選択する企業の能力次第，つまり条件適合的であるという見解（contingency perspective）を示す。ワン（Wang, 1996）は条件適合理論が経営戦略研究の領域で広く受け入れられていると述べる一方で，それぞれの企業構造，競争力，環境を超えて，全ての事業に最適な普遍的戦略選択というようなものは存在しないと述べている。彼は，いかなる戦略も状況横断的に最善なものにはなりえないが，それぞれの戦略は特定状況において最善となりうるという視座に立っており，標準化・適応化戦略の可能性や魅力は状況によって非常に異なってくるというウォルターズ（Walters, 1986）の主張を裏付ける。従って，企業は製品標準化・適応化に関する決定を行う際，国，市場，産業，企業レベルの諸要因を勘案する必要がある（Waheeduzzaman & Dube, 2004）。

製品標準化・適応化の程度は様々な企業内部・外部要因に影響されると考えられる（Baalbaki & Malhotra, 1993; Cavusgil & Zou, 1994; Jain, 1989; Johnson & Aruthanes, 1995; Waheeduzzaman & Dube, 2004; Walters, 1986）。表2-1は製品標準化・適応化に関連する要因を論じた代表的な学問的研究の一覧である。定義や測定方法，調査背景におけるわずかな違いはあるものの，要因は大まかに以下のように分類される。製品特性，消費者セグメント，各国の文化特性，各国の環境特性，競争，ブランドと原産国効果，そして企業特性である。国際市場における製品マーケティングの任務に就く際，

表 2-1 製品標準化・適応化の決定要因に関する諸研究

要因	研究	方法	発見・結論
製品特性	Boddewyn & Hansen (1977)	実証的	生産財を提供する企業は完全標準化達成に近い立場にあり，耐久消費財を提供する企業は非耐久消費財を提供する企業よりも高い標準化を実現している。
	Hill & Still (1984)	実証的	非耐久消費財の受容は各国市場の文化の違いに非常に影響を受けやすい。
	Huszagh et al. (1985)	実証的	代替品がないか，必需品だと思われる製品は標準化される。
	Quelch & Hoff (1986)	記述的	市場の文化によって受容が影響される製品は高い規模の経済性や効率性をもたらすことはできず，世界規模でマーケティングすることは難しい。
	Samiee & Roth (1992)	実証的	生産財を提供する企業は消費財を提供する企業よりも世界標準化を重要視する。
	Baalbaki & Malhotra (1993)	記述的	生産財は消費財より標準化に適する。非耐久消費財は耐久消費財より，また文化によって受容が影響される製品はそうでない製品より高い適応化を必要とする。
	Cavusgil et al. (1993)	実証的	文化によって受容が影響されやすい製品ほど高度に適応化される。
消費者セグメント	Levitt (1983)	記述的	世界で成功するためには超国家的な類似セグメントへの販売機会を模索する必要がある。
	Sheth (1986)	記述的	大きく修正・変更されていない外国製品を求めるセグメントが必ず存在する。そのセグメントの大きさが標準化製品の外国市場での成功を決定する。
	Douglas & Wind (1987)	記述的	潜在的なグローバル・セグメントの存在がグローバル製品戦略を企てる主要要因である。
	Hassan & Katsanis (1991)	記述的	いかなるグローバル・マーケティング戦略の場合も成功の必要条件として測定・到達可能なグローバル消費者セグメントが存在するか否かが考慮されるべきである。
	Wang (1996)	記述的	標準化の程度は国境を越えた消費者セグメントが共有する特性によって決まる。
各国の文化特性	Buzzell (1968)	記述的	多くの文化的差異がマーケティングの成功・失敗に影響する。
	Wind & Douglas (1972)	記述的	文化・社会様式など，消費者の購入パターンや反応に影響を与える特有の条件がそれぞれの国を特徴づける。
	Boddewyn & Hansen (1977)	実証的	言語，習慣，嗜好，生活様式，優先順位，信仰など文化に基づく差異がマーケティング戦略の完全標準化達成への弊害となっている。

表 2-1 続き

要因	研究	方法	発見・結論
各国の文化特性	Walters (1986)	記述的	- 文化レベルにおける市場の異質性が小さいか減少している場合，標準化は魅力的かつ実行可能なものとなる。
	Jain (1989)	記述的	- 消費者行動やライフ・スタイルに関して市場間に類似性があり，製品の文化適合性が国境を越えても高いほど標準化の程度は高くなる。
	Wang (1996)	記述的	- 標準化の程度は各国間あるいは各国クラスター間の類似性や心理的距離によって決まる。
各国の環境特性	Keegan (1969)	記述的	- 異なる環境条件下で同じように機能するために多くの製品が修正・変更される。
	Jain (1989)	記述的	- 自国と受入国の間で物理的・法的環境の差異が大きいほど標準化の程度は低くなる。
(経済的条件)	Wind & Douglas (1972)	記述的	- 経済・技術発展レベルなど，消費者の購入パターンや反応に影響を与える特有の条件がそれぞれの国を特徴づける。
	Hill & Still (1984)	実証的	- どの程度消費財を修正・変更するかは自国と未開発国間の経済的格差による。
	Jain (1989)	記述的	- 経済的条件が類似する市場間においては標準化戦略実行がより現実的である。
(物理的・地理的条件)	Buzzell (1968)	記述的	- 物理的環境（気候，地形，資源）は多くの製品の販売機会に大きく影響する。
(法的環境)	Wind & Douglas (1972)	記述的	- ある国の法的特性はマーケティング計画を制約し，異なる市場条件に対応する別のアプローチや適応化が必要となる。
	Boddewyn & Hansen (1977)	実証的	- 政府による規制が完全標準化への弊害となる。
	Hill & Still (1984)	実証的	- 修正・変更は第一にローカル市場の法的・経済的条件に適合しない製品機能に対してなされる。
	Cavusgil et al. (1993)	実証的	- 法的規制の類似性が増えれば，製品適応化の程度は低くなる。
	Baalbaki & Malhotra (1995)	実証的	- 製品の規格，特徴，性能，安全性に関する市場間での法の違いのために高いレベルでの戦略適応化が必要となる。
	Johnson & Arunthanes (1995)	実証的	- 市場間での政府規制の違いは製品適応化に正に影響する。

表2-1 続き

要因	研究	方法	発見・結論
(インフラストラクチャー・支援部門)	Douglas & Wind (1987)	記述的	- 世界標準化の有効性は大部分，コミュニケーションおよび流通のための国際インフラストラクチャーの利用可能性による。
	Johnson & Arunthanes (1995)	実証的	- インフラストラクチャーの相違は生産財よりも消費財において高い適応化につながる。
競争	Boddewyn et al. (1986)	実証的	- 競争はマーケティング・ミックス標準化における最も重大な弊害と考えられる。
	Jain (1989)	記述的	- 各市場間で企業の競争力が近似しているほど標準化の程度は高くなる。同程度のシェアを持つ同一ライバルと複数の市場で競争している場合は全くのローカル企業と競争する場合よりも標準化へ向かう。
	Baalbaki & Malhotra (1993)	記述的	- ライバル，とりわけ現地のライバルが強力なほど製品を適応化させる必要性は高まる。
	Cavusgil et al. (1993)	実証的	- 市場の競争が激化するほど製品は高度に適応化される。
ブランドと原産国効果	Buzzell (1968)	記述的	- 米国製品の質に対する懸念とブランド認知の不足のために企業は海外で異なったマーケティング戦略を採用する必要がある。
	Hill & Still (1984)	実証的	- ブランド名の創出は，市場を超えて製品を標準化する第一歩である。
	Baalbaki & Malhotra (1993)	記述的	- 製品原産国に対する態度は消費者の知覚や評価に影響し，各国間における知覚の差異のために高い戦略適応化が必要となる。
	Cavusgil et al. (1993)	実証的	- 製品が消費者に知れ渡るにつれて製品適応化の程度は減少する。
企業特性	Wind et al. (1973)	記述的	- 経営者がどの程度国際化へ打ち込むかで企業の国際戦略や決定基準が決まってくる。
	Quelch & Hoff (1986)	記述的	- 企業のグローバル・マーケティングへのアプローチは全体的なビジネス戦略に左右される。本社が優れたマーケティング・アイディアを持つと確信している場合は標準化への力が強まるが，現地関連会社が力を持つ場合にはグローバル計画は積極的には受け入れられない。
	Walters (1986)	記述的	- 野心的な売上および市場占有率目標，多くの海外事業，豊富な財務および経営資源，グローバルな製造ネットワーク，多くの合弁事業を有する企業は，非画一的な国際マーケティング計画を採用する。

表 2-1 続き

要因	研究	方法	発見・結論
企業特性	Douglas & Craig (1989)	記述的	- 事業方式に関する決定は海外市場における業務や戦略への支配力ならびに市場条件の差異に適応する柔軟性に影響する。
	Jain (1989)	記述的	- 主要な標準化問題に関する本社・子会社実務家間の戦略的合意が大きく,政策設定や資源配置に関する権限が本社に集中化しているほど標準化戦略の実行は有効である。
	Akaah (1991)	実証的	- ローカル市場での事業に投資しており,自国・受入国志向よりもグローバル・地域志向である場合,企業は戦略標準化活用に乗り出す。
	Samiee & Roth (1992)	実証的	- 企業が世界標準化を追求できるか否かは企業の国際ビジネスに関する哲学と組織構造で決まる。
	Cavusgil et al. (1993)	実証的	- 企業の国際経験が増加するほど製品適応化の程度は高まる。

担当者はこれらの要因とマーケティング戦略との関係に留意すべきである（Baalbaki & Malhotra, 1995）。なんらかの要因が標準化を妨げる可能性があるならば,企業は完全標準化を断念し,代わりにある程度の適応化を考慮すべきであろう。標準化・適応化の可能性が上記の諸要因によって左右されるならば,実務家はそれぞれの要因の影響に照らし合わせて,外国市場においてどのようなアプローチがより現実的であるかを検討する必要がある。

1. 製品特性

製品標準化の可能性は製品に固有な特性,中でもその製品の受容が市場の文化特性（cultural specificity）にどれだけ影響されるかによって異なってくる。多くの研究者（Ballbaki & Malhotra, 1993; Boddewyn et al., 1986; Cavusgil et al., 1993; Hill & Still, 1984; Jain, 1989; Quelch & Hoff, 1986; Samiee & Roth, 1992）が,標準化は市場固有の文化によって受容が左右される消費財よりも,文化的感受性の弱い生産財に適していると述べている。これは産業化というものが文化的な臭いを抑制・消去する傾向にあり,生産財への比較的画一的な需要を各市場で引き起こすためであり,生産財の買い手が取引において最も金額に見合う価値を合理的・客観的に追求するためでもある

(Boddewyn et al., 1986; Cavusgil et al., 1993; Samiee & Roth, 1992)。ジョンソンとアルンサネス（Johnson & Arunthanes, 1995）は製品適応化の度合いは生産財よりも消費財において高いことを明示した。

消費財の中でも，現代生活における代表的必需品であり，比較的普遍的なニーズを満たす耐久消費財（例：自動車やハイテク製品）はローカル市場の文化に固有な属性に訴求する非耐久消費財（例：食品）よりも標準化に適している（Baalbaki & Malhotra, 1993; Boddewyn et al., 1986; Jain, 1989）。ボデウィンとハンセン（Boddewyn & Hansen, 1977）の研究では，非耐久消費財のマーケティング戦略標準化に対する大きな弊害は市場間の消費者の好みや習慣の相違であることが実証された。バールバキとマルホトラ（Baalbaki & Malhotra, 1995）は多岐に亘る市場固有の要因が非耐久消費財に作用することを明らかにした。

文化特性に影響されやすい製品を外国市場に導入する場合，その製品の原産国市場の文化的ベースが外国市場の文化的ベースに適合しない可能性があるため，製品を外国市場の文化特性に適応させる必要がある（Cavusgil & Zou, 1994; Douglas & Wind, 1987）。カブスギルら（Cavusgil et al., 1993）やカブスギルとゾウ（Cavusgil & Zou, 1994）は製品の文化的感受性と製品適応化との間に有意な正の相関があることを実証した。各市場の文化によって受容が大きく左右される製品を世界規模でマーケティングすることは難しいし，そのような製品が大きな規模の経済性や効率性をもたらすことは稀であろう。一方で，ハスザフ，フォックスとデイ（Huszagh, Fox, & Day, 1985）はやや異なる見解を示しており，容易な代替品を持たず，消費者に必需品と思われるような製品は市場の文化特性に関わらず，標準化される可能性を秘めると記した。また，普遍的なニーズを充足する製品の場合も市場ごとに適応化する必要は少なく，標準化が促進されると考えられる（Levitt, 1988）。

2. 消費者セグメント

マーケティング実務者はある特性を共有するターゲット市場（目標とする消費者集団）を識別・精選し，それらを満足させる製品を開発・提供し

なければならない。世界標準化製品の提供が可能である根拠として，レビット（Levitt, 1983）は低価格で提供される高品質製品に備わる近代性（modernity）へのニーズと欲求が世界的に同質化する中で，消費市場が世界規模で統合し，標準化製品に対するグローバル市場・世界顧客が出現していることを強調した。結果として企業は，世界を様々な市場の集合体というよりも，明確な共通選好を有する1つの製品市場として捉えることができるという考え方である。

多くの研究（Agrawal, 1995; Boddewyn et al., 1986; Buzzell, 1968; de Chernatony et al., 1995; Douglas & Wind, 1987; Eger, 1987; Levitt, 1983; Rau & Preble, 1987; Simon-Miller, 1986; Whitelock & Pimblett, 1997）で国際的な人的移動の増加と並び，通信技術・コミュニケーションの発達が世界の人々が同質化する主要因であると認識されている。これは人々がメディア・コンテンツ―多くは米国製メディア・コンテンツ―を見たり，聞いたり，接触する中で，そのコンテンツに魅力的に描写されている良い生活への期待が高まり，製品消費へのニーズや肯定的態度が形成されるためである（Alden, Steenkamp, & Batra, 1999; Jain, 1989; Roth, 1995; Walker, 1996）[15]。要するに，メディア・コンテンツは現代的なライフ・スタイルが何であるかを強調することで大量消費を助長すると考えられている。

以上のような見解は，グローバル規模で提供される標準化メディア製品が人々の基本的ニーズ，欲求，動機に訴えかけ，選好の同質化をもたらし，結果として，その他の標準化消費財の浸透をも促進しうるという仮定に基づいている。ウォーカー（Walker, 1996）は，世界規模でのテレビへのアクセス

---

15 このような視点は1960年代にコミュニケーション学者らによって盛んに唱道された「近代化論（modernization theory）」を想起させる。そこでは，国際マスコミュニケーションは現代的メッセージを広め，欧米の経済的・政治的モデルを第三世界の新興独立国へ移植する目的で使用されうると論じられた（Thussu, 2000）。近代化論の初期提唱者であるラーナー（Lerner, 1958）やシュラム（Schramm, 1964）は，国際メディアに接することで社会は伝統に縛られなくなり，人々は近代的で新しい生活様式を切望するようになると予想した。メディアにおける表現が富裕国家とはどのようなものかを示す指針としての役割を果たすことはありうるが，近代化論者が主張するように，そのことが伝統的な領域の解体につながることは実証されていない。

が「グローバル・モール（global mall）」と称されるようなグローバル消費文化を創出すると結論づけている。実際に，非常に隔離されているような部族文化でさえ欧米の物質主義と全く無縁で存在することは難しくなっている（Demers, 2001）。しかも，均一的な消費市場の出現によってメディア企業は標準化メディア製品を提供しうる，さらなる機会を得る。つまり，標準化されたメディア・コンテンツはグローバル規模での均一的消費文化をもたらす一方で，そのようなコンテンツを求める共通の需要構造を創出するという二重の役割を果たすと考えられる。

　レビット（Levitt, 1983）は，企業は類似性の高い市場セグメントを国家横断的に識別し，規模の経済を追求するためにそのような超国家市場に対する販売機会を模索する必要があると主張した。多くの国，とりわけ開発途上国は幾層もの経済的・社会的セグメントによって構成されており，ますます国内における社会的規範，個人のライフ・スタイル，購入行動の多様化が進んでいる。従って，ウィンドとダグラス（Wind & Douglas, 1972）が提言したように，集合的な国民特性だけではセグメント化に適切な基本要素を付与することはできないとも考えられる。同一国の都市部の消費者と農村部の消費者に同じ製品を売ることは，各国の都市部の消費者に同じ製品を売ることよりも困難を伴う可能性がある。実際に，ヒルとスティル（Hill & Still, 1984）は開発途上国の都市部においては準都市部や農村部ほど製品適応化が必要ではないことを明らかにした。

　バールバキとマルホトラ（Baalbaki & Malhotra, 1993）は，標準化・適応化論争は各国市場間に同質的な消費者セグメントが存在するか否かを見極めることによってのみ解決されると主張する。サミーとロス（Samiee & Roth, 1992）は「超国家消費者セグメント」というコンセプトを「同質の特性を有し，同一の判断基準で識別される，国境を超えた集団」と定義づけている。あるセグメントは経済状態，購入行動，趣味，嗜好，ライフ・スタイルに関して，同国内の他のセグメントよりも他国の同質セグメントに類似している可能性がある。

　そのようなセグメントの例を挙げるならば，「情報探究者（Thorelli,

Becker, & Engledow, 1975)」,「都市居住者（Hill & Still, 1984)」,「グローバル・エリート・セグメント（Hassan & Katsanis, 1991)」,「グローバル10代セグメント（Hassan & Katsanis, 1991)」,「キャリアウーマン・セグメント（Douglas & Urban, 1977)」,「貿易支持消費者セグメント（Crawford, Garland, & Ganesh, 1988)」,「省エネルギー支持者セグメント（Verhage, Dahringer, & Cundiff, 1989)」などである。例えば，現代的ライフ・スタイルのイメージを伴う製品はどの国においても農村居住者の間よりも都市居住者の間に早く浸透するであろう（Hill & Still, 1984）。10代向け製品の場合，企業は斬新かつ流行のデザインやイメージに対する，世界の10代消費者の画一的嗜好に応えることを画策するだろうが，その他の世代への訴求は考えない。要するに，製品標準化の成功は製品のターゲットとなりうる国境を超えたセグメントの存在，中でもダグラスとウィンド（Douglas & Wind, 1987）やシェス（Sheth, 1986）が述べたように，それらセグメントの規模，経済力，そしてグローバル・ブランドや製品に対する選好の強さを条件とする。

3. 各国の文化特性

　各国間の相違や特定国に固有な状況を無視する超国家消費者セグメントというコンセプトとは対照的に，「国の特性」は特定国に固有な特性そのものであり，その国の消費者全員によって共有される性質であり，そこでの一般的な嗜好や需要に影響を及ぼすものである。実際に国家は国際マーケティングにおけるセグメント化のための基本単位として用いられてきた（van den Berg-Weitzel & van de Laar, 2001）。企業が標準化を追求できるか否かは，それぞれの国がどの程度類似した特性を有するかにかかっている（Boddewyn & Hansen, 1977; Buzzell, 1968; Hill & Still, 1984; Jain, 1989; Wang, 1996）。各国間の差異が小さいほど，製品標準化が成功する可能性は高くなるであろう。

　各国間の文化の差異が標準化マーケティングの受容に影響しうる点を多くの研究（Boddewyn & Hansen, 1977; Hill & Still, 1984; Jain, 1989; Walters, 1986; Wind & Douglas, 1972）が指摘している。製品特性との関連で言及し

たように，各国間の文化的差異は製品，特に消費財の現地適応化を促しうる。文化とは人々が同じような，あるいは異なった考え方や行動をする基にあるものと考えられる。ハリスとモラン（Harris & Moran, 2000）によれば，人々に自分たちは誰なのか，どこに属しているのか，どのように振る舞うべきなのか，何をすべきなのかといった意識を与えるものが文化であり，人間の行動を導き，正当化する象徴，規範，価値観を，学習，共有，相互関係を通して与えている。文化は消費者のニーズ，動機，価値を見出す属性，嗜好，製品選択，購入，消費パターンに重大な影響を及ぼすものである（Jain, 1989; Wind & Douglas, 1972）。従って，文化的境界線は考えやコミュニケーション，製品がある文化から異文化へ流れることを阻害し，単一のグローバル市場形成に対する弊害となる可能性がある（Craig et al., 2005; Kale, 1995）。

異文化間マーケティングは「言語，宗教，社会規範と価値，教育，美学，生活スタイルといった文化的側面のうち少なくとも1つが，マーケティング実務者自身のそれとは異なる消費者へ向けて行われる戦略的マーケティング・プロセス」と定義づけられる（Cateora & Graham, 2001）。製品を潜在的消費者の嗜好，購買行動，製品使用パターンに適合させるため，マーケティング実務者は外国市場の特異性と文化的相違を十分に理解し，考慮しなければならない（Whitelock & Pimblett, 1997; Wind, 1986）。逆説的な言い方をすれば，文化的類似性・共通性を有する国の間では製品標準化が成功する可能性が高いと考えられる。

一方でウィンドとダグラス（Wind & Douglas, 1972）は，文化の差異は変化に対する態度の違いに明白に現れ，消費者が新しい製品や考えを積極的に取り入れるか否かを左右すると述べた。変化に対する抑制として機能しうる文化的要素は，主として宗教や迷信といった伝統的領域から生じ，個人の人生観に影響を与える信仰体系を含む（Whitelock & Pimblett, 1997）。実際に，ある国においては新製品が急速に受け入れられるが，他国ではそうではないかもしれない。だとすれば，異なる文化の消費者が新商品の導入に対してどのように反応するかを考える必要がある。

ある集団によって新しいと知覚されるアイディアが「イノベーション（innovation）」であり，時間が経つにつれて製品イノベーションがある社会組織における成員に受け入れられていくプロセスが「製品普及」である。普及は機能の比較優位性，潜在ニーズへの適合性，複雑さ，試用可能性，観測可能性といった製品関連の特性だけでなく，市場関連の特性にも影響される。消費者行動への影響因と認識されてきた，ある国に固有の価値観があるとして，そのような価値観が社会におけるイノベーションの普及を左右すると予測される（Dwyer, Mesak, & Hsu, 2005）。製品に対する知覚が現存する文化的価値に適合すればするほど消費者の抵抗感は少なく，普及・受容は急速に進むであろう。

　ある国の消費者は他国の消費者よりも高いイノベーション受容度（innovativeness）を有する可能性がある。消費者が自国の社会・文化特性のために新製品受容に積極的である場合，その国での普及は速くなる。このことから，製品を外国市場に導入する際の重要な第一歩はその製品の「新しさ」をターゲット市場がどのように認識するかを判断することと考えられる。イノベーションが一国の文化においてどのように普及するかを探究し，消費者のイノベーション受容に影響を及ぼす文化特性を特定するため，ドワイヤーら（Dwyer et al., 2005）はホフステード（Hofstede, 2001）の多次元文化指標（multidimensional cultural index）を用いている。ホフステードの調査は元々事業組織環境で行われたものだが，彼が明らかにした各次元における指数は消費者行動研究にも適用されてきた。ドワイヤーら（Dwyer et al., 2005）は製品イノベーションの普及率が高いのは不確実性回避[16]が低く，集団主義的[17]で，男性的[18]で，権力格差[19]が大きく，短期志向型[20]の

---

[16] 不確実性回避（uncertainty avoidance）の高低は，ある特定文化の成員が不確実あるいは未知な状況に際し，どの程度の危機感を覚えるかを測ったものである。高い不確実性回避は変化や新しい経験よりも安定，予測可能性，低い緊張を求めるような文化様式を示し，機能的属性が不明なイノベーションへの抵抗と関連づけられる（Dwyer et al., 2005）。

[17] 集団主義（collectivism）に重きを置く文化は集団的あるいは集合的な思考・行動様式を示し，対照的に個人主義（individualism）は個人の時間，自由，経験を尊重する傾向と関連づけられる文化的側面である（Hofstede, 2001）。社会的なネットワークが情報の主要供給源として機能する集団主義文化では新製品導入に関して成員間で連絡しあう機会が多く発生し，コミュニ

文化であると述べる。

4. 各国の環境特性

いくつかの研究（Hill & Still, 1984; Jain, 1989; Wind & Douglas, 1972）では文化における相違同様，経済発展レベルにおける相違もマーケティングの受容に影響すると指摘されている。さらに，各国間の経済的な差異に加えて，ジャイン（Jain, 1989）は企業の製品標準化・適応化に関する決定に影響する重要な要素として，各国の物理的，法的，そしてインフラストラクチャー・支援環境における差異を挙げる。それらの環境が非常に似通っている場合，標準化の実行は可能であると考えられる（Boddewyn & Hansen, 1977; Jain, 1989; Keegan, 1969; Sorenson & Wiechmann, 1975）。

(1) **経済的条件**

1人あたりの国民総生産，可処分所得，購買力などによって示される1国の経済発展レベルによって製品に対する需要は大きく異なってくる（Jain, 1989; Loyka & Powers, 2003; Wind & Douglas, 1972）。従って，製品標準化は経済の発展水準が類似した国の間で成功する可能性が高くなると推測される。低開発国の脆弱な経済下にいる消費者の多くには，米国の消費者にとっ

　　ケーション・プロセスの効率性を高める（Dwyer et al., 2005）。
18　男性的（masculine）社会における主要な価値は達成と成功であり，女性的（feminine）社会では他者への気遣いと生活の質である（Hofstede, 2001）。男性的社会では高い社会的地位は男性に優先的に割り当てられる傾向があるが，女性的社会では役割が男女間でより平等に分配されている。男性的社会における物質主義や強い所有志向といった特性は，そのような社会では新製品を所有することが高く評価されることを示唆する（Dwyer et al., 2005）。
19　権力格差（power distance）は社会において力を持たない人々が「権力は不平等に分配されていること」をどの程度受け入れているかを示す（Hofstede, 2001）。権力格差が大きい社会では人々は社会的階級制度の中に適所を見つけ，権威を自然に受け入れ，社会および経済階級間の垂直関係において富と名声を重要視する。権力格差が小さい社会では人々は機会と権利の平等性に重きを置く。権力格差が大きい社会では，有力で富裕な成員が新製品イノベーションを受け入れた場合，力を持たない人々の購入決定に影響を及ぼす（Dwyer et al., 2005）。
20　長期志向（long-term orientation）は社会がどれだけ未来志向的見地をもっているかに関連する。短期志向（short-term orientation）の強い文化では迅速な結果が求められるが，長期志向が強い文化では長期目標への堅実な前進が好まれる（Hofstede, 2001）。人々が貯蓄と資源節約を重要視する長期志向文化とは対照的に，短期志向文化における人々は世の中の消費動向に敏感である（Dwyer et al., 2005）。

て必須品である製品を買うことは物理的に難しいと考えられるからである（Jain, 1989; Whitelock & Pimblett, 1997)。大前（Ohmae, 1985）は多くの製品に対する巨大市場を形成する3極諸国（Triad countries, 米国・日本・西欧諸国）の消費者は非常に類似したニーズを有しており，単一市場として製品標準化の機会を提供すると指摘した。

　しかしながら，似たような経済発展水準にある国々の消費者たちが製品選択や消費行動においても類似しているかは依然として不確かである。経済システムが1つに収束しつつある欧州諸国間においてでさえ消費に対して異なる態度が存在するというバーカー（Barker, 1993）の説に見られるように，人々の価値体系が1つになっている確証はない（de Mooij, 2000)。ハスザフら（Huszagh et al., 1985）は実証研究を通して，経済および社会福祉変数に基づき同じクラスターに分類された国々の間でも製品受容にかなりの差異が見られることを明示した。一方で，高い生活水準は製品の速い普及と関連づけられるように，国の経済的条件は製品の普及パターンと速度を左右する特性でもある（Cateora & Graham, 2001; Rogers, 1983)。

(2)　**物理的・地理的条件**

　バゼル（Buzzell, 1968）は気候，地形，地理といった物理的環境における各国間の相違に注目した。それらは本質的に変化するものではないし，企業がコントロールできるものでもない。気候の違いのために自動車や冷暖房器具になんらかの機能を加える必要が生じうるし，住宅のサイズや構成・配置は電気製品や家具製品のデザインに影響を与えかねない。多くの国の一般的な住宅は米国の平均的なものより小さいため，米国の電気製品や家具はそのような異なる環境に適合するように小型化されなければならない可能性がある。

　一方，地域貿易圏内における経済が相互に絡み合う中で，地理的な近接性が市場統合を促す要因となっている。卸売・小売レベルでの流通ネットワークやサービス業の地域内拡大が市場統合に寄与し，マーケティングの標準化を促す可能性がある（Craig & Douglas, 2000)。加えて，地理的に近接する国々の文化は一般的に類似すると考えられる。ラグマンとバーベク

（Rugman & Verbeke, 2004）は，いわゆるグローバリゼーションの大部分は実は「リージョナリゼーション（regionalization，地域化）」を表しているに過ぎないと主張する。国際的な製造・サービス業務の大多数はグローバル規模というよりもリージョナル規模で構成されており，国際ビジネスにおける支配力を持つ，ごく一部の大企業だけが真にグローバル規模でのプレゼンスを有している。

(3) 法的環境

製品は海外市場の法的必要条件に合致するように修正される必要がある。レオニドウ（Leonidou, 1996）によれば，政府による規定・規制は外国市場で製品戦略を適応化させる理由として最も頻繁に挙げられ，最も影響力があるものの1つである。カブスギルら（Cavusgil et al., 1993）は製品適応化と各国間における法的規制の類似性の間に負の相関があることを明らかにした。実際に，製品の性能や規格に加え，パッケージ・サイズ，デザイン，ラベル，ブランド名における修正など多岐に亘る変更が義務付けられる可能性がある（Baalbaki & Malhotra, 1995; Hill & Still, 1984; Johnson & Arunthanes, 1995）。また，内容に関する条件として製品が現地製材料を一定量含むことが明記されている可能性もある（Douglas & Wind, 1987）。さらに，輸入税などの関税障害が製品標準化を妨げうる。関税によって輸入財は国産財より高くなり，このことが現地生産品に有利に働くからである（Ekeledo & Sivakumar, 1998; Wind & Douglas, 1972）。一方で，ジャイン（Jain, 1989）が論じるように，ある政治状況下においては外国企業のビジネスへの干渉が行われる可能性がある。実際に多くの開発途上国では企業が契約を得る際，関連する公的機関が重要なゲートキーパーとしての役割を果たしている（Wind & Douglas, 1972）。

(4) インフラストラクチャー・支援部門

マーケティング・インフラストラクチャーは製品の生産・流通といった主要活動を営むために必要な支援部門と見なされる（Hitt et al., 2003）。支援部門は生産機能と直接に関係しないが，生産過程の効率性や効力を高めうるものである。小売業者，卸売業者，輸送手段，マスメディアといったマー

ケティング・インフラストラクチャーにおける自国と外国間における相違はマーケティングの標準化に影響を与える（Johnson & Arunthanes, 1995）。類似したインフラストラクチャーが標準化を容易にする一方で，マーケティング・インフラストラクチャーが未発達な場合には製品をローカル市場の条件に適応せざるをえない。また，市場間における媒体利用可能性の違いもキャンペーン標準化の機会を抑制する。国際展開を行う際，広告主である企業はローカル市場における広告枠の不足を環境制約として受け入れなければならないだろう。

さらに，各市場内のインフラストラクチャーだけでなく，市場間の距離を縮めるグローバル・マーケティング・インフラストラクチャーの有無が考慮されなければならない。ダグラスとウィンド（Douglas & Wind, 1987）が指摘するように，ロジスティック・システムの改善は経営をグローバル規模で管理する能力を高め，世界標準化戦略を促進すると考えられる。また，衛星放送やインターネットなどのグローバル・テレコミュニケーション・ネットワークの発達に伴い，企業は標準化製品のキャンペーンを世界規模で展開することが可能となる。

5. 競争

市場における競争の度合いによって消費者の反応は変化し，消費者の欲求を満たす製品を提供する企業が最終的に競争の中で生き残ることができる（Cavusgil et al., 1993; Porter, 1985; Wind & Douglas, 1972）。概して，熾烈な競争下では企業が適応化を行う必要性は増すと考えられる。ローカル市場の条件に正確に適合する製品を提供することで競合他社に対する優位を獲得し，結果としてローカル市場でのシェアを拡大できるようになるからである。激しい競争下において企業は大規模な製品適応化を行う必要があるかもしれないが，逆に競争がそれほど激しくない市場では製品適応化の必要性は低いだろう（Baalbaki & Malhotra, 1993; Cavusgil et al., 1993; Jain, 1989）。実際，ボデウィンら（Boddewyn et al., 1986）は競合の度合いがマーケティング戦略標準化の程度に最も重要な影響を与える変数であることを明らかにし

た。同様に，カブスギルら（Cavusgil et al., 1993）は特定部分（例：パッケージやラベル）を現地適応化するべきか検討する際，最も考慮しなければならないのはローカル市場における競争の激しさであることを明示した。

　一方で，競争に対応する戦略選択は競争相手がローカル企業かグローバル企業かによっても左右される。ローカル企業が市場のニーズにうまく対応している場合，その市場でグローバル企業は不利な状況に置かれる（Alashban et al., 2002）。また，複数のローカル市場でそれぞれに異なるライバルと競う場合は，効果的に競争を行うためにそれぞれの市場における自社の強み・弱みを勘案し，戦略を市場ごとに修正する必要があるだろう（Craig & Douglas, 2000）。反対に，同程度のシェアを持つライバルと複数の市場で競争している場合は，ローカル企業と競争する場合に比べて標準化へ向かう可能性が高い（Baalbaki & Malhotra, 1993; Sorenson & Wiechmann, 1975）。企業は本国での競争力を外国市場で活用することによって成功することができる（Craig & Douglas, 2000）。ジャイン（Jain, 1989）やポーター（Porter, 1986）は，企業の競争力が市場間で不変ならば，世界標準化戦略は実行に値すると述べる。米国内外市場で最大シェアを誇る企業は各国市場間でのマーケティング戦略標準化を首尾よく実行できる可能性が高い。

6. ブランドと原産国効果

　消費者はよく知らない企業の製品を購入するというリスクを回避したがるため，そのような製品は海外市場でも消費者の抵抗を招きかねない。消費者にとって馴染み深い企業の製品はより好意的な態度で受け入れられ，結果として企業は比較的自由に製品標準化を進めることができるが，あまり知られていない企業の製品は消費者に受け入れられるように適応化される必要がある（Buzzell, 1968; Cavusgil et al., 1993）。ただ，後者の場合，企業はブランド設定によってアイデンティティを確立するとともに認知度を高め，不利点を克服あるいは最小限に抑え，最終的には製品標準化へ結びつけることが可能となる（Whitelock & Pimblett, 1997）。

　米国マーケティング協会（American Marketing Association, 2006）はブラ

ンドを「ある売り手の財やサービスを特定し，他の売り手のそれとは異なると識別されるための名前，用語，サイン，シンボル，デザイン，およびそれらの組み合わせ」と定義づけている。企業はブランド設定を巧みに行うことで，製品の知名度を高めるためだけでなく，様々な属性を製品に付加し，消費者に肯定的印象を植え付けることができる。アーカー（Aaker, 1991）が企業にとって最も重要な資産の1つと見なす「商標」は実際に消費者が製品のクオリティを判断する際，価格や外見以上に重要視される（Dawar & Parker, 1994）。

顧客にとってのブランド・イメージは単なる認識を超え，あるブランドが持つ意味と関わっており，そのブランドに対する連想の総和・集合体と見なされる。3種類のブランド・イメージとは機能的イメージ，社会的イメージ，知覚的イメージである。ロス（Roth, 1995）は，それらのイメージは消費者の基本的ニーズの充足に基づくと捉えている。問題解決・回避は機能的イメージ，集団への帰属・所属は社会的イメージ，そして新規性，バラエティ追求性，知覚満足性は知覚的イメージと結びつく。グローバル・イメージを伴う製品はしばしばこのようなニーズを満たすと考えられる。グローバル・ブランド[21]の魅力は消費者がブランドのグローバル性から連想する高いクオリティ，信頼性，名声，心理的恩恵から生じている（Alden et al., 1999; Hsieh, 2002; Schuiling & Kapferer, 2004; Steenkamp, Batra, & Alden, 2003）。客観的に見てクオリティや価値が判断できない場合であっても，消費者はグローバル・イメージを伴う製品を好むと考えられる。消費者は世界規模で受け入れられているという理由だけでグローバル・ブランドは高品質であると考える傾向にあり，このために多くの企業がグローバル・ブランド育成に尽力し，自社ブランドが世界各国で受容されていることを強調するのである（Alden et al., 1999; Keller, 1998）。消費者に高品質と名声を想起させるようなグローバル・ブランドを有する企業は高いレベルでの製品標準化を推し進めることができる。

---

21 グローバル・ブランドとは，「中央管理的なマーケティング戦略の中で，異なる国々において同一名で消費者に提供されるブランド」と定義される（Steenkamp et al., 2003; Yip, 1995）。

消費者はブランド同様，製品の原産国（country of origin）にも敏感である。製品原産国やそれと関連づけられるイメージや先入観が消費者の製品に対する知覚や評価形成において重要な役割を果たす（Bilkey & Nes, 1982; de Mooij, 2004; Kotler & Gertner, 2002; Papadopoulos & Heslop, 1993; Phau & Prendergast, 2000）。ジョハンソン，ダグラスと野中（Johansson, Douglas, & Nonaka, 1985）は原産国を「製品やブランドをマーケティングする企業の本社が置かれている国であり，製品そのものはその国で生産されていないかもしれないが，消費者が製品やブランドと同一視する国」と定義づけている。世界のトップ企業の多くは実際に特定の国を連想させ，そのことが企業および提供製品イメージに大きな影響を与える（Baker & Ballington, 2002; Phau & Prendergast, 2000）。例えば，巨大なグローバル規模のプレゼンスや世界規模での生産体制にもかかわらず，ナイキやコカ・コーラは多くの人に米国を連想させるであろう。

　消費者は原産国情報を製品のクオリティを示すものとして利用する傾向にある（Kotler & Gertner, 2002）。従って，原産国のイメージは製品属性に対する消費者の評価に影響を及ぼす後光効果（halo construct）として機能する可能性がある（Han, 1989; Johansson et al., 1985）。要するに原産国そのものがブランドとなりうるのである。シンプ，サミーとマッデン（Shimp, Samiee, & Madden, 1993）は消費者がある国のブランドに結びつける情緒的価値に対して「国のエクイティ（country equity）」というコンセプトを用いている。そのような国の価値ゆえに消費者は先進工業国の製品を積極的に購入するのである（Agbonifoh & Elimimiam, 1999; Cordell, 1993）。

　例えば，一般にドイツ製品や日本製品は世界中で高品質と結びつけられているが，そのような知覚はドイツや日本の製造業者にとって―彼らが提供する製品の実際のクオリティに関わらず―追い風として作用する。企業にとって利点となるのは原産国（例：ドイツや日本）が特定の製品カテゴリー（例：自動車）にとって重要な特徴となる要素（例：テクノロジー）に強いと認識された時に生じる肯定的な「製品と国の適合（product-country match）」である（Bilkey & Nes, 1982; de Mooij, 2004; Kleppe, Iversen, &

Stensaker, 2002)。よく知られていないブランドであってもその分野で評価の高い国を原産国とする場合には受容される可能性がある一方で,あまり高名でない国と同一視される場合はブランドのクオリティ・イメージが損なわれかねない（Han & Terpstra, 1988; Johansson & Nebebzahi, 1986; Shimp et al., 1993）。このような視座に立つならば,原産国はブランド名以上に消費者の評価に影響を及ぼすと考えられる。ベーカーとバリントン（Baker & Ballington, 2002）はグローバリゼーションの結果として製品標準化が増加する中,製品の原産国イメージが戦略決定に際して積極的に活用されていると指摘する。

　ブランドと原産国イメージの双方が製品に対する評価や購入決定に影響する。しかし,異なる国々の消費者が同一製品に対し異なった見方を示すように,同一ブランドに対する知覚も様々である。ブランドが与える意味は市場によって異なりうるし,消費者は異なったブランド信念を持ちうる（Hsieh, 2002）。同様に,特定国からの製品に対して,ある国の消費者は他国の消費者とは異なる態度を示す可能性がある。外国ブランドや製品が広く販売され,受け入れられている国では標準化製品導入に有利な状況が醸成されるであろう。また,原産国効果は自文化中心主義思想（ethnocentrism）,つまり自分たちの文化は中心にあり,優秀であるという思想の有無に左右される可能性もある（Kotler & Gertner, 2002）。

　異なる国々の消費者は特定ブランドに対して異なった見解を示す可能性がある。同一製品に対する態度の相違は部分的には知覚における相違,つまり認識,知識,あるいは精通レベルの相違から生じるものである（Parameswaran & Yaprak, 1987）。また,ブランドおよび原産国効果の国による相違は部分的には各国に固有な文化特性に起因するものであろう。ホフステード（Hofstede, 2001）の文化的価値体系の比較研究では消費者ニーズおよびブランド・イメージと関連づけられる3つの文化的側面が確認されている。集合主義と個人主義,不確実性回避,そして権力格差である。集合主義かつ高い不確実性回避を特徴とする文化に属する人々は,個人主義的で不確実性回避が低い文化に属する人々よりも高いブランド・ロイヤルティを持

つと思われる（de Mooij, 2004）。また，個人主義の文化では目新しさや個人的な満足を強調する知覚的ブランド・イメージに人々が引かれるのに対し，集合主義の文化に属する人々は集団に所属することの利得を高める社会的ブランド・イメージの影響を受けやすい。人々の考え方が社会的地位や所属先の規範によって大きく影響される，権力格差の大きい文化でも社会的なブランド・イメージの効果は大きい（Roth, 1995）。

原産国効果に関しては，個人主義的文化では自国製品が競合他社の製品よりクオリティが優れている場合に限って好まれるのに対して，集合主義的文化ではクオリティの優劣に関わらず，自国製品が好まれることが実証されている（Gurhan-Canli & Maheswaran, 2000）。集合主義的文化における自国製品選好の傾向は，集合主義的文化と自文化中心主義思想の間における正の相関を示唆する（Balabanis, Mueller, & Melewar, 2002）。

7. 企業特性

製品標準化・適応化は企業に内在する力にも影響される。製品標準化あるいは適応化へのコミットメントは企業哲学や方向性，経営資源，本社と関連会社の関係，権限の集中化・分散化の程度，そして市場参入モードによって異なってくる（Akaah, 1991; Cavusgil et al., 1993; Cavusgil & Zou, 1994; Douglas & Craig, 1989; Jain, 1989; Quelch & Hoff, 1986; Samiee & Roth, 1992; Wind et al., 1973）。

(1) 哲学・方向性

チャンドラー（Chandler, 1962, p.13）は戦略を「企業の基本的な長期目標決定，そしてその目標達成に必要な行動方針の採用および資源の配置」と定義づける。企業の国際マーケティング戦略は第一にその企業の全体的なビジネスの方向性によって決まる（Martenson, 1987; Quelch & Hoff, 1986）。例えば，それほど野心的な売上目標は持たないがコスト節減には重点を置く企業は市場を越えて統一された製品イメージを掲げ，標準化戦略を採用するだろうが，野心的な売上および市場占有率目標を持つ企業は非画一的なマーケティング計画を採用するだろう（Walters, 1986）。

パールムッター（Perlmutter, 1969）はビジネスの国際化のために企業幹部が定める3種類の方向性を特定した。国内主義（ethnocentrism, 自国志向），多中心主義（polycentrism, 受入国志向），グローバル主義（geocentrism, 世界志向）である[22]。これらは国際業務に関する企業の目標と哲学を反映したもので，それゆえに異なった経営戦略へとつながるものである。パールムッターによれば，国内主義企業は国内での方針を海外市場にも適用する。そこでは海外業務は国内業務の二次的なもの，そして国内の余剰生産を処分する方法と捉えられ，海外マーケティングは企業内の国際部署を通して一括管理される。準独立した海外関連会社による連合体（confederation）と呼ぶにふさわしい多中心主義の企業ではマーケティング活動は国ごとに計画され，製品は現地のニーズに適応するように修正される。グローバル主義企業は全世界を1つの潜在市場と見なし，グローバル規模での市場セグメントが有する共通点を模索する。国内主義や多中心主義企業の場合とは異なり，グローバル主義企業が取るアプローチでは世界共通基準の確立や許可範囲内での現地適応化実行のために本社と関連会社の共同努力が必須とされ，関連会社間のコミュニケーションも奨励される。

一方でバートレットとゴーシャル（Bartlett & Ghoshal, 2000）は，海外活動を行う企業を戦略的アプローチに準じて以下の4種類に分類している。国際（international）企業，多国籍（multinational）企業，グローバル（global）企業，トランスナショナル（transnational）企業である。バートレットとゴーシャルによると，先の国内主義企業に類似する国際企業はあくまで自国市場向けに製品を開発し，後にそれを海外市場で売る。対照的に，先の多中心主義企業に類似する多国籍企業はそれぞれの国における相違や条件に合わせて製品や戦略，経営スタイルを臨機応変に変更する。世界を1つの市場と捉え，世界市場向けの製品を創出する機会を模索するグローバル企業は先のグローバル主義企業に相当するだろう。最後に，トランスナショナ

---

[22] ウィンド，ダグラスとパールムッター（Wind, Douglas, & Perlmutter, 1973）は後にこの枠組みを拡大し，地域志向（regioncentrism）を加えた。地域志向の企業は地域内共通点を認識し，地域戦略の設定を目指す。

ル企業はローカル市場のニーズに対応する一方で，グローバル規模での効率性維持にも務める。グローバル企業とは対照的に，トランスナショナル企業は各国レベルでの経営を柔軟に執行することの重要性を認識している。要するにトランスナショナル企業のアプローチは多国籍であると同時にグローバルでもある。

　バートレットとゴーシャル自身も認めているように，上記の分類はやや恣意的である。実際，研究者らは international, multinational, global, transnational といった用語を同義で用いることがある。しかしながら，このような戦略アプローチに沿った企業の類型化は有意義なものである。最終的に企業間での異なったマーケティングの執行に反映される経営動機や態度の違いを浮き彫りにするからである。

　伝統的に多くの米国企業は，バートレットとゴーシャルの類型化における国際戦略を採用してきた。実際，1990年の時点では多くの米国企業がグローバル戦略を採用していないことが明らかになった（Malhotra, Agarwal, & Baalbaki, 1998）。企業幹部が海外市場に対して理解を示すようになっているにもかかわらず，海外業務は自国市場における資源や能力を活用することをその主な目的とし，国内業務の付属物と見なされてきた。このようなアプローチでは，日本企業が一般的に採用するグローバル・アプローチにおける場合と比べ，海外関連会社がローカル市場の特異性を反映し，比較的自由に製品を現地に適応させることが可能である。しかし，新製品，プロセス，アイディアを本社へ大きく依存するため，欧州企業が一般的に採用する多国籍アプローチにおける場合と比べ，本社はより多くの調整を行う必要がある（Bartlett & Ghoshal, 2000）。

(2) **経営資源**

　バーニー（Barney, 1991）やグラント（Grant, 1991）が提唱したリソース・ベースト・ヴュー（resource-based view/RBV）では，企業は独自の資源を活用することで持続的競争優位を構築できることが説かれている。RBVの基本的な考え方は，企業の戦略は独自資源のプロフィールを明確にすることで概念化・実行されるというものである（Wernerfelt, 1984）。事業戦略レ

ベルにおける資源とは，効率性や有効性を改善する戦略遂行のために投入・利用されるものを指し（Barney, 1991），資本，ブランド名，テクノロジーに関する知識，熟練した人員の雇用，取引契約，特許，機械装置，効率的な手順など広範囲に及ぶ（Grant, 1991; Hit et al., 2003; Wernerfelt, 1984）。

資源は組み合わされ，相乗効果を産む形で能力（capability），つまり活動を行う源となる（Amit & Shoemaker, 1993; Collis & Montgomery, 1995; Grant, 1991）。要するに資源とは企業が有するものであり，能力とは企業ができることである。資源や能力はコア・コンピタンス（core competency），つまり自社の中核となる強みを決定づけるが，ある資源を競合他社が理解，購入，模倣，代替できない場合に限ってコア・コンピタンスは他社に対する持続的競争優位の基礎となりうる[23]。

企業の国際ビジネスへの関与の深さは投入資源の量に現れる（Leonidou, 1996）。国際マーケティングに関連する資源は主として，規模の優位性，国際経験，国際化度，そして国際事業展開のために利用可能な資源などであろう（Cavusgil & Zou, 1994）。企業の規模は標準化・適応化の程度に影響する。大企業は通常，海外市場を精査するための十分な資源を備えており，適応化アプローチの選択が実は経済的であると感じている場合がある（Wind et al., 1973）。ウォルターズ（Walters, 1986）も豊富な経営資源を有する企業は適応化戦略に重点を置くだろうと述べている。

ポーター（Porter, 1986）はマーケティングの重要な役割の1つとして既存のビジネス経験から得られた知識の新市場への移転を指摘する。例えば，スキルの転用を考えてみた場合，特定の市場環境に対処するマーケティング・スキルはその他の市場での業務のために移転される可能性がある。市場を横断してスキルや習得知識を伝達できるような企業内ネットワーク

---

[23] RBVは企業に焦点を合わせるが，実は外部環境も十分に考慮すべきである。資源の価値はその資源自体の特性だけでなく，環境要因によっても変化しうる。例えば，ある産業における経済構造の変化は，一時は持続的競争優位の源であった資源を廃れさせ，企業にとって価値のないものにする可能性がある（Barney, 1991）。従って，RBVは企業の内部能力（資源を組み合わせてできること）と外部の産業環境（市場における需要や競合他社が提供するものなど）を連結させる必要がある（Collis & Montgomery, 1995）。資源と外部機会がうまく噛み合った場合，企業は競争を勝ち抜くことができる。

のメカニズムを確立することで,企業は幅広い経験,アイディア,ノウハウを吸収・活用し,結果として競争優位を達成することができる(Craig & Douglas, 2000)。このようなメカニズムは最善方法を世界各国市場のマネージャー間で交換・共有することを促進する。これは関心を過去に成功した戦略へ向けさせると同時に,失敗した戦略から遠ざける組織的学習プロセスである(Buckley & Brooke, 1992)。

ダグラスとクレイグ(Douglas & Craig, 1989)やロウとプレブル(Rau & Preble, 1987)は,国際市場における戦略策定は進化の過程を辿ると主張する。第一段階では企業の主要な強みは既存の国内製品ラインにあり,そのような製品ラインで海外マーケティング経験を得ることに主眼が置かれる。次に力点は海外市場でのニーズに合った新製品開発へとシフトする。国際市場でのマーケティングおよび新製品開発経験を蓄積して初めて,つまり経験を通して学習して初めて,市場を越えた戦略統合や調整といった複雑な問題に取り組むことができるようになる。カブスギルら(Cavsugil et al., 1993)の実証的研究によると,国際ビジネスの経験を積めば積むほど企業は市場間の相違を認識するようになり,実務家は市場の異質性への理解を深め,ローカル市場での製品適応化を推進するようになる傾向があるという。

(3) **集中化・分散化の程度**

標準化戦略は中央集中的な権限を有する本社とその現地関連会社の密接な関係の中で効果的に遂行される。ローカル市場の特異性に留意しない本社の中枢管理部門が自分たちは優れたマーケティング・アイディアを有し,ある市場で機能するものは他の市場でも機能すると確信しており,結果として関連会社にほとんど自主性や意思決定権限を与えていない場合,製品標準化が推進されるだろう(Douglas & Wind, 1987; Jain, 1986; Kanso, 1992; Quelch & Hoff, 1986; Samiee, Jeong, Pae, & Tai, 2003; Solberg, 2000; Walters, 1986)。しかし,本社における世界標準化に関する見解は現地関連会社の見解を必ずしも正確に反映するものではない(Jain, 1989; Kanso, 1992; Samiee et al., 2003)。このような見解の違いのために両者間に軋轢が生じることもある。

反対に,ローカル市場の消費者の移ろいやすいニーズや政府からの要請に

細かく対応するためには，現地関連会社が本社から自立していることがある程度必要となる（Bartlett & Ghoshal, 2000）。事業遂行に関する決定権が現地関連会社へと分散・委譲されているような場合，それぞれの関連会社が本社から独立した形でローカル市場での戦略を画策しうる（Solberg, 2000）。

(4) 市場参入モード

本社と関連会社の結びつきの強さは完全所有子会社設立，合弁事業，ライセンス契約，輸出といった外国市場への参入モード選択によって左右される。ヒットら（Hitt et al., 2003）は産業における競合状況，企業独自の資源・能力，コア・コンピタンスの組み合わせ，そして参入国の状況および政府の政策が参入モード決定に影響を与えうると指摘する。また，どのように市場に参入するかは速度（どれだけ早くその市場に参入したいのか），コスト（それぞれの方法で参入した場合いくらかかりそうか），自由度（どの程度の支配力を本社は保ちたいのか），リスク要因（ある段階での参入に際して，競争面および政治面でのリスクは何か）によっても影響される（Terpstra & Sarathy, 2000）。

参入モードは厳密にはマーケティングの変数ではないが，海外市場での資源のコミットメントやリスクの可能性だけでなく，本社が国際業務決定に関して行使可能な権限の度合いや市場条件の相違に適応する柔軟性に影響を及ぼしうる（Douglas & Craig, 1989; Rau & Preble, 1987）。外国での事業のために新たに完全所有子会社を持つ場合，本社は業務に対して高い支配力を保つことができる。そのような支配力は企業の競争力を向上させたり，資源投入のリターンを最大化させるために望まれるものではあるが，外国市場の経済，社会，政治における不安定さのため，完全所有子会社の設立は最もリスクが高い海外市場参入方法でもある（Agarwal & Ramaswami, 1992; Kim & Hwang, 1992）。

逆に，輸出販売は国際ビジネスに乗り出したばかりの企業が一般に採用する方法である。輸出販売は多量の人的・経済的資源を投入することなく実行可能であり，それゆえに財務上損失のリスクを最小限に食い止められるからである。ライセンス契約は企業が自社の特許物，ノウハウ，商標，企業名と

いった無形資産を外国企業が試用することを許可し，その見返りに使用料などの支払いを受ける契約である。ライセンス契約は資金が不足している場合や他の参入方法が規制されている場合，受入国が外国所有に対して慎重な場合には有利な方法であるが，ライセンスを与える側が享受できる業務支配力は比較的小さい。

　合弁事業は2つ以上の参加企業が共同経営する新企業体であり，パートナー企業の強みを利用し，弱みを補完するために計画される。企業がローカル市場における法的・文化的障害に精通していない場合，合弁事業は非常に魅力的な方法である。また，現地パートナーの専門的なスキルや流通経路を利用することも可能である。さらに，完全所有子会社設立の場合よりは弱いが，ライセンス契約の場合よりは強い業務支配力を得ることができる。ウォルター（Walter, 1989）は，多くの合弁事業を営む企業は適応化戦略を重視すると述べる。逆に，多くの子会社を海外市場に所有している場合，企業は高いレベルの標準化を目指すと考えられる（Rau & Preble, 1987）。

　図2-1は，これまで論じられた決定因が標準化から適応化へとつながる一連の流れの中で製品にどのような影響をもたらしうるかを図解したものである。どのような条件下で標準化あるいは適応化が促進されるかを要因ごとに提示している。

図2-1 製品標準化・適応化の決定要因と方向性

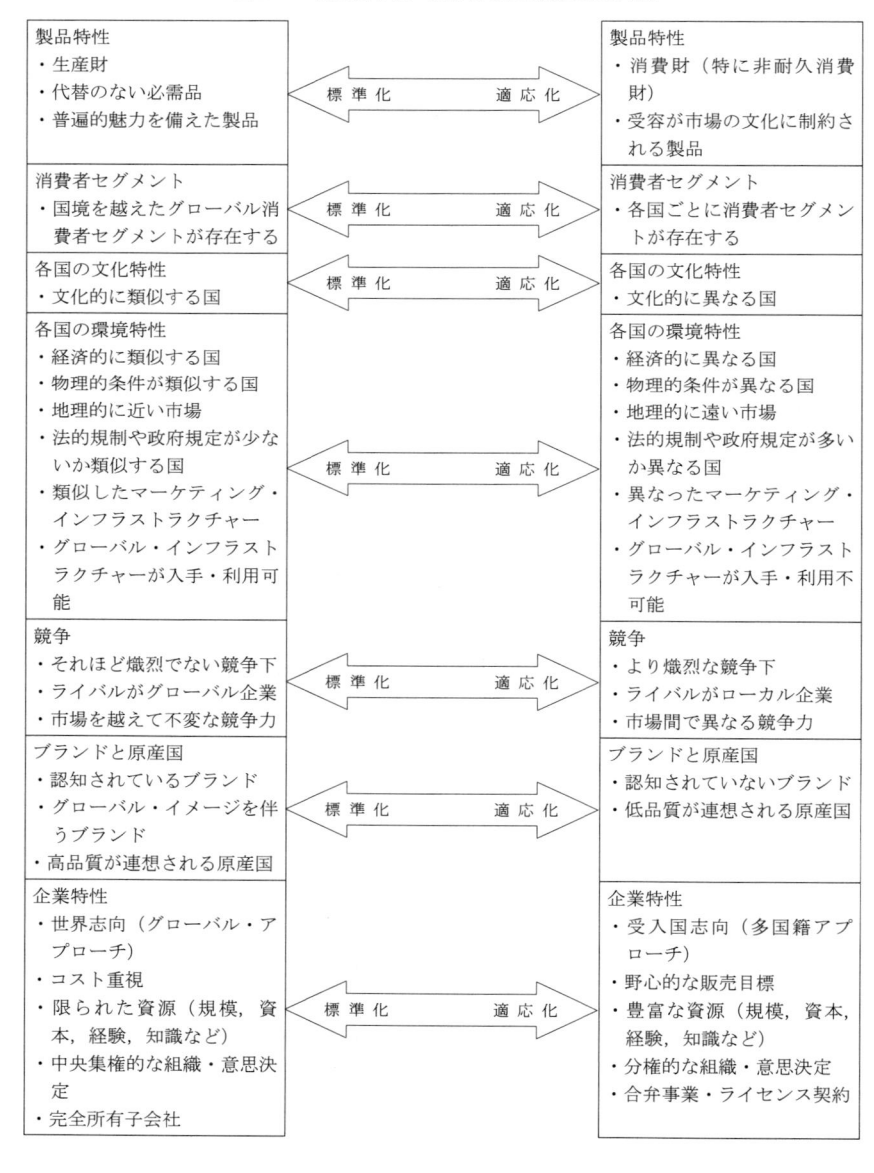

標準化 ←	→ 適応化
製品特性 ・生産財 ・代替のない必需品 ・普遍的魅力を備えた製品	**製品特性** ・消費財（特に非耐久消費財） ・受容が市場の文化に制約される製品
消費者セグメント ・国境を越えたグローバル消費者セグメントが存在する	**消費者セグメント** ・各国ごとに消費者セグメントが存在する
各国の文化特性 ・文化的に類似する国	**各国の文化特性** ・文化的に異なる国
各国の環境特性 ・経済的に類似する国 ・物理的条件が類似する国 ・地理的に近い市場 ・法的規制や政府規定が少ないか類似する国 ・類似したマーケティング・インフラストラクチャー ・グローバル・インフラストラクチャーが入手・利用可能	**各国の環境特性** ・経済的に異なる国 ・物理的条件が異なる国 ・地理的に遠い市場 ・法的規制や政府規定が多いか異なる国 ・異なったマーケティング・インフラストラクチャー ・グローバル・インフラストラクチャーが入手・利用不可能
競争 ・それほど熾烈でない競争下 ・ライバルがグローバル企業 ・市場を越えて不変な競争力	**競争** ・より熾烈な競争下 ・ライバルがローカル企業 ・市場間で異なる競争力
ブランドと原産国 ・認知されているブランド ・グローバル・イメージを伴うブランド ・高品質が連想される原産国	**ブランドと原産国** ・認知されていないブランド ・低品質が連想される原産国
企業特性 ・世界志向（グローバル・アプローチ） ・コスト重視 ・限られた資源（規模，資本，経験，知識など） ・中央集権的な組織・意思決定 ・完全所有子会社	**企業特性** ・受入国志向（多国籍アプローチ） ・野心的な販売目標 ・豊富な資源（規模，資本，経験，知識など） ・分権的な組織・意思決定 ・合弁事業・ライセンス契約

第3章
国際マーケティング理論の適用

I．テレビ番組の標準化・適応化

　グローバル・テレビネットワークの番組製品戦略を分析する枠組みを構築するため，前章では国際マーケティング研究における理論的基盤を探究した。本章ではメディア経済学，メディア経営学，メディア・グローバリゼーションといった学問領域における先行研究を渉猟し，国際マーケティング研究において製品戦略決定に影響を及ぼすと考えられた要因がどのようにテレビ番組製品の文脈に適用されるかを検討する。

　テレビ番組の世界標準化とは，フリー・サイズ（one size fits all）アプローチに基づき世界各国で原型のまま放送される番組製品のマーケティングを指す。米国系ケーブルネットワークの世界標準化番組は基本的に米国で製作され，ネットワークを通じて世界中の関連会社へ配給され，それら関連会社が所有・運営する現地版チャンネルで放送される。約10年前，モーリーとロビンス（Morley & Robins, 1995, p.15）は「衛星放送やケーブルチャンネルは標準化番組を世界中でマーケティングする方向へ邁進している」と記した。番組標準化が米国系ケーブルネットワークにとって望ましい戦略であることはミクロ経済学の観点から説明可能であろう。ウォーターマン（Waterman, 1988, p.142）が記すように，到達しうる潜在的視聴者ベースが大きいほど，それら視聴者向けのテレビ番組に有効に投入される経済的資源の量も大きくなる。従って，広範囲の市場に配給されるテレビ番組の製作者は相対的に高予算の番組を製作するインセンティヴを有する（Hoskins & McFadyen, 1991; Waterman, 1988; Wildman & Siwek, 1988）。要するに番組予

算,そして番組のクオリティや魅力[24]は潜在市場の大きさによって左右されるものである。

しかしながら,完全標準化はグローバル・テレビネットワークにとって非現実的なアプローチである場合が多い。洋服のデザイナーが外国人の体型に合うように小さめ・大きめのサイズを用意するように,ネットワークも様々なローカル市場の要望に合うように番組を修正する必要がある。言語の違いは完全標準化に対する最も一般的な障害と考えられる。全市場の視聴者が共通語(a lingua franca)を持ちえないならば,番組をグローバル規模で完全標準化することは困難である。例えば,米国系ケーブルネットワークが英語の番組を言語カスタム化せずにアジアで放送しても視聴者数は限定される[25]。より広範な視聴者を獲得するため,米国系ケーブルネットワークはそれぞれの市場における現地語の字幕や吹き替えを番組に加えなければならない。そのような言語カスタム化は最も単純だが一般的な現地適応化方法であり,一般消費財において必要となるパッケージやラベル表記の修正に比類するものであろう。

II. テレビ番組標準化・適応化の決定要因

1. 製品特性

番組標準化・適応化の決定は言語以外の要因にも影響される。Doyle (2002) が指摘するように,テレビ番組は本質的には国際流通に適した製品である。テレビ番組の制作には多額の初期固定費用が必要だが,一度制作されれば視聴者が増えても総費用がほとんど変わらないという公共財的性質を備えており,複製や配信に必要な追加コストを加えても,わずかな増分

---

[24] 一般に,番組のクオリティや魅力は制作上の創造的インプットに予算を費やすほど高まると考えられる。巨額の予算があれば,制作者は番組により多くの創造的インプットを行うことができる。例えば,優秀な脚本家,演出家,カメラ・クルーを雇ったり,多岐に渡る撮影・編集方法や高度な特殊効果を使ったり,多くの視聴者を引きつける著名な俳優を起用することが可能となる (Owen & Wildman, 1992)。このようなインプットは通常,視聴者にとっての番組の魅力を増加させる。

[25] 1995年の段階で,アジアで英語を話す人口は約7千万人と予測された (McGrath, 1995)。

費用のみで海外市場へ供給することができる（Hoskins et al., 1997; Owen & Wildman, 1992; Wildman & Siwek, 1988）。このためにグローバル規模で放送される番組と，ある1国だけで放送される番組にかかる総費用がほとんど変わらないといった事態が起こりうる。供給規模が拡大するにつれて視聴者1人あたりの費用が低下するため，グローバル・テレビネットワークはテレビ番組製品を世界標準化することで規模の経済を実現できる。反対に，個々のローカル市場向けに別々のテレビ番組を企画・制作する場合，グローバル・テレビネットワークが規模の経済を達成することは難しく，同一の番組を世界規模で配給する場合よりもはるかに高い総費用が必要となることもありうる（Owen & Wildman, 1992）。

確かに，前章で製品標準化と経営成果間における関係と絡めて論じられたように，収益はコストだけでなく売上にも左右されるため，テレビ番組標準化から生じる利益が実際に大きなものか否かは定かではない。しかしテレビ番組の場合，初期投資費用が回収されれば追加市場から得られる収入は大部分が利益となるため，メディア企業は同一の番組製品をできるだけ多くの市場の視聴者へ届けることを試みる。中でも，海外に多くの関連企業を持つ米国系ケーブルネットワークは地理的に異なる各市場を横断して番組製品を活用できる最善の位置にいると考えられる。チャン＝オルムステッド（Chan-Olmsted, 2006）によれば，既存のメディア製品はウィンドウ戦略[26]を通して様々な映像メディアで再利用可能であるため，1製品当たりの収入機会増加を目指すメディア企業にとっては様々な地理的市場で複数の映像配信部門へ活動領域を広げることが優位性の源となってくる。

以上のような理由から，テレビ番組の国際流通において外国市場は本国市場の付属ではあるが重要な市場と考えられてきた。オーウェンとワイルドマン（Owen & Wildman, 1992）によると，米国製テレビ番組は本国での放送から始まる一連のウィンドウ戦略の中で外国市場でも公開されてきた。一方

---

[26] 製作者はテレビ番組を異なるウィンドウ（例：ペイパーヴュー・チャンネル，ビデオおよびDVD，プレミアム・チャンネル，ベーシック・ケーブルチャンネル，地上波チャンネルなど）で露出し，番組資源を最大限に利用することを試みる。

で，米国の製作者は番組のグローバル市場における魅力と成功の可能性を企画段階から顧慮するようになってきているとも言われる（Noam, 1993）。ハリウッドの映画製作者が普遍的魅力を備えた劇場用映画でグローバル規模の観客を集めようとする（Croteau & Hoynes, 2001）のと同様である。ホスキンスとマイアース（Hoskins & Mires, 1988）によれば，ハリウッドの製作者とテレビネットワークは米国の視聴者が好むものに細心の注意を払う一方，外国の視聴者が嫌悪するものも意識し始めているという。このことは世界規模の視聴者をターゲットとして標準化番組を配給するグローバル・テレビネットワークの基本方針になっているとも考えられる。

一方で，しばしば文化製品と称されるメディア・コンテンツは製品自体の魅力が各市場の嗜好によって変化しうる点で非耐久消費財に類似する（Shrikhande, 2001）。視聴者は外国製番組に見られる表現方法，価値観，信念，慣例，行動様式に共鳴しづらい場合があり，特定文化に根ざし，その文化環境でのみ魅力的な番組は輸出されると訴求力を損失すると考えられる。要するに番組価値の低下である「文化的割引（cultural discount）」の対象となる（Hoskins et al., 1997; Hoskins & McFayden, 1991; Hoskins & Mirus, 1988）。このような製品特性を考えた場合には，多くのグローバル・テレビネットワークにとって，全ての市場における番組標準化から個別市場における嗜好やニーズに応える番組現地適応化へと番組戦略を変更する必要が生じそうだ。

しかしホスキンスとマクフェイデン（Hoskins & McFayden, 1991）やホスキンスら（Hoskins et al., 1997）は，外国市場で米国製テレビ番組に生じる文化的割引の程度は米国以外の国で製作された番組に生じるそれと比べて小さいとも指摘している。これは多くの米国製テレビ番組が普遍的魅力を備えているからである。実際に，HBOは各国市場間に文化的相違が存在することは認めつつも，自分たちのコンテンツには普遍的魅力があり，世界中の人を引きつけると信じている（Murrell, 1997）。HBOはコンテンツの現地適応化よりも各国市場の視聴者のハリウッド製娯楽コンテンツへの反応における類似性を重要視しているのである。

外国市場における米国製劇場用映画に関する研究では興行成績に映画のジャンルが影響することが実証されている（Craig et al., 2005）。それぞれのテレビ番組に備わる文化的感受性は番組タイプやジャンルによって異なると考えられるため，このことはテレビ番組にも適用されるであろう。ジャンル間の文化的感受性の違いは米国系ケーブルネットワークの海外市場における戦略に重大な影響を与えると考えられる。なぜならケーブルネットワークは通常，CNNI のニュース番組，MTV の音楽番組[27]，ESPN のスポーツ番組など特定の番組タイプを専門的に扱うからである。大衆音楽番組，アニメーション，国際ニュース，野生のドキュメンタリー，スポーツ中継といった類のテレビ番組は視聴に際して言語能力や特定の文化・伝統に関する知識の必要性が少なく，番組原産国と異なる文化環境でも比較的容易に理解されると考えられる（Chan, 1994; Mifflin, 1995; Negrine & Papathanassopoulos, 1990; Oba, 2004; Thussu, 2000）。アクション・アドベンチャーや露骨な性描写を多く含む番組も会話が限られ，話の筋も簡単なものが多いため，海外市場で通用すると考えられる（Croteau & Hoynes, 2001; Straubhaar, 2003）。反対に，シチュエーション・コメディやドラマは必ずしも外国市場で容易に理解されない。シチュエーション・コメディに関しては，ある文化において可笑しいと思われるものが他の文化ではつまらないと思われる可能性がある。実際に，米国の番組販売者と外国の購入者の双方が外国市場における米国製コメディの成功に懐疑的である（Dupagne, 1992）。

2. 視聴者セグメント

チャン＝オルムステッドとアルバーラン（Chan-Olmsted & Albarran, 1998）は，似たような消費パターンを見せる情報依存集団の世界規模での出現は，メディア企業にグローバリゼーションのインセンティヴを与えると指摘する。前章で論じられたように，超国家的なグローバル消費者セグメント

---

[27] 近年，米国の MTV はファッション番組，ドラマ，ゲーム番組，アニメーション，プロレス，恋愛相談番組など音楽番組以外のジャンルに重点を移してきた（Gundersen, 2001）。しかし，それ以外の市場では依然音楽関連の番組を多く放送している。2001 年，アジアにおける MTV 現地版チャンネルの番組の 90％は音楽番組であった（Billboard, 2001）。

をターゲットとする利点の1つは，そのようなセグメントは各国市場においては微小かも知れないが，数カ国に存在すれば有益なものとなりうる点にある。番組標準化を追求するグローバル・テレビネットワークの戦略決定は超国家視聴者セグメントの存在，そしてそのセグメントの規模に依存するところが大きいと考えられる。

　ここでは，STAR TV の事例を通してアジアにそのようなセグメントが存在する可能性を考えてみたい。香港に拠点を置く STAR TV は 1991 年 10 月に広告収入依存型の衛星放送サービスを開始した。到達範囲はエジプトから日本，そしてインドネシアからロシア（シベリア）まで 38 カ国に及び，27 億人の視聴者が潜在していた。STAR TV は世界の総人口の約半分に到達可能であったわけだが，サービス開始当初はそのような潜在的視聴者の 5 パーセントだけをターゲットとし，1 つの中国語チャンネルを除く 4 つのチャンネルは主として英語の番組を翻訳なしで放送していた。ターゲットとなったのは，1980 年代後半以降のアジア諸国の急速な経済発展に伴って出現してきた，教育水準が高く，海外旅行経験が豊富で，裕福で，専門的職業に就き，英語を理解するセグメントである（Chan, 1994; Tanzer, 1991）。STAR TV を所有していたハッチ・ビジョンの副会長リチャード・リは「これらの消費者の間には，ライフ・スタイル，選好，そして国際情報への渇望において，大きな共通点が見られる」と述べた（Tanzer, 1991）。このようなエリート・セグメントはアジアの総人口に占める割合としては小さいものの，絶対数では大きく，STAR TV にとって有益な市場となりうると予想された（Chan, 1994）。

　しかし STAR TV は，そのようなエリート・セグメントは利益を生み出すどころか事業コストを埋めるのにも十分な大きさではないことを間もなく実感することとなった（Curtin, 2005）。しかも，ターゲット視聴者による STAR TV の受容に関して多くの広告主は懐疑的であり，広告出稿を見送った（Dhar, 1994; Geddes, 1994; Ha, 1997）。結果として，英語番組に依存する STAR TV の汎アジア・アプローチは大失敗と批評された（Engardio, 1994）。より文化的に限定された番組を現地語で放送するため，STAR TV は

1994年に放送サービスを大中華圏（Greater China）を主なターゲットとした北向けとインドを主なターゲットとした南向けに分割した。大雑把にではあるが，文化圏，民族性，嗜好に沿って放送サービスを2分する必要に迫られたのである。

グローバル・テレビネットワークは特定の関心を共有すると考えられる超国家視聴者セグメントをターゲットとする。STAR TVは放送開始当初，上流階級に属する，あるいはグローバル・エリート・セグメントに属するアジア人視聴者をターゲットにしていた。そのようなセグメントは確かに存在するだろうし，ビザ・カードやロレックスといったグローバル・ブランドに歓迎されるような類似した消費パターンを示すと考えられる。しかし上述の通り，STAR TVは汎アジア番組サービスの確立という最初の試みに失敗し，1990年代中盤には番組の標準化を断念，ローカル市場の視聴者の嗜好に適合するように番組戦略を抜本的に変更した。それから10年以上が経過した今日，グローバル・テレビネットワークの標準化番組を選好する超国家視聴者セグメントが出現しつつあるかは依然として不明である。

3. 各国の文化特性

各国の文化がメディア製品の受容に影響を及ぼしうる点が先に論じられた。ブラジルのテレビ市場を調査したコタック（Kottak, 1990）は，どの国においてであれ，大衆文化製品を成功させるための第一条件は既存の文化に適応させることであると説いた。

文化的に類似した市場は文化的感受性が強い製品の導入に有利な環境を提供する。多くの国の視聴者は「文化的近似性（cultural proximity）」を求め，自国製テレビ番組か，あるいは—自国製テレビ番組ほどではないが—同じ地域内の国からの輸入番組を好む傾向にある（Straubhaar, 1991, 2003）。後続研究に多くの影響を与えてきたストラウバー（Straubhaar, 1991）の研究によると，文化的近似性とは伝統文化的アイデンティティを含む，自国製コンテンツに広く反映される特性であると定義づけられる。この説に立てば，「米国と特定の外国が文化的に隔離している場合，米国系ケーブルネッ

トワークによる標準化番組の多くはその外国市場で受け入れられにくい」という命題が成立するであろう。

　文化的近似性は，文化の最も明白な部分とホフステード（Hofstede, 2001）が定義し，また，テレビ番組を含む文化製品を視聴者が共有する際の基となる「言語」によるところが大きい。しかし，大部分の輸入番組が現地語の字幕や吹き替えを伴って放送されている現状において，番組が元々何語で制作されたかは視聴者にとってどの程度問題なのであろうか。この点に関してワイルドマン（Wildman, 1995）は，視聴者は母国語で制作された番組を一般に好むと述べるが，これは字幕であろうと吹き替えであろうと，翻訳を通すことで芸術的作品としての要素が失われるからである。

　しかし言語がそれほど重要であるなら，特定の言語で制作されたテレビ番組がその言語を公用語としない国で大きな人気を博すことがあるのはなぜだろうか。この点を示す最も有名な例は，中南米のスペイン語圏で非常に人気が高いブラジルの連続ドラマ「テレノベラ（telenovela）」であろう。同様に，日本のバラエティ番組やドラマは日本語を公用語としていない台湾，香港，シンガポールなどのアジア諸国に広く浸透している。実際に，台湾の視聴者がどこの国で作られた番組を頻繁に視聴しているかという調査では，日本製番組（20.7％）は台湾製番組（56.2％）に続き2番目で，北京語で作られているために大多数の台湾人が字幕や吹き替えなしで理解できる中国製番組（3.5％）よりもはるかに高いことが明らかになった（Su & Chen, 2000）。外国からの輸入番組がどの程度受容されるかを言語共通性という要因だけで説明するのは難しいと考えられる。

　ストラウバー（Straubhaar, 1997, 2003）はアイデンティティ，服装，ジェスチャーなど口頭以外のやりとり，ユーモアの定義，話のテンポ，生活パターン，宗教的要素などに基づく，言語以外のレベルにおける文化的近似性を指摘する。例えば，多くの中南米国家におけるブラジル製テレノベラの高い人気に関してストラウバーは，ブラジルではポルトガル語が公用語だが，ブラジル文化はイベリア半島に起源があり，他の中南米諸国の文化と混ざり合いながら発達したために中南米スペイン語圏の文化と非常に多くを共

有していると述べる。従って、ベネズエラ人視聴者にとってブラジル製テレビ番組は米国製テレビ番組よりもはるかに親しみやすく感じられる可能性がある。また、多くの研究（Ishii, Su, & Watanabe, 1999; Iwabuchi, 2001; Liu & Chen, 2003; Oba, 2005; Su & Chen, 2000）が台湾における日本製テレビ番組の人気の根拠として文化的近似性に着目している。

米国製のテレビ番組が米国の価値観を映し出す限り、それらの番組は文化的価値が米国のものと近似する国々で成功する可能性が高くなるだろうし、反対に文化的価値が米国のものと相違する国々では成功する可能性は低くなるだろう。文化的近似性説に従うならば、米国製テレビ番組は英語圏の国々、米国領土および元植民地、あるいは旧英国連邦の国々などでより理解・受容されるものであると考えられる。

視聴者はメディアによるメッセージを自分自身の文化的価値に基づき処理・解釈する。米国系ケーブルネットワークが番組を国際的に流通させようとする際、多くのアジア市場では宗教的・社会的習慣が障害となる可能性がある。米国製人気連続ドラマ『ダラス（Dallas）』の日本における失敗[28]はこのことを示す一例であろう。失敗を招いた原因としてトレイシー（Tracey, 1988）は忠誠、自己犠牲、義務遵守を尊重する日本文化においては、拝金主義、自己利益、虚偽やごまかしなどを端緒とする『ダラス』におけるサスペンスが不愉快で下品なものと受け止められた点を挙げる。つまり、日本における同ドラマの失敗の一因は日米社会間における基本的価値観の相違にあると考えられる。さらに、アクション・アドベンチャーや性的表現を含む番組は比較的容易に国境を超えうる点が先に指摘されたが、その一方で暴力や性に対する態度の違いはアジアと米国の文化間において最も顕著な相違点の1つでもある（Edmunds, 1994）。ウェバー（Weber, 2003）は、暴力や性は中国における道徳・倫理を規定する伝統的な家族の価値や精神的文明に抵触しうると示唆する。

28　1981年に日本の民間放送局がプライムタイムに放送した『ダラス』の平均視聴率は成功の目安となる15％よりはるかに低い4％に過ぎず、6カ月で放送は打ち切られた（Cooper-Chen, 1995; Liebes & Katz, 1990）。

実際,米国系の番組供給事業者は米国とアジア諸国の間に存在する文化的相違から生じる問題に直面する可能性がある。文化を理解するための主要な枠組みとして用いられてきたホフステード(Hofstede, 2001)の多次元文化指標に沿えば,権力格差の小ささ,個人主義,短期志向に特徴づけられる米国文化に比べ,アジア文化は権力格差の大きさ,集団主義,長期志向を一般的な特徴とする。米国とは対照的に,いくつかのアジアの国々は女性的で不確実性回避の高い文化を特徴とする社会でもある。その他の文化的相違は,低文脈文化を特徴とする米国と比べ,アジア諸国は高文脈文化を有する点にも見られる(Hall, 1976)[29]。

4. 各国の環境特性
(1) 経済的条件

前章では,経済的条件が似通った国の間では製品標準化が首尾よく実行される可能性があると指摘された。大部分の低開発国の消費者にとっては先進国の消費者にとって必需品である製品を購入することが経済的に難しいことが,その理論的根拠であった。しかし一方で,経済の発展水準が類似した国々の消費者たちが製品選択や消費行動においても類似しているかは結論に達していない点も指摘された。

ここでは,1国の経済状況がその国のテレビ放送産業にもたらす影響を議論する必要があると考える。実際に,ある国の経済発展はその国の番組制作産業の成長を促しうる。国民所得のより多くが番組制作に分配されるようになる可能性があるからである(Waterman & Rogers, 1994)。国内市場の経済

---

29 ホール(Hall, 1976)が提唱した高・低文脈(high/low-context)文化分類に従えば,高文脈文化ではコミュニケーションにおける情報の多くはそのコミュニケーションの状況や個人の内面に存在し,低文脈文化において言葉を話したり書いたりすることや相手に明確に伝えることに高い価値や積極性が見出されるのとは対照をなしている。高文脈文化では誰がいつ,どのように,どこで言ったかが,何を言ったかよりも重要だと考えられ,長期にわたる人間関係や環境要因が正確な情報伝達の前提となる(Money, Gilly, & Graham, 1998)。ホフステード(Hofstede, 2001)はホールの高・低文脈分類が文化の集団主義的・個人主義的側面に類似すると述べる。低文脈コミュニケーションは個人主義社会に特有なものであり,高文脈コミュニケーションは集団主義社会に適する。

発展レベルが番組制作産業を支えるほど高くない場合，外国製テレビ番組，とりわけ米国製テレビ番組が大量に流入し，ネットワークや放送局も番組スケジュールを埋めるために廉価な輸入番組を購入するであろう。また，国内テレビ産業の規模が拡大し始めてしばらくの間は番組に対する需要が供給を上回っている可能性が高い。実際，1990年代初頭にいくつかの米国系ケーブルネットワークがアジア進出を行った際，アジア市場ではテレビ番組が決定的に不足しており，たとえ米国製番組だけを放送するチャンネルであっても需要は高いと予測された（Amdur, 1994; Kraar, 1994; Landler, Barnathan, Smith, & Edmondson, 1994; Tanzer, 1991）。しかし長期的に見た場合，国内の経済成長は国内商業放送の発展につながり，外国からの番組輸入よりも国内での番組制作に有利に作用するようになると考えられる（Waterman, 1988）。

1953年に放送を開始した日本のテレビ産業では，1960年代に国内制作番組が増加するにつれて輸入番組—多くは米国製番組—の数が減少した。このような変化の主因は国内での番組制作に経済的な寄与をしたテレビ放送インフラストラクチャーおよび資金源の発達であった。1960年代中盤には国内世帯の80％にテレビが普及し（NHK, 2001），テレビ広告費は1960年の400億円から1964年の1000億円，そして1969年の2000億円へと急上昇した（Dentsu, 1986）。ウォーターマンとロジャース（Waterman & Rogers, 1994）が1990年代中盤にアジア諸国で放送される番組の大部分は自国製であることを実証したように，多くのアジアの国が遅かれ早かれ日本と同じ道を辿った。繰り返しになるが，自国の経済発展の恩恵を受けるテレビ放送産業においては通常，国内での番組制作が活性化するものであり，成長した分が外国製番組購入に配分されるようなことは稀である。ある国の経済水準が米国のそれに近づきつつあるとして，そのような成長経済下にある市場では，米国系ケーブルネットワークが番組適応化戦略を遂行する機会が増大すると推測される。逆に，比較的少量の番組しか自国で制作されていない市場であれば，標準化番組が代替品として視聴者に提供される可能性はある。

海外市場での高い文化的割引の可能性にもかかわらず，ドラマは現実に

は最も多く国際流通しているテレビ番組ジャンルである（Hoskins et al., 1997）。大がかりなドラマは制作に多額の予算を必要とする番組の典型であり，国によっては番組製作者の予算を超えている可能性がある。自国において同等の番組が制作されない場合，外国製テレビ番組は成功する（Mills, 1985）。大場（Oba, 2004）は日本のケーブル番組サービスにおいて米国製ドラマが全体における輸入番組の割合を押し上げていることを実証した。これは，日本国内のケーブルネットワークの一般的な市場規模および予算がドラマ作品を独自に制作するには小さすぎることが一因であると指摘された。

(2) **物理的・地理的条件**

アジアや欧州などの地理上区分される各地域はグローバル・テレビネットワークの運営においてそれぞれ1つのユニットと見なされており，ネットワークの発達過程で極めて重要な役割を果たす（Chalaby, 2004a）。各国間の地理的近接性は文化的近似性と関連づけられ，独自の力学が内在する特定地域内でのテレビ番組流通の活性化に寄与してきた（Sinclair et al., 1996; Straubhaar, 2003; Thussu, 2000）。

さらに，アジアや欧州といった大きな地域は数カ国で構成される小地域（sub-regions）へ分割される。ストラウバー（Straubhaar, 1997）は，過去20年間のテレビ番組国際流通に見られた傾向は言語以外の文化的要素でも結びつく複数国からなる市場，いわゆる「地理・文化的市場（geo-cultural markets）」内での流通であったと指摘する。アジアにおける例として中国系の人々の地理・文化的市場である大中華圏が挙げられる。大中華圏は中国とその周辺に位置する台湾，香港，マカオを中心とするが，シンガポール，マレーシア，タイなどの東南アジア諸国における巨大な中国系コミュニティへも広がりを見せる（Chan, 2004）。このような状況下でグローバル・テレビネットワークは大中華圏全域をターゲットとした番組—世界標準化番組ではなく，地域標準化番組—を企画することが可能となるであろう。

(3) **法的環境**

メディア産業は医薬産業や金融産業と並んで最も規制対象となりやすい産業である（Picard, 2005）。シュドソン（Schudson, 1994）によると，多くの

国家は放送を政治的・文化的支配のための強力な手段と捉え，国内および国外からの放送を規制するための政策を大々的に導入してきた。

確かに1980年代後半および1990年代前半には規制緩和や民営化を含むメディア政策の自由化が世界的に進み，TNMCにとってのビジネス・チャンスを創出してきた（Carveth, 1992; Gershon, 1993; Hollifield, 2001）。しかし実のところ，規制監督機関が放送業者に対して遵守すべき自国製コンテンツの最低量を規定することで，外国製コンテンツ輸入に制限を課している国は多い。このような保護貿易的政策はアジア諸国でも散見される。例えば，中国政府は有料放送における外国製ドラマの割合を放送されるドラマ全体の25％以下に制限している（Lin, 2004）。台湾のケーブルテレビ法は自国製番組が放送番組全体の20％以上を占めることを自国のケーブルネットワークに対して義務づけているし，韓国のケーブルテレビ法も外国製番組を30％以下に制限している（Hong & Hsu, 1999）。ホンとスー（Hong & Hsu, 1999）によれば，廉価の外国製番組が大量に流入することで侵害されうる国内番組制作産業および文化的アイデンティティを保護する目的で，アジア諸国ではこのような制限が設定されている。急速な経済発展や比較的安定した政治・社会体制にもかかわらず，アジアの多くの国には文化的自主性の喪失に対する懸念が残存している。上記のような政策は標準化番組の量を制限する上で一定の役割を果たしうるだろう。

輸入量制限に加えて，番組の内容が検閲の対象となることもある。HBOはニューヨークのキャリアウーマンの恋愛や性を描くコメディ作品『セックス・アンド・ザ・シティ（Sex and the City）』のシンガポールでの放送を禁じられ，マレーシアでは大幅に編集を加えなければならなかった（Flagg, 2000）。フラッグ（Flagg, 2000）によれば，アジアの保守性に対処するためにHBOは毎月多くの映画を再編集しなければならないという。インドではケーブルネットワーク規制が厳格な番組コードを含んでおり，政府は暴力的，下品，あるいは好ましくないと思われる外国製番組の放送を禁じることができる（Chadha & Kavoori, 2000）。また，中国の規制当局は性や暴力描写を含む外国製テレビ番組だけでなく，民主主義，人権，宗教に関する外国の

ニュース・リポートにも神経を尖らせている（Weber, 2003）。

(4) インフラストラクチャー・支援部門

　ケーブルネットワークの主要活動である番組供給におけるバリュー・チェーンでは関連産業が一定の役割を果たす。ケーブルテレビや衛星放送を含む多チャンネル・サービスの発達によって，多くの国で大量のテレビチャンネル提供が可能となり，このような多チャンネル化が米国ケーブルネットワークによる海外市場進出の足掛かりとなった。第1章で論じられたように，近年，多チャンネル・サービスはアジア太平洋地域で急速に成長しており，地域の14の主要国における平均普及率は1991年の5.1%から2000年の29.7%へ上昇した（Zenith Optimedia, 2002）。

　また，多くのケーブルネットワークが収入を多チャンネル事業者と広告主の双方に依存しているため，それらは支援部門としてケーブルネットワークにとって不可欠なものである。多チャンネル事業者からの視聴料(carriage fees)収入と広告収入はケーブルネットワークの番組予算を左右する。概して，予算が潤沢であるほど米国系ケーブルネットワークは番組を現地制作・購入できるようになると推測される。

　ケーブルネットワークは通常，パラボラ・アンテナを設置している家庭に衛星放送プラットフォーム（例：日本のスカイ・パーフェクTV）を介して直接，または家庭がサービスを受けているケーブルテレビ局へ番組を供給する。そして，その対価としてケーブルネットワークには多チャンネル事業者から視聴料が支払われる[30]。視聴料はネットワークの人気および多チャンネル・サービスの契約者数によって決定される。ケーブル局のチャンネル・ラインアップに加えられない場合，ネットワークの各家庭への到達は制限されてしまう。従って，各市場の多チャンネル・プラットフォーム，特に主要ケーブル局へ配給してこそ，それぞれの市場におけるケーブルネットワークの事業は意味をなす。ケーブルネットワークの数が増加し続ける一方で，ケーブル局のチャンネル容量には依然として限界があるため，ケーブル局

---

[30] 台湾のケーブルテレビ局はESPNに契約者1人あたり18セント，ディスカバリー・チャンネルに90セント，CNNIに40セント支払っていた（Hughes, 1997a）。

は買い手としての力（monosopy power）を行使し，市場における番組供給に影響を及ぼしうる（Picard, 2002; Shrikhande, 2001）。どのブランドを店の棚に陳列するかを決定するにあたって，小売業者が力を有するのと同じである。例えば，2000年の段階で台湾における大部分のケーブル局の容量は70チャンネル前後であったが，それをめぐって150チャンネルが争っていた（Hughes, 2000b）。要するにケーブル局はケーブルネットワークが市場進出する際のボトルネック（bottle neck）となりうるのである。

　一方で，ケーブル局は契約者がどのような番組を欲しているかを重視する。シュリクハンデ（Shrikhande, 2001）が指摘するように，概してケーブル局はローカル市場の視聴者のために適応化された番組を放送するネットワークを選好すると考えられる。実際にアジア市場のケーブル局は欧米系のケーブルネットワークに対して不満を表してきた。アジアの視聴者が欲するのは同じ民族的背景を持つ人物が出演する番組であり，欧米製番組に字幕や吹き替えを足しただけの番組ではないことを欧米系のケーブルネットワークは理解していないと考えられてきた（Hughes, 1997b）。

　視聴料は依然としてケーブルネットワークにとって重要な収入ではあるが，ケーブルテレビ広告が増加すれば多チャンネル事業者という単一の収入源への依存度は減り，番組へのさらなる投資も可能となるだろう（Oba & Chan-Olmsted, 2005）。理論上，ケーブルネットワークは他のコミュニケーション・メディア，中でも地上波放送ネットワークと広告収入をめぐって競争を行っている。ピカード（Picard, 2002）やワーナーとブックマン（Warner & Buchman, 1991）によると，米国では地上波放送の視聴者数が減少するにつれて，かつては地上波放送でのCMにつぎ込まれていた資金の多くがケーブルテレビでのCMへ流れるようになってきた。ケーブルテレビにおける「1000人あたりの広告費（cost for thousand/CPM）[31]」は地上波放送のそれに比べて高い。しかし，性別，収入，心理的な属性などによって細分化された集団をターゲットとする番組を放送するケーブルネットワークは特定集

31　CPMは広告が1000家庭あるいは1000人に到達するためにかかるコストであり，広告の効率性を示す（Wimmer & Dominick, 2000）。

団に対し訴求力があり，金額に見合う価値を得たい広告主を引きつけている（Dimmick, 2003; Parsons & Frieden, 1998）。

契約者数の急増にもかかわらず，台湾とインド以外の多くのアジア諸国ではケーブルテレビが十分な広告収入を得ているとは言いがたい（Zenith Optimedia, 2002）。確かに広告主と広告代理店はケーブルネットワークの有効性を認知し，地域全体に跨るエリート視聴者集団から言語的・文化的に限定された個別ローカル市場の視聴者集団までをターゲットとすることができるような専門チャンネルへの広告出稿を考慮し始めた。しかし多くのアジア市場では，どれだけの人が視聴しているのか，誰が視聴しているのか，彼らの年齢，性別，収入，職業，そしていつ誰と視聴しているのかといった広告主が気にするデータが入手不可能なままである（Flagg, 1999; Hughes, 1997c）。このような視聴者データが入手不可能である限り，企業はケーブルネットワークに大規模な広告出稿は行わないだろうし，ケーブルテレビや衛星放送の広告収入は地上波放送のそれと比べて少ないままであると予測される。

グローバル・テレビネットワークの展開はグローバル広告代理店の展開同様，企業の海外展開に呼応したものとも考えられる。世界中で製品を宣伝し，その結果として自社ブランドの国際化と海外での販売拡大を目論む企業にとって，グローバル・テレビネットワークは理想的な広告媒体となりうる（Demers, 2001; Hall, 1991; Herman & McChesney, 1997; McChesney, 1998）。1990年代初頭，グローバル・テレビネットワークは広告主にグローバル規模で単一かつ最も効率的な媒体購入を実現させると期待されていた（Fahey, 1991）。グローバル・テレビネットワークが国境を超えて同質性を有する視聴者セグメントを引きつけるのであれば，そのようなセグメントに世界規模で到達し，彼らをターゲットとする消費財市場における占有率を拡大したい企業にとってグローバル・テレビネットワークは確かに理想的な広告媒体である。例えば，MTVは若者向け製品の世界規模での販売促進を計画する企業に対して宣伝の場を提供している。実際にコカ・コーラが1992年にMTVと交わした契約では，MTVの番組が到達する100カ国の視聴者に向けてCM

を流すことが決定した（Banks, 1996）。最近では，ディスカバリー・チャンネルが23カ国語で世界同時放送したドキュメンタリー番組『クレオパトラの城（Cleopatra's Palace）』の広告枠をビザ・カードやメリル・リンチといったグローバル企業が買っている（Cauley, 1999）。多くのグローバル企業にとって，このような世界規模のテレビ・イベントに参加できる機会は魅力のあるものであろう。

　恐らくグローバル・テレビネットワークは広告主である企業に対して3種類のオプションを提示することが可能である（Chalaby, 2002）。まずグローバル・キャンペーンとしてネットワークが到達する全ての国，またはその中のいくつかの国でCMを流すことができる。次に汎地域的なキャンペーン（リージョナル・キャンペーン）を行うことも可能である。最後にローカル・キャンペーンとして，それぞれの国で個別にコマーシャルを流すこともできる。世界規模あるいは地域規模での到達は通常，数多くの媒体購入を伴う非常に骨の折れる作業であるため，1回の媒体購入で世界中あるいは地域中の消費者に到達できるとすれば，大規模な広告展開を行いたい企業にとって効率がよい（Cauley, 1999）。

　しかし一方で，グローバル企業は現地版チャンネルの有効性を実感しつつある（Advertising Age International, 1999）。それらのチャンネルではローカル市場に適した俳優，音楽，セットを使った現地適応化CMを流せるだけでなく，より限定された消費者をターゲットとすることができる。STAR TVの初期の失敗は視聴者に受け入れられなかったことに加え，ほとんどのグローバルならびにリージョナル企業が38カ国へ同一のメッセージを同時に流すことに興味を持たなかったことに起因するとされる（Kraar, 1994）。広告のメッセージ性が希薄化すること，そしてメッセージの届く全ての国で広告製品が入手可能ではないことを企業は敬遠したのである。

　複数の現地版チャンネルを擁するグローバル・テレビネットワークは，汎地域キャンペーンに興味を示さないローカル企業の関心を引くことも可能である。実際，特定ローカル市場向けのサービスを開始したことでSTAR TVにはリージョナル企業だけでなく，ローカル企業からのCM出稿が増え始め

た。両者のうちで，より多くの利益をもたらすのはローカル企業である。1996年，STAR TV の 600 の広告主はほぼ半々の割合でリージョナル企業とローカル企業に分かれていたが，1999年には 900 の広告主のうち 300 だけがリージョナル企業だった（Cooper, 2000）。クーパー（Cooper, 2000）によると，1999年にアジア地域向けテレビ広告の市場規模が 100 万から 130 万ドルと推測されたのに対し，アジア市場全体でのローカル・テレビ広告予算は 80 億から 90 億ドルであった。これらのデータからローカル企業との関係が非常に重要なものであり，米国系ケーブルネットワークもアジア市場ではローカル企業を引きつける努力をする必要があると推測される。

　グローバル・テレビネットワークにとってローカル企業の広告主としての重要性が増していることが明らかになったが，問題はそれらの企業が番組の標準化・適応化にどのような影響を及ぼしうるかという点である。一般に企業は広告キャンペーンを展開する上で，自社のニーズを満たすテレビ番組を提供したいと考える（Beatty, 1996）。しかし，広告主のニーズを充足する番組が標準化番組なのか適応化番組なのかは定かでない。ただし，昨今の広告主のほとんどは，消費者のニーズや欲求が市場間で相違するために広告が現地適応化される必要があることを理解しており，同じような論理をテレビ番組にも求める可能性はある。

5. 競争

　世界中で映像メディアの数が増加する中，消費者はこれまで以上に多くのメディア選択肢を与えられている。多チャンネル環境下では同じような番組タイプに特化するチャンネル（例：ニュース・チャンネル，スポーツ・チャンネル）がいくつも出現している。例えば世界には約 100 種類の異なる音楽チャンネルが存在するという（Forrester, 1999）。アジア市場へ進出した当初，米国のメディア企業は現地での競争をそれほど懸念する必要はないと考えていた。タイム・ワーナーやヴィアコムといった米国の巨大メディア企業に匹敵するコンテンツ調達力を持つメディア企業がアジアには見当たらなかったためである（Landler et al., 1994）。しかし現実には，ローカル市場に

おける競争が激しくなるにつれ，米国系ケーブルネットワークは番組の現地適応化を行うようになると推測される。第1章で論じられたように，市場の文化に適合する自国製テレビ番組で視聴者を引きつけるローカル番組供給事業者との競争を乗り切るため，グローバル・テレビネットワークは現地適応化番組を多く放送しなければならないと考えられている。

　MTVアジアが登場したことにより，多くのアジア市場で現地の音楽会社と組んだローカル企業による亜流MTVの立ち上げが相次いだ（Burpee, 1996）。結果として1995年末にはアジアだけで18種類の24時間音楽チャンネルがひしめき合っていた（Levin, 1995）。それらのチャンネルは新しい番組コンセプトとしてのMTVの重要性を理解しており，様式的部分の多くをMTVから借用していたものの，当時のMTVとは異なり，主として現地語で番組を放送し，かなりの割合で国内アーティストの映像を流した（Banks, 1996; Santana, 2003）。ローカル市場の嗜好に合った現地の楽曲を重点的に放送する国産音楽チャンネルが成功する中，MTVアジアは自社のマーケティング・モデルの限界に直面していた。いくつかの後続チャンネルの成功を目の当たりにしたMTVアジアは，より現地適応化した番組を流すために市場ごとにチャンネルを分割するに至った。確かに自らを国際的なテレビネットワークというポジションに置き続けたならば，MTVは国産音楽チャンネルとの競争をある程度は回避できたかもしれない。しかしChang (2003) によれば，MTVはサービス開始当初，海外の音楽チャンネルとして自らのニッチ性を強調し，国産音楽チャンネルと直接的に競争することを避けていたものの，混戦模様を呈するローカル市場で生き残るために結局は現地適応化を戦略として採用するしかなかったという。

　CNNIはアジア市場において番組を適応化するつもりはなく，米国で放送されるものと同じニュース番組を1990年代中盤まで流していた（Chang, 2003; Shrikhande, 2001）。一方でアジアのビジネス・ニュース番組市場は1991年のBBCワールド，1995年のCNBC，1993年にダウ・ジョーンズによって開始され，1998年にはCNBCと合併したアジア・ビジネス・ニュース，そして1998年のブルームバーグ・ニュースなどといったグローバル

あるいはリージョナル・ニュースネットワークの参入で競争が激化していた。これらのニュースネットワークとCNNIは財界と収入上位5%の家庭をターゲットとしており，欧州市場でも互いにライバル同士の関係にあった（Chalaby, 2002）。前章で見たように，国際マーケティング研究の文献では，同一ライバルと複数の市場で競争している場合は全くの現地企業と競争する場合よりも標準化へ向かう可能性が高いことが指摘されている。しかし現実には，ビジネス・ニュース市場でのグローバル・テレビネットワーク同士の直接競争は番組現地適応化への大規模な財政的コミットメントを招く結果となった（Shrikhande, 2004）。CNNIは香港に制作施設を設け，いくつかのアジア市場のために言語のカスタム化を進め，アジア関連のニュース番組を増加させた。CNNIのアジア市場における事例は，グローバル・テレビネットワーク同士が競合している場合でも番組戦略は現地適応化へと向かう可能性があることを示唆する。

6. ブランドと原産国効果

　過去20年間に映像メディア・チャンネルの数は激増し，かつての同質的なマス視聴者層はデモグラフィック的・心理的な属性に基づき細分化された視聴者集団へと絶え間ない分裂を繰り返している。このように競争の激しさが増す中でメディア企業が成功するためにはブランド戦略が不可欠となってくる。

　消費者がブランド製品を選好するのはブランドが意味を内包し，また選択や評価を容易にするからである。実際に，視聴者はこれまで以上に手軽さや便利さよりもメディア・ブランドへの認識に基づいてコンテンツを選ぶようになってきている（McDowell, 2006）。メディア企業はブランド設定を適切に行うことによってアイデンティティを確立し，どのようなコンテンツが特定のターゲット視聴者へ提供されるのかを伝えるイメージを作り出すことができる（Bellamy & Chabin, 1999; Chan-Olmsted, 2006; Chan-Olmsted & Kim, 2001; Jacobs & Klein, 1999）。様々なメディア企業の中でブランド戦略策定に最も熟練しているのは，多チャンネル・メディア環境において非常に限定さ

れた視聴者セグメントをターゲットとするケーブルネットワークであろう。

　映像メディア製品は消費されてはじめて評価される経験財である。このような特性から生じるクオリティへの不安は，強力なブランド構築を通して評判を高めることで軽減されうる（Reca, 2006）。これは，強力なブランドが消費者にとってのリスクや不確定要素を低減する機能も併せ持つからである。消費者がある製品カテゴリーに対して限られた経験しか持たず，間違った選択が深刻な結果をもたらすような場合にブランドに知名度があれば，「好ましからざる製品を購入してしまうかもしれない」という消費者の不安は和らぐ。

　間違った購入というリスクを減らすために消費者は馴染みのブランドを求める傾向があるわけだが，マクドウェル（McDowell, 2006）は広告収入に依存するメディア企業（例：商業放送ネットワーク）の製品は価格感応性が低く，そのような製品を選択する際の失敗は視聴者にとって大した問題ではないと述べる。確かに，地上波放送でつまらないテレビ番組を見たことによる損失は，欠陥のある自動車や腐った野菜を買うことによる損失と比べれば取るに足らないものであろう。大きなリスクを伴わないメディア製品の消費は，視聴者がブランドを決める際にそれほど認知的な努力を行おうとしない「低関与型経験（low-involvement experiences）」と考えられる（McDowell, 2006）。しかし，このことは視聴者が直接対価を払うケーブルネットワークのようなメディア・ブランドには当てはまらない可能性がある。視聴者がコンテンツ製品を購入・契約する際にブランドの知名度を頼ることはありうるし，そのためにケーブル局や衛星放送事業者は高いブランド価値のあるケーブルネットワークを自らのチャンネル・ラインアップに加えたがる[32]。

　視聴者にチャンネルを選定する理由を与えるブランド設定はグローバル・

---

[32] メディア企業間（business to business/B2B）取引では価格がブランド価値の極めて重要な変数となる。例えば，ブランド価値は広告主に対する交渉力となることがある。マクドウェル（McDowell, 2006）は視聴者に対して同様，広告主にもニッチ属性および利点を伝えることがブランド管理における目標だと述べる。ブランドがより多くの付加価値を想起させるならば，広告主はプレミア料金を払うだろう。

テレビネットワークのマーケティングにおいても極めて重要なものと考えられる。米国でよく知られたケーブルネットワークでも海外市場ではほとんど知られていない可能性があり、それゆえに既存の国産チャンネルとの区分化が必須である（Bellamy & Chabin, 1999）。ブランドを設定・管理することで米国系ケーブルネットワークは外国市場における障害を低く抑えるとともに、視聴者にブランド・アイデンティティと信頼性を与え、認められ、権威づけられる。結果として、より多くの標準化番組製品を供給することが可能になると考えられる。第1章の表1-2に見られるように、多くの米国系ケーブルネットワークがグローバル・ブランドであることを視聴者に印象づけ、威信を得るために世界規模での到達と視聴可能を強調している。

　実際にMTVやCNNIといった米国系ケーブルネットワークはブランド戦略を多くの海外市場で推進することに成功してきた。両ネットワークは『キャンペーン』誌によってエコノミスト、タイム、フォーチューン、そしてグーグルと並んで「最も影響力の大きい国際メディア・ブランド」に選出されている（Pearson, 2003）。66億ドルのブランド価値を持つMTVは『インターブランド＆ビジネス・ウィーク』誌によっても世界で最も価値が高いメディア・ブランドに2005年まで7年連続で選ばれている（Bell Global Media, 2005）。一方、ディスカバリー・チャンネルは2003年のトータル・リサーチによる1152ブランドに対する調査において上位10ブランドの1つに選ばれた（Adelphia Media Services, 2005）。アジア市場に限ってみても、CNNI、ディスカバリー・チャンネル、HBO、ESPNは既に確立されたブランドとなっており、汎アジア太平洋メディア間調査やニールセン・メディアリサーチのアジアにおけるターゲット市場調査で富裕層や影響力のある人々に最もよく視聴されているチャンネルと認定されている（Television Asia, 2003a, 2003b）。ガーション（Gershon, 2006）が指摘するように、グローバル規模での高いブランド認知度はそれらのネットワークにとってのコア・コンピタンスとなりうる。

　実際に視聴するまでテレビ番組のクオリティを評価できないとすれば、視聴者の番組認識はブランドだけでなく、その番組が製作された国に対するイ

メージにも影響を受ける可能性がある。ある国に対する評価や意見はその国で作られた番組に対する態度に結びつく。スーとチェン（Su & Chen, 2000）は，台湾の視聴者の米国製番組および日本製番組のクオリティ認識とそれらの国に対する印象の間に正の相関があることを明示した。視聴者はテレビ番組のクオリティの指標として原産国情報，つまりその番組がどこの国で製作されたかを顧慮することがある。このような視座に立てば，テレビ番組の原産国は一種のブランドとして機能しているとも考えられる。

　ハブンス（Havens, 2003）は，特定国のある番組ジャンルでの制作力と視聴者のその国に対するイメージの結合（例：壮大な米国ハリウッド製大作，ブラジル製テレノベラ，オーストラリア製ドキュメンタリー，日本製アニメーション）に起因する，国際テレビ番組流通におけるブランド・アイデンティティに着目した。例示された国々はそれぞれのジャンルと同義であるとも考えられ，それらのジャンルで国際的評価を享受してきた（Havens, 2003）。米国外では必ずしもよく知られていない可能性がある米国系ケーブルネットワークだが，米国が世界的に名高い分野（例：娯楽や大衆文化）と関連づけられるようなジャンルに特化している場合，外国市場でも比較的容易に受け入れられるだろう。このような場合，ネットワークはブランドとしての原産国を活用し，標準化番組を放送する可能性が高まると考えられる。

　一方，それぞれの文化に固有な要因のため，異なる国々の視聴者は特定ブランドや原産国に対して異なった認識を持ちうる。多くのアジア諸国のように集団主義的で不確実性回避が高い文化に属する人々は知名度の高いブランドに対し忠実であり，そうでないブランドの購入を避ける傾向にある。タイとタム（Tai & Tam, 1996）によれば，シンガポールや香港の人々は非常にブランド志向が高く，ブランド製品所有という名誉に浴するために積極的に高額を支払う。このような人々の欲求は米国系ケーブルネットワークによって満たされると考えられる。それらのネットワークは地上波放送ネットワークと異なり，月額契約料を支払う者のみが視聴できるものであり，また，国内のケーブルネットワークと異なり，グローバル・ブランドであるからである。

7. 企業特性
(1) 哲学・方向性

今日の TNMC の経営戦略や方向性は組織の発展に責任を持つ人物のビジョンを直接反映している。前述の通り，STAR TV はアジアのエリート層をターゲットとした汎アジア的な英語番組サービスの失敗を受け，ローカル市場向け番組を柱とするように番組戦略を変更した。この番組における政策変更は 1993 年に STAR TV の株式の 64%，そして 1995 年に残りの 36% も取得したニューズ・コーポレーションによる買収によって促進されたものである。ニューズ・コーポレーションの会長兼最高経営責任者（chief executive officer/CEO）であるルパート・マードックは，STAR TV の新しい経営陣に対してアジアの多様な文化における微妙な相違点を学ぶ必要性を訴えた（Curtin, 2005; Economist, 1994）。同様に，ヴィアコムの会長兼 CEO であるサムナー・レッドストーンは最善の放送とは市場の文化特性を反映したものであると述べている（Redstone & Knobler, 2001）。

(2) 経営資源

ビジョンを具体化し，戦略として実行するため，企業は資源を所有・活用しなければならない。放送開始当初，STAR TV は番組適応化を進めるための十分な資源（例：資金，経験）を持ち合わせていなかったが，後に蓄積あるいは獲得したと考えられる。テレビ放送事業に従事するメディア企業は資源をテレビ番組に転用し，それを視聴者へ広める（Doyle, 2002）。メディア・コンテンツを企画・獲得するための資金やコンテンツそのものは大部分が所有権によって保護される「所有権ベース資源（property-based resources）」と見なされるが，コンテンツはイノベーションやノウハウ，スキルといった「知識ベース資源（knowledge-based resources）」にも影響を受ける（Chan-Olmsted, 2006）。

チャン＝オルムステッド（Chan-Olmsted, 2006）は，所有権あるいは知識ベースでの類型化はメディア企業の資源を分類・分析する上で有意義な方法であり，特にメディア産業における知識ベース資源の重要性を浮き彫りにすると述べる。メディア製品は人々の才能に大きく左右される製品（talent goods）である（Reca, 2006）。ウォルフ（Wolf, 1999）も同様の見方を示しており，娯楽産業は創造性に依存するところが大きいと指摘する。ランダースとチャン＝オルムステッド（Landers & Chan-Olmsted, 2004）は米国の地上波放送ネットワークにとって必要な知識ベース資源として5種類の知識・技能を列挙する。それらは経営管理，コンテンツの多利用，視聴者，新技術，国際市場に関する知識・技能である。創造性や産業に関する知識といった知識ベース資源がコンテンツの制作やマーケティングにおける必須要素であることは強調すべきであろう。

しかし現実には，TNMCといえどもグローバル・メディア市場での競争に必要な全ての資源を有していることは極めて稀である。資金やメディア・コンテンツといった魅力的な所有権ベース資源，そして制作やマーケティングにおける一般的な知識・技能といった知識ベース資源を備えたグローバル・テレビネットワークでさえ，海外市場での資源から利益を得て，外国の関連会社を活用し，そしてグローバル規模での運営を管理する知識・技能に乏しい場合がある。1990年代初頭にアジア市場へ進出し始めた頃，米国系ケーブルネットワークはコスト削減という目標の下で既存の米国製番組だけを流していた（Jensen, 1994）。メディア企業にとって経験のない新市場で現行のラインと異なる製品を開発することは容易なことではない（Chan-Olmsted, 2004）。ただ，国際市場における知識・技術は進化する過程で習得される可能性はある。経験の蓄積に伴ってネットワークは国際業務を熟知し，より良い製品マーケティング方法を習得し，受入国政府に理解を示し，自社の知的財産保護に努め，そしてローカル市場で海賊版と戦えるようになる。グローバル・テレビネットワークがアジア市場での業務に熟達するに従い，放送番組の中に現地適応化されたコンテンツが占める割合が大きくなってきた（Bowman, 2003）。

効果的な資源配分・活動調整によって企業はグローバル領域での競争優位を獲得することができる。理論的には，多くの関連会社を擁するグローバル・テレビネットワーク事業におけるダイナミックは，柔軟な資源調整・統合を通じてグローバル規模での有効性とローカル規模での感応性の双方を達

成できる点にある。グローバルな側面とローカルな側面の両方が組み合わさった独特な構造のためである。それぞれの現地関連会社はネットワーク内での資源共有に与かることができる（Pathania-Jain, 2001）。例えば，現地関連会社は番組や素材といった資源の確実な供給をネットワークに依存している。その一方で，ネットワークは創造性ならびに企画の共有や情報の交換という形で現地関連会社から知識を得ることができる。各関連会社は，自社の技術やノウハウをグローバル・テレビネットワークの世界規模での競争優位確立に寄与する戦略的パートナーへと変身する（Chalaby, 2004b; Sanchez-Tabernero, 2006）。このようにグローバル・テレビネットワークはグローバル市場における力とローカル市場における力を結合することができる。その結果，グローバル・テレビネットワーク全体が調整・統合された，文字通りの「ネットワーク」として機能し，知識・技術のさらなる交換が促進される。

(3) 集中化・分散化の程度

支配力は経営に対する決定的な影響力と結びつく（Sanchez-Tabernero, 2006）。完全所有子会社を設立する場合，本社は事業を完全に支配することができる。例えば，ディズニー・チャンネルは現地子会社のマネージャーに裁量権を与えて事業にあたらせるよりも，ディズニー本社があるカリフォルニア州バーバンクから全ての海外事業を細部まで管理している（Lacter, 2000）。現地子会社は製品のローカル市場における受容を高めるために完成製品にごくわずかな修正を加えることを許可されているに過ぎず，全ての吹き替え用音声でさえディズニー本社の承認を必要とするように，ほとんど権限を与えられていない（Lacter, 2000）。これは現地で独自に制作されたコンテンツがディズニー・ブランドの威信を傷つけることを懸念してのことである（Waldman, 2002）。一方，既にかなりの海外事業を進め，国際経験を蓄積させてきたネットワークは市場間の相違を尊重する傾向にある。このような場合の番組戦略は単にネットワーク本社に押し付けられるものではなく，ローカル市場の特性を考慮する現地関連会社によって自発的に決定されることが多い。MTVネットワークスの分権化された国際事業の経営管理体制で

は，ローカル市場のマネージャーが個別市場のニーズに適合する番組戦略を独自に策定する権限を与えられている（Gershon & Suri, 2004）。

(4) 市場参入モード

メディア企業は国際展開において，輸出販売から戦略的提携（strategic alliances）締結へとつながる選択方法上の進化を経てきた（Chan-Olmsted, 2006; Gershon, 2006）。海外のテレビ市場を開拓するメディア企業にとっての最難関の1つは強力な経営体制を現地に確立することである。十分な資源を持たないTNMCがある市場へ参入する場合，自社資源を補完する資源を現地パートナー企業に依存し，その他の方法では達成し得ない競争優位の獲得を目指さなければならない（Das & Teng, 2000）。戦略的提携によってローカル市場，技術，製品標準における不安を軽減し，知識共有・習得を促進することができるのである（Chan-Olmsted, 2006）。パサニア＝ジャイン（Pathania-Jain, 2001）によれば，現地パートナー企業による最も有意義な貢献は，ローカル市場に関連した番組を制作する過程で，事情に精通し，良いコネクションを持つツアー・ガイドのような役割を務めてくれる点にある。実際に多くのグローバル・テレビネットワークが大量の資源を現地番組制作に投入しているが，その陰には番組の市場への関連性を高めてくれる現地パートナー企業との戦略的提携結成が存在する（Bowman, 2003/2004）。ローカル市場の条件に関する知識という強みと規模の経済性という利点を効果的に結合する，TNMCと現地企業間での提携や合弁事業はますます一般的なものとなってきている（Oba & Chan-Olmsted, 2007; Sanchez-Tabernero, 2006）。

国際マーケティング研究の文献に基づけば，番組適応化戦略は新規に完全所有子会社を設立する場合よりも現地パートナーとの合弁事業やライセンス契約の場合に採用される可能性が高い。しかし現実には，TNMCは知識や経験が増えるにつれて国際市場においてより多くの株式所有を求めるようになり，ライセンス契約や合弁事業から完全所有子会社設立へとシフトする傾向があるという報告もなされている（Li & Dimmick, 2004）。

Ⅲ. 調査設問

　本研究は，国際マーケティング研究によって指摘されるように，企業内外の諸要因が製品決定に影響を及ぼしうるという前提に立ち，アジア市場において米国系ケーブルネットワークがどのような要因を番組製品の決定要因と認識しているかを調査する。ここまでの議論の中で確認された諸要因とネットワークによって実際に採用されている番組戦略の関係を探究するための調査設問（research questions/RQs）を以下に提示する。すべての調査設問は米国系ケーブルネットワークのアジア市場での関連会社幹部やマネージャーとのインタビューを通して得られるデータ，そして業界紙や一般誌の記事，企業ウェブサイトでの記述など2次情報を通して得られるデータに基づき考察される。

　まず全体像を把握するため，RQ1は米国系ケーブルネットワークがアジア市場で実際にどのような番組製品戦略を採用しているのかを問う。

　　RQ1：　米国系ケーブルネットワークはアジア市場でどのような番組戦略を採用しているか？

テレビ番組の現地適応化はいくつかの方法を含むと考えられる。RQ2は米国系ケーブルネットワークが番組をアジア市場に適応させる方法を問う。

　　RQ2：　米国系ケーブルネットワークは番組をどのように個別のアジア市場に適応させているか？

文献レビューの中で製品標準化・適応化の実行可能性は製品の性質によって異なりうる点が論じられた。RQ3は米国系ケーブルネットワークの番組戦略がどのように番組製品の性質によって左右されるかを問う。

　　RQ3：　製品特性は米国系ケーブルネットワークの番組戦略にどのような影響を及ぼすか？

製品標準化の成功は企業がターゲットとする消費者セグメントが国境を超えて存在することが前提となる。RQ4は，超国家視聴者セグメントは存在するのか，もし存在するならば，番組戦略にどのように影響すると考えられる

かを問う。

> RQ4: 超国家視聴者セグメントの存在は米国系ケーブルネットワークの番組戦略にどのような影響を及ぼすか？

市場間の文化的な相違は標準化製品の受容を左右すると指摘される。RQ5では，この説が米国系ケーブルネットワークのアジア市場におけるテレビ番組製品に適用されるかを検討する。

> RQ5: 市場間の文化的相違は米国系ケーブルネットワークの番組戦略にどのような影響を及ぼすか？

何種類かの環境的相違が製品標準化・適応化の方向性に影響を及ぼすと考えられる。RQ6はアジア市場における経済的，地理的，法的，そして多チャンネル事業者や広告主といった支援環境が米国系ケーブルネットワークの番組戦略にどのように影響しうるかを問う。

> RQ6: 環境要因（例：経済的条件，地理的条件，規制，支援部門）は米国系ケーブルネットワークの番組戦略にどのような影響を及ぼすか？

製品戦略は競争状況によって変わってくることがあると指摘される。RQ7は市場での競争状況や市場間での競争力の違いが米国系ケーブルネットワークの番組戦略にどのように影響しうるかを問う。

> RQ7: 競争状況や市場間での競争力の違いは米国系ケーブルネットワークの番組戦略にどのような影響を及ぼすか？

高いクオリティを連想させるブランドや原産国効果によって企業は製品標準化を容易に追求しうると考えられる。RQ8はブランド・イメージや製品原産国のイメージが米国系ケーブルネットワークの番組戦略にどのように影響しうるかを問う。

> RQ8: 米国系ケーブルネットワークのブランド・イメージや製品原産国のイメージはネットワークの番組戦略にどのような影響を及ぼすか？

最後に，RQ9は米国ケーブルネットワークの企業内特性（例：経営哲学，経営資源の有無，権限の集中化・分散化，市場参入モードなど）が番組戦略決定にどのように影響しうるかを問う。

> RQ9: 企業内特性は米国系ケーブルネットワークの番組戦略にどのよ

うな影響を及ぼすか？

第4章
研究方法

Ⅰ. 質的調査

　諸要因が米国系ケーブルネットワークのアジア市場での放送番組戦略にいかなる影響をもたらしうるかを探索するため，本研究は質的調査方法を用いている。質的調査は野外観測，詳細なインタビュー，フォーカス・グループなど広範に亘るアプローチを含み，様々な研究分野で用いられる。スネイプとスペンサー（Snape & Spencer, 2003）によれば，質的調査方法とは人々が自分たちの社会や世界の中で特定の現象（例：行動，決定，信念，価値など）に付与する意味，つまり社会的意味を理解するための自然主義的かつ解釈主義的なアプローチである。この調査方法は特定の現象がなぜ，どのように，いかなる文脈で起こり，何がそのような現象に影響を及ぼしているのかといった問題の解決に適するものである（Carson, Gilmore, Perry, & Gronhaug, 2001）。

　量的調査を行う研究者にとっては，比較的多くの事象に当てはまる，広く一般的な結論を導き出すことが重要である。一方，質的調査を行う研究者にとっての目標はサンプル事例から得られた結果を母集団に当てはめて一般化することではなく，理論上重要な規則や関係を見出す点にある。そのために比較的少量の事柄を詳細に理解することが必要となってくる。簡潔に述べるならば，量的調査は「広さ」を，そして質的調査は「深さ」を追求することが目標である（Beam, 2006）。

　質的調査の利点は得られたデータの妥当性にある。例えば，個人に対する詳細に渡るインタビューから得られた結果はその人の考えや経験を忠実

に，正確に，完全に，そして信頼できる形で報告するものである（Hakim, 2000）。ストラウスとコービン（Strauss & Corbin, 1998）は質的調査を「経験的材料の計量化に主眼を置かない調査」と定義している。質的調査法は研究者が実際に観察したり，話したりした人々に関する，数量化できない事実を入手する方法である。それらの事実は定性的なカテゴリカル・データによって，知覚や態度といった側面によって，そして現実の出来事によって説明される（Berg, 2001; Yin, 2003）。量的調査では管理された条件下で調査を行うことによって余計な変数を排除するが，質的調査では一見無関係な変数も含め，事象の自然な成り行きを把握する。換言するならば，量的調査には高度に管理された設定が必要であるが，質的調査は現状下で臨機応変に行われる。

集合的データを用いた大規模調査の分析では変数間の抽象的な相関関係が求められる。一方，小規模であり，明白な基準に適うように意図的に選出された事例は諸要因間の因果関係を特定する場合に役立つ。因果推論が目指すものは多変量解析で特定される統計的な相関関係が意味するものとは異なる（Hakim, 2000）。逆説的に述べるなら，相関関係自体は因果関係を意味するものではない。例えば，収入と新聞を読む時間の間に高い相関が見られたとしても，これは「高い収入があるから人々は新聞をよく読む」ことを必ずしも意味するものではない（Wimmer & Dominick, 2000）。

質的調査における現象解釈は研究者の見解や価値観に大きく左右されうる。研究者の主観のため，アプローチやデータ分析の信頼性や妥当性が確立されにくい面があるし，曖昧な説明や偏見とも容易に結びつく可能性がある。量的調査においては信頼性を計算したり，妥当性を高めるための方法が存在するが，それらは質的調査のパラダイムにはうまく転用されにくい（Wimmer & Dominick, 2000）。信頼性に関して質的調査は高度に体系的であり，後続の研究者によって反復可能なものでなければならない（Berg, 2001）。ある研究が反復されるためには，その研究における手順が記録されている必要がある。従来，質的調査における手順がきちんと記録されることは少なく，そのために研究の信頼性が疑問視されることもあった。サ

ンプル事例選出やデータ収集の方法は詳細に記述されるべきである（Berg, 2001）。そのような記述があれば，他の研究者は調査手順を追うことができ，同じ結果に到達することが可能となる。

一方，質的調査の妥当性への懸念は因果推論を行う際の問題に起因する。研究者は調査の一部として行われたインタビューや集められた証拠書類に基づき，特定の現象がある原因によって引き起こされることを推論する。それぞれの研究者が独自の解釈を行うため，単独の解釈だけが正しいわけではない。また，解釈におけるエラーは測定しにくいものであり，避けられないものである（Hollifield & Coffey, 2006）。しかし一方で，解釈の構造自体は透明なものでなければならないだろう。要するに，質的調査研究においては調査のデザインやデータ収集，分析，解釈方法が明示されていることが必須である（Hollifield & Coffey, 2006）。

II．事例研究

本研究は，数ある質的調査方法の中でも「事例研究」というアプローチを採用している。事例研究は質的調査研究の同義語として扱われることも多い（Lewis, 2003）。実際，質的研究の場合と同様に，事例研究においても，なぜある現象が起きるのかが問われる。イン（Yin, 1994, 2003）は事例研究を「現象と文脈の境界が曖昧な場合に現実の文脈で起きている現在の現象を調査するため，複数の情報を証拠として用いる経験的研究」と定義づけている。この定義は事例研究がどのように他の研究方法と異なるかを明確にする。大規模な調査においては，変数の数を限定するために研究対象となる現象を狭義に捉えることがある（Wimmer & Dominick, 2000）。この場合，特定現象を引き起こす可能性がある全ての原因を明示することはできない。対照的に，事例研究では大規模な調査や実験には複雑すぎるような，現実の文脈における因果関係を説明することが可能である。

メリアム（Merriam, 1988）が挙げる事例研究の4つの本質的特性は個別であること，記述的であること，発見的であること，そして帰納的であるこ

とである。事例研究は特定の状況，出来事，現象に焦点を合わせるものであり，実践的かつ現実的な問題の学習に優れた方法である。また，完成した論文は研究対象である題材に関する詳細な記述という形を取る。さらに，新しい解釈，見解，意味，洞察を目標としているため，事例研究は発見的なものでなければならない（Wimmer & Dominick, 2000）。帰納的特性に関しては，事例研究は通常，仮定の検証よりも新しい関係の発見や理論生成を目指すものである。それらの理論はデータによって導かれるものであり，妥当で詳細なデータが現象理解に寄与する。帰納的推論においては観察やデータそのものから傾向や関連性が導き出されるのである（Snape & Spencer, 2003）。

事例研究を行う研究者は個人，集団，組織，出来事などを体系的に調査するために広範な証拠データを処理することができる。このため，調査に必要な記録，野外観測，インタビュー，物品を全て1つの事例研究に取り入れることも可能である。データの多様さや細かさが複雑な現象理解への洞察を与える。どのようなデータ収集方法が実際に採用されるかは調査目的やどの方法が調査対象を最も良く照射しうるかによる。しかし，ある現象を調べる上でトライアンギュレーション（triangulation）によって2つ以上のデータ収集方法を用いることは一般的である。これは測定の相互確認および発見の妥当性のための方法と解釈される（Berg, 2001）。ウィマーとドミニク（Wimmer & Dominick, 2000）が指摘するように，複数の情報源を用いることで研究者は事例研究の妥当性を高めることができるのである。

実際に事例研究は経営研究に有用なアプローチであり，研究者が基礎学習と実践の間のギャップを埋めるのに役立つ。リソース・ベスト・ビューに関する見識の多く―特に無形で観察不可能な資源を含む場合―は事例研究というアプローチを通してのみ探究されうる（Godfrey & Hill, 1995; Lockett & Thompson, 2001）。同様に，ある文脈や状況におけるマーケティングに関連する諸問題を理解するためには特定事例ならびに企業を取り巻く状況を深く分析する必要がある。

III. 事例の選出と数

　事例の選出は事例研究において最も難しい部分の1つである（Yin, 2003）。選出プロセスにおいては，なぜ特定の事例が研究や分析のためのサンプルとして選ばれたのか明確な理由を伴わなければならない（Hakim, 2000）。事例選出にあたって顧慮しなければならないのは，どの事例が最も典型的で代表的か，どの事例が研究の主要テーマに関連する要素と調査設問の核となる変数を含んでいるか，どの事例においてデータが入手しやすいかといった点である（Hollifield & Coffey, 2006）。本研究は米国系ケーブルネットワークの「有意サンプル（purposive sample）」を用いている。無作為抽出や便宜抽出と異なり[33]，有意抽出法とは，「ある特徴や性格を備え，研究の中心となるテーマの深い探求や理解を可能にする人物，集団，機関などを意図的に選ぶこと」である（Ritchie, Lewis, & Elam, 2003）。事例は特定の基準に沿って選出され，その基準を満たさない場合は選考から除外される。

　有意抽出法には様々なアプローチがあり，研究の目的と範囲によってサンプル構成も異なってくる。リッチーら（Ritchie et al., 2003）は，サンプル事例は所定の集団や特性を代表・象徴し，研究対象となる母集団における多様性をできるだけ十分に反映する形で抽出されるべきであると説く。量的調査に必要な確率標本における統計的代表性とは異なり，ある特性を表すために慎重に選ばれた記号的代表性が有意抽出法には不可欠である。一方，多様性は現象と関連づけられる全要因や全特性を確認する機会を最大化するために必要である（Ritchie et al., 2003）。事例間における多様性は非常に重要であり，欠如している場合には諸要因の様々な影響を調査することが難しくなる。

　しかし理想的な事例数というものは存在しない。基本条件は研究者が現

---

[33] 無作為抽出では完全母集団の全ての成員がサンプルとして選ばれる均等な機会を有し，対象は無作為に選ばれる。便宜抽出は簡単に募集・利用できる被験者の集まりである（Wimmer & Dominick, 2000）。

表4-1 2次元のサンプル・マトリックス

	次元1：米国系ケーブルネットワーク			
次元2：国家市場	ネットワークA	ネットワークB	ネットワークC	ネットワークD
X国				
Y国				
Z国				

象を適切な深さまで掘り下げられる程度のデータを得て，理解に到達できるまで事例を増やすことであろう（Carson et al., 2001; Ritchie et al., 2003）。ある事例が全ての条件を満たしていたり，稀有あるいは極端なものであったり，また，他の事例を見つけることが困難であるため，その事例が調査されなければ現象を調べること自体が不可能な場合には，単独の事例しか扱わないこともありうる（Yin, 1994）。しかし，このような状況はやや異例であろう。アイゼンハルト（Eisenhardt, 1989）は事例数が4つ未満の場合，複雑な理論を生み出すことが難しく，その経験的根拠は恐らく説得力のないものとなると述べる。最大数に関しては，マイルスとユベルマン（Miles & Huberman, 1994）が15以上の事例を含む研究は非常に扱いにくいと指摘する。多くの調査における時間と予算の現実的な制約を考え，ヘッジス（Hedges, 1985）は事例数の上限を12としている。

　本研究はまず4種類の米国系ケーブルネットワークと3つのアジア市場の2次元からなるマトリックスの設計を試みた（表4-1を参照）。ネットワークや市場はそれらにおける多様性を反映するように選出されなければならない。ケーブルネットワークが特化する様々な番組タイプを考えた場合，少なくとも4種類のネットワークが必要だと考えられた。また，アジア地域内の文化的・環境的多様性を考えた場合，少なくとも3種類のアジア市場が必要と考えられた。

1. サンプル・ネットワーク

　本研究のサンプル事例となる米国系ケーブルネットワークの選出は，記号的代表性および多様性と関連する，以下の3つの根拠により正当化されるであ

ろう。まず，記号的代表性を確実にするために，それぞれのサンプル・ネットワークは世界規模で事業を行い，アジア市場へも積極的に参入しているものでなければならない。次に，サンプル・ネットワークはそれぞれ異なる番組タイプに特化しているものであるべきである。先に記したように，番組タイプはある番組が異なる文化的文脈において理解される程度，そして番組標準化・適応化の程度に影響を及ぼすと考えられる。最後に，サンプル・ネットワークはそれぞれ異なる企業に所有されているものであるべきである。これは企業の方向性によって製品標準化・適応化に対するコミットメントの度合いが異なってくるからである。2番目と3番目の基準はサンプル事例がネットワークの多様性を反映することを意図している。

　これらの基準に沿って，本研究はMTV（Music Television），カートゥーン・ネットワーク（Cartoon Network），ESPN（Entertainment and Sports Programming Network），そしてディスカバリー・チャンネル（Discovery Channel）を事例として選んだ。第1章の表1-2に見られるように，これらのネットワークは全て国際展開を行っている。さらに，MTVが音楽番組，カートゥーン・ネットワークがアニメーション番組，ESPNがスポーツ番組，ディスカバリー・チャンネルがドキュメンタリー番組をはじめとするフィクション情報番組専門であるように，それぞれのネットワークが特定の番組タイプに特化している。また，これらのネットワークは異なる企業に所有されている。MTVネットワークスはヴィアコムに，カートゥーン・ネットワークは1996年にタイム・ワーナー傘下に入ったターナー・ブロードキャスティングに，ESPNはディズニー（80%）とハースト（20%）に，ディスカバリー・チャンネルは株式の半分がリバティ・メディア，そして残りがコックス・コミュニケーションズ，アドバンス/ニューハウス，ネットワークの創始者でありCEOであるジョン・ヘンドリックスによって所有されている。

　本研究はフィクション，ノンフィクションに関わらず，エンターテインメント番組を主に放送するネットワークの番組戦略を重点的に扱い，それらを比較する形を取るため，CNNIのようなグローバル・ニュースネットワーク

は事例から除外されている。視聴者のメディア・コンテンツ製品を消費する主目的を考えた場合，ニュース番組とエンターテインメント番組は明確に区分されるべきである。さらに，一般にニュース番組は特定の文化に根ざしていることは少なく（Morley & Robins, 1995），そのためにエンターテインメント番組よりも国境を超えて受け入れられやすいと考えられる。反対に，エンターテインメント番組はその文化的感受性ゆえに国境を超えると損失する価値が大きく，ローカル市場の視聴者に関連したものであるためには適応化が必要になると推測される（Chalaby, 2002; Shrikhande, 2001）。ディスカバリー・チャンネルをエンターテインメント系のネットワークと分類することが問題視される可能性がある。しかし，彼らは自らを「現実世界におけるエンターテインメント（real-world entertainment）の第一供給者」と位置づけている（Discovery Communications Inc., 2006a）。また，実際に自らの番組に対してドキュメンタリー番組よりも「事実のエンターテインメント番組（factual entertainment programming）」という呼称を好んで用いている。

2. 調査市場選出

調査市場の選出にあたり，サンプル・ネットワークがアジアのどこの国に現地事務所を構えているかを調べた（表4-2を参照）。仮にあるネットワークが100カ国で視聴可能であったとしても，そのことは100種類の現地版

表4-2 アジアにおけるサンプル・ネットワークの事務所所在地

MTV	カートゥーン・ネットワーク	ESPN	ディスカバリー・チャンネル
中国	—	中国	中国
香港	香港	香港	香港
インド	インド	インド	インド
インドネシア	—	—	—
日本	日本	日本	日本
韓国	—	韓国	—
フィリピン	—	—	—
シンガポール	—	シンガポール	シンガポール
台湾	台湾	台湾	台湾
タイ	—	—	—

データ出所：Discovery Communications Inc. (2004); ESPN STAR Sports (2005); LyngSat Address (2005); Time Warner Inc. (2005c); Viacom Inc. (2005b); Walt Disney Co. (2004a).

III. 事例の選出と数　89

チャンネルを擁することを意味するものではない。現実には同一のチャンネルがアジアの多くの国へ向けて配信されており，字幕や吹替え用の別トラックを通していくつかの現地語が選択オプションとして提供されている。例えばカートゥーン・ネットワーク東南アジアは多くのアジア諸国へ配信されており，シンガポール，香港，マレーシア，タイ，インドネシアをはじめとする国々の視聴者が同じ番組を同時に見ている。MTVインドはインドだけでなくバングラディッシュ，ネパール，パキスタン，スリランカ，さらには中東諸国でも視聴可能である。ネットワークが現地事務所を持たない市場で視聴されるチャンネルは通常，他国市場と共有されているものである。現地事務所の存在しない市場へ向けてネットワークが特定の番組戦略を策定することは稀であるので，そのような市場を調査対象から除外するのは妥当であろう。表4-2に見られるように，サンプル・ネットワークが現地事務所を持つアジア市場は実質的に10カ国に限られている。

　米国系ケーブルネットワークは戦略的視点からアジア地域を3つに分ける傾向がある。台湾や香港を含む大中華圏，日本，そしてインドである。実際にサンプル・ネットワークはこれらの国・地域を重要視し，関連会社を設立している。類似する国・地域を比較した場合，それらの間の類似点や相違点を描くことは難しくなる（Livingstone, 2003）が，上記の3地域はお互い異なる文化を有するため，特定市場の文化が番組戦略に与える影響を比較検討することが可能となる。従って，本研究がアジア諸国に関するより普遍的な結論に到達するために大中華圏の1国，日本，インドを調査市場として選出することは妥当であると思われた。

　外国企業に対してテレビ市場を開放しつつある中華人民共和国（中国）が多くのTNMCの関心を引きつけていることは疑いの余地がない。しかし本研究は中国を調査対象から外した。チャン（Chan, 2004）が指摘するように，TNMCを魅了しているものは中国市場の現行価値ではなく，その潜在性である。実際，ほとんどの米国系ケーブルネットワークの中国市場開拓は依然として限定的かつ初期段階のものであり[34]，そこでの番組戦略を論じるのは時期尚早と思われた。中国の代わりに，普及率80％以上というアジア

で最も成長したケーブルテレビ市場を有する中華民国（台湾）を調査市場として選出した。大場とチャン＝オルムステッド（Oba & Chan-Olmsted, 2005）は，一般のケーブル契約パッケージに含まれるチャンネルの豊富さや成熟したケーブル広告市場など，ケーブルテレビが成長するための条件を台湾市場が満たしていることを示した。現実にグローバル・テレビネットワークは台湾市場を残りのアジア諸国，特に中国へ参入するためのスプリングボードとして重要視してきた（Chen, 2004; Tan, 1997）。

日本は広告費に関して世界第二の，そしてアジア最大の市場である。しかし台湾と異なり，日本でケーブルテレビ産業が非常に発達しているとは言い難い。2004年のケーブル産業における総収入2815億円は商業放送産業における2兆7000億円の約10分の1に過ぎず（Information and Communications Policy Bureau, 2006），多くのケーブルネットワークが巨大広告市場の利を受けていない状況にある。一方で日本は欧米の大衆文化を積極的に受け入れてきたことでも知られている。世界最大の米国製映画輸入国であるように，日本は米国のエンターテインメント産業にとって最も重要な国の1つであり続けている（Hasegawa, 1998; Wildman, 1995）。

人口規模においてしばしば中国に匹敵すると見なされるように，インドは米国系ケーブルネットワークにとって高い将来性を秘めた重要市場であるが，調査市場としては取り上げなかった。それはインド市場におけるグローバル・テレビネットワークの番組研究から新しい知見は多く得られないと思われたからである。先行研究がテキスト分析を通じて（例：Cullity, 2002; Page & Crawley, 2004; Thussu, 2004），あるいは戦略的経営の見地（例：Pathania-Jain, 2001）からインド市場における番組問題を論じている。

もう1つの調査市場として本研究はシンガポールを選んでいる。シンガ

34　MTVは2003年に中国南部の広東省内においてのみ，24時間番組放送サービスであるMTVチャイナを開始することを許可され，2005年4月の段階で1000万世帯に到達している。ESPNは中国内に現地版チャンネルを持たず，中国中央電視台（China Central Television）と湖南放送集団（Hunan Broadcasting Group）に番組枠（programming blocks）を確保し，シンジケーション番組を供給している。同様に，ディスカバリー・チャンネルの番組も2002年5月の段階では20のケーブル局がプライムタイムに設けた2時間の番組枠内で放送されているに過ぎなかった。

ポールのような多民族国家における番組戦略の調査は興味深いものに思われた。英語が広く話され，若者が欧米大衆文化を信奉する傾向があるシンガポールでは多くの米国製番組が受容されてきた（Godard, 1994）。加えて重要なことに，シンガポールはアジアにおけるメディアの中心地になろうとしている。アジアの中心に位置するという地理的条件，政治的安定，金融的および法的基盤，技術的進歩の全てがシンガポールをグローバル・テレビネットワークにとって戦略的に魅力のある場所たらしめている（Daswani, 2005）。実際に多くの米国系ケーブルネットワークがアジアの地域本部をシンガポールに設置している。地域本部とローカル・チームの間に番組戦略に関する見解の相違が存在するならば，それを描写することは意義深いと思えた。4つのサンプル・ネットワークのうち，カートゥーン・ネットワーク以外はシンガポールに地域本部を置いている。MTVネットワークス・アジア，ESPN STARスポーツ，ディスカバリー・アジアである。カートゥーン・ネットワークでは香港に置かれた地域本部であるカートゥーン・ネットワーク・アジア太平洋が日本以外のアジア市場での業務に対する責任を負っている。

3. 調査市場特性

表4-3は調査市場および米国の規模，経済，広告市場，多チャンネル市場，言語，文化特性をまとめたものである。国土面積の違いもあって，調査市場の人口はシンガポールの450万人から日本の1億2700万人まで大きな差が見られる。しかし，日本の人口でさえ米国のそれの約5分の2に過ぎない。経済的環境に関して日本は米国に次ぐ世界第二の経済大国である。一方，シンガポールや台湾はしばしば新興工業経済地域（New Industrializing Economies/NIES）と称され，工業製品輸出を通じて急速な経済成長を果たしてきた。購買力の上昇とともに，両国の多くの消費者が高額なブランド製品を進んで購入するようになってきている。多チャンネル・メディア市場に関しては，普及率が80％を超える台湾には米国のような成熟した市場が存在するが，日本やシンガポールでは適度な成長に留まっている。一般に

表4-3 調査市場の特性

(括弧内は単位および年)

	日本	シンガポール	台湾	米国
国土面積（平方キロメートル）	377,835	693	35,980	9,826,630
人口（100万人，2006年）	127.5	4.5	23.0	298.4
GDP（10億米ドル，2005年）	4,018	124	631	12,360
1人あたりのGDP （米ドル，2005年）	31,500	28,100	27,600	41,800
多チャンネル普及率 （全家庭に占める割合，2002年）	55.3	33.0	83.6	86.3
多チャンネル広告費 （100万米ドル，2000年）	245.2	15.1	483.2	9,548
主要言語	日本語	英語 北京語 マレー語 タミール語	北京語 台湾語	英語 スペイン語
文化次元指標　権力格差	54	74	58	40
個人主義	46	20	17	91
男性的社会	95	48	45	62
不確実性回避	92	8	69	46
長期志向	80	48	87	29

データ出所：Central Intelligence Agency (2005), Hofstede (2001); World Screen (2005); Zenith Optimedia (2002).

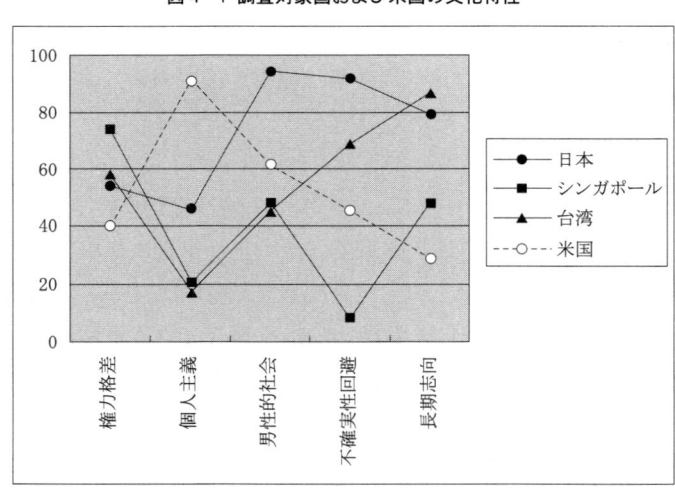

図4-1 調査対象国および米国の文化特性

データ出所：Hofstede (2001)

メディアは利用者が一定量まで増えて初めて広告主を引きつけるものであるため，多チャンネル・メディアの普及と広告収入間の正の相関は当然のものと考えられる。言語に関して，シンガポールは英語が公用語として用いられている数少ないアジア諸国の中の1つである。第一言語が英語であるシンガポールの視聴者の多くは米国製テレビ番組を吹き替えや字幕なしで楽しんでいる。日本や台湾では英語がほとんどの中学生や高校生の必須科目となっているが，両国で英語を流暢に話す人の割合は高くない。

　米国文化との相対においてアジア文化は権力格差の大きさ，集団主義，長期志向によって特徴づけられる。これらの文化特性は，本研究の調査市場である3つのアジア諸国と米国に関するホフステードの文化次元指標を引用した図4-1に明白に現れている。また，ある文化特性に関してはアジア3カ国間でばらつきが見られる。日本は男性的社会であるが，他の2カ国はそうではない。不確実性回避に関して日本や台湾は高い値を示しているが，シンガポールの値は低い。

IV. 情報源と収集方法

　事例研究ではある現象を様々なアングルから考察するため，複数の情報源が利用される。本研究は2種類の情報源を主に活用した。主要情報源としての個人インタビューと2次情報源としての既存資料である。個人インタビューから得られるデータは調査の基礎を築くものであり，2次情報は補助的な役割を果たすものである。

1. 個人インタビュー

　本研究のためのデータは，サンプル・ネットワークのアジアにおける番組編成やマーケティングを担当する幹部やマネージャーといった番組編成責任者へのインタビューを通して主に集められた。インタビューはネットワークの番組に関する説明的なデータを得ることを意図するものである。個人インタビューを通して他の研究者がこれまで収集することのできなかったよ

うな深く詳細な情報を得ることができると思われた。インタビューは，米国系ケーブルネットワークのアジア市場における幹部やマネージャーがどのような要因を番組戦略に影響を及ぼすものと認知しているかという点に照準を絞っている。そのような主題に関するデータを集めるにあたって，個人インタビューほど適切な方法はないだろう。調査のために必要な情報は番組製品の企画・マーケティングに関与する実務家の思考，意見，動機であり，それらは個人インタビューを通してのみ十分に引き出すことが可能となるからである。テイラーとボグダン（Taylor & Bogdan, 1998）が記しているように，研究者がある人の知覚を理解したいと考えている時，インタビューは情報入手の有効な手段となる。ホリフィールドとコフィ（Hollifield & Coffey, 2006）は，メディア企業の上級管理者からの情報を必要とする多くの研究においてインタビューは実施されるべきものであると述べている。

　しかしながら，一般に多忙な実務家たちからインタビューの約束を取り付けることは容易ではない。筆者はインタビュー回答者を確保するために個人および職業上のネットワークを最大限に利用した。個人的なつながりや雪だるま効果（snowball effect）[35]を利用しなければ，実務家たちへの接触は不可能であったと思われる。付録1はインタビュー回答者の名前と肩書きをまとめている。どのように彼らが集められたかは付録2に詳細に記述されている。面会の段取りをつけた後，インタビューを実施するために日本の事務所を4つ，台湾の事務所を3つ，シンガポールの事務所を3つ，そして香港の事務所を1つ訪問した。

2. インタビュー・デザイン

　主なインタビュー方法には構造的インタビュー（structured interview），半構造的インタビュー（semi-structured interview），非構造的インタビュー（non-structured interview）の3種類がある。構造的インタビューにはあら

---

[35] 雪だるま方式の基本的な方法は第一に関連する特性を備えた何人かを見つけ，彼らにインタビューを行うことから始まる。次に同じような属性を持つ人を紹介してくれるよう彼らに依頼する（Berg, 2001）。

かじめ決められた質問項目があり，インタビュアーがそれらの項目から逸脱することはない。半構造的インタビューの場合も質問項目はあらかじめ決められるが，インタビュアーは回答内の興味深い点を臨機応変に追求しても構わない。非構造的インタビューにはあらかじめ決められた質問項目はなく，自由自在に質問を行っていく（Hollifield & Coffey, 2006）。非構造的型は通常，非常に深い内容を尋ねる集中インタビューに用いられる。ウィマーとドミニク（Wimmer & Dominick, 2000）によると，集中インタビューにおける質問は特定の回答者に向けて単独に尋ねる類のものであるが，個人インタビューでは複数の回答者が同じ質問を受ける。

　本研究は完全な構造的インタビューと完全な非構造的インタビューの中間に位置するような半構造的インタビュー形式を採用した。非常に興味深い，あるいは予期しない回答は非構造的インタビューから得られることが多いが，複数事例研究では類似点や相違点を発見するために構造的インタビュー形式か，少なくとも半構造的インタビュー形式が必要となる（Hollifield & Coffey, 2006）。構造化された質問は回答者にほぼ同じ刺激を与え，事例間で比較可能な情報をもたらす。逆に，同じことが問われなければ，回答を比較することは困難になる。実務家は自分がインタビューの方向性をある程度コントロールできる会話形式の非構造的インタビューに対して積極的に応答する傾向がある一方，非構造的インタビューに必要となる時間や忍耐力を持ち合わせていない可能性も高い（Hollifield & Coffey, 2006）。

3. インタビュー道具

　第3章で提示された調査設問を探究できるように，インタビューで尋ねる質問をあらかじめ設定した。質問の設定は研究の主目的を反映したものでなければならない。繰り返しになるが，インタビューは企業内外の要因が製品決定を左右しうるという前提に基づき，ネットワークの実務家はそれらの要因が番組製品決定にどのような影響を及ぼすと認知しているかを調べるものである。従って，質問は彼らが実行・知覚していることを調査できるように設定されなければならない。事前にインタビュー回答者から要請があった場

合，インタビューで尋ねる質問のリストを送付した。また，質問リストは実際のインタビュー中に回答者を正しい方向へ導くためのガイドラインとしても活用された。

実際のインタビューでは全ての回答者に似たような質問を投げかけたが，質問の順序は厳格に守られたわけではない。さらに，半構造的インタビュー形式を取っていたために状況に応じて質問が追加・削減されることがあったし，あらかじめ決められた質問からの脱線にもできるだけ自由に対応した。これにはいくつかの理由がある。まず，それぞれのインタビューに与えられた時間は回答者の予定次第で45分から2時間までかなりの開きがあった。次に，非常に定式化されたインタビュー・プロセスにおいて回答者の関心を持続させることは難しいように思えた。また，インタビュー中のやりとりから追加質問を行わなければならない場合もあった。加えて，前のインタビューで得られた情報から後続インタビューにおける質問を着想することもあった。

4. インタビュー手順

国際経営は非常に扱いにくい研究対象であると指摘されることがある（Adler, 1983; Tayeb, 2001）。そのような研究においては言語の相違が困難として立ちはだかる事が多い。本研究における全てのインタビューは回答者の選好に応じて日本語か英語で行われた。唯一の例外は北京語によるインタビューを希望したMTV台湾の番組編成責任者とのインタビューである。インタビュー調整者が北京語・英語間の通訳を務めるために立ち会った。バーグ（Burg, 2001）は，理想的にはインタビューは回答者の言語レベルに合わせて行われるべきだと述べる。さもなければ，インタビュー回答者は集中力を持続させることが難しく，最悪の場合にはコミュニケーションに深刻な支障が生じかねない。また，ブロードフット（Broadfoot, 2000）は，インタビューはそこで用いられる言語に精通したインタビュアーによって行われるべきだと記している。回答者の突然の発言に対して慣れない言語で即座に対応することは難しい。これらのことに照らし合わせた場合，本研究にお

いて英語で行われたインタビューはある程度の制限を受けていると考えられる。インタビュアーを務めた筆者も，そして何人かのインタビュー回答者も英語のネイティブ・スピーカーではないからだ。しかしブーセリンク（Beuselinck, 2000）が示唆するように，言語の障害を完全に除去することは難しい。

当然ながらインタビューには人間が回答者として関与してくる。本研究の調査設定および道具はフロリダ大学治験審査委員会（The University of Florida Institutional Review Boards/IRB）によって審査された。インタビュー回答者には調査に関する十分な説明を行った上で，調査への参加に関して自主的な承諾を得た。つまりインフォームド・コンセントは遵守されたと考えられる。多くのインタビューは回答者のオフィスや会議室で第三者に干渉されることなく行われた。また，回答者から許可を得た上でインタビューを録音した。録音することによって回答者が言葉を選ぶ際に必要以上に慎重になった可能性はあるだろう（Singleton, Straits, Straits, & McAllister, 1988）。回避的答弁や情報の信頼性喪失を避けるため，回答者に対してできる範囲内で返答すれば良い旨をインタビュー開始前に告げた。

録音された全てのインタビューは英語で文章化した。聞き取りにくい発言は後日 E メールで照会した。日本語で行ったインタビューを英語に変換する際には両言語間における等価性を保つために逆翻訳（back translation）を用いた。そこでは，最初に日本語で書き起こしたインタビュー内容が日本語・英語の2言語を理解する人間によって英語に翻訳され，次いで別の日本語・英語理解者によって日本語に翻訳しなおされた。この作業は意味上のずれをできるだけ明確にし，排除するために行われたものである。

5. 既存資料

半構造的な個人インタビューはそれぞれの回答者の知覚を探る理想的な手段となるものである。しかし，質的調査を行う研究者がデータ収集の際に単独の方法だけを基にすることは稀である。それぞれの方法にバイアスが生じる可能性があるからである。このため，本研究ではインタビューを通して得

られた主要データに加えて,業界誌や新聞の記事あるいは企業ウェブサイトにおける記述などの既存資料から得られる2次データを利用している。これらの情報は容易にかつ比較的廉価で入手可能なものである。

　2次データの目的は2通り存在する。まず,インタビューを通して主要データを収集する前段階にサンプル・ネットワークに関する2次データを集めた。事前に調査対象に関する詳細なデータを集めることができれば,インタビュー中に時間を浪費する可能性は減り,また,インタビュー回答者からどのような情報を引き出せばいいのかが明白になる(Doyle & Frith, 2006)。第二に,2次情報源からはネットワークの他の幹部がかつて述べた番組戦略に関する考えや意見を拾うことができ,そのようなデータでインタビューを通して得られたデータを補完することを試みた。複数の情報源を証拠として取りまとめることで諸要因を明確化し,調査における構成概念妥当性(construct validity)を醸成することができると考えられた。

　ここでの業界誌とは,特定の職業や産業に関する課題や情報を重点的に取り扱う定期刊行物を指す。番組戦略に関するネットワーク幹部の発言は『アド・エイジ・グローバル』,『アドバタイジング・エイジ・インターナショナル』,『ビルボード』,『ブロードキャスティング・アンド・ケーブル』,『ケーブル・アンド・サテライト・アジア』,『マルチチャンネル・ニュース・インターナショナル』,『テレビジョン・アジア』,『テレビジョン・ビジネス・インターナショナル』,『バラエティ』といった業界誌や,『ニューヨーク・タイムズ』や『ウォール・ストリート・ジャーナル』といった新聞の記事から拾い集めた。企業ウェブサイトからは当該企業の経営哲学や業務一般などの基礎データを収集した。

V. 分析方法

　量的調査とは異なり,質的調査にはデータ分析のための具体的な定式があるわけではない(Yin, 1994)。質的調査を行う研究者は事例内および事例間に見られる傾向,類似点,相違点を特定し,研究対象となる現象の原因に関

して理論的に適切な説明を構築することを目指している。

単独事例研究の第一の弱点はそれが比較・検討を目的とするものでないため，発見された特徴がその事例に特有なものなのか，その他の状況・条件でも起こりうるものなのかを把握することが難しい点にある（Hollifield & Coffey, 2006）。異なる事例を比較する複数事例研究が単独事例研究よりも望まれるのは，前者においては社会における課題やプロセスに関して説得力があり，完全な根拠を示すことができ，より確固たる結果を生む機会が増え，より豊かな理論生成へとつながるからである（Carson et al., 2001; Hakim, 2000; Yin, 2003）。

より徹底したデータ分析のために複数事例研究には通常，2段階の分析が必要とされる。事例内分析と事例間分析である。事例内分析ではそれぞれの事例が単独なものとして扱われる。その後，事例間の相違がどのように発見されたかを説明しつつ，そのような相違が生じる原因に焦点を合わせる事例間分析を行うことが複数事例研究では慣例化している（Carson et al., 2001; Yin, 2003）。事例間分析は複数事例研究の最も重要な部分である（Yin, 2003）。

アイゼンハルト（Eisenhardt, 1989）によると，全ての複数事例研究の目的は正確な理論を生成しうる可能性を高める点にある。本研究は「グラウンデッド・セオリー方式（grounded theory method）」（Glaser & Strauss, 1967）の発展形である「絶えざる比較分析方式（constant comparable analysis method）」を分析方法として採用している。観察と理論生成が重要視されるこの帰納方式においては，事例間の法則性，類似点，相違点を発見するためにあるデータ（例：ある質問に対する回答）がそれと関連する他のデータ（例：同じ質問に対する他の人の回答）と比較され，そのようなプロセスが全てのデータがお互い比較されるまで繰り返される。

本研究では第一に各ネットワークという単独事例に関するデータを調査・分析した。ある番組決定要因（仮に要因Aとする）に関するMTVジャパンのインタビュー回答者の見解があるとする。次にこの見解はMTVの他の市場におけるインタビュー回答者の要因Aに関する見解と比較される。さら

に，これらの見解は，もし可能であれば，既存資料から得られる情報とも比較される。このような過程を経て，MTV という事例内における要因 A と番組戦略の関係に関する傾向が発見される。次に事例間比較へ進み，あるネットワークの調査から得られた知見がその他のネットワークのものと相対化される。このような過程を経て初めて，要因 A と番組戦略の関係に関してネットワーク間に共通する傾向を浮き彫りにし，調査設問に回答することができると考えられた。

第 5 章

事例①：MTV

　MTVは音楽ファンにとっての一流の権威，そして世界規模でのポップ・カルチャー現象として成長してきた（Viacom Inc., 2005b）。1981年にワーナー・コミュニケーションズとアメリカン・エクスプレスの合弁事業として立ち上げられたMTVは，米国全土へのケーブルテレビの普及に伴い，1980年代中盤までにほとんどの地域で視聴可能となった。そして1986年にVH1やニケロデオンとともにヴィアコムへ売却された。また，MTVは1980年代後半に欧州で番組サービスを開始した先駆的米国ケーブルネットワークの1つであり（Banks, 1996），それ以降も積極的に海外展開を進めてきた。今日，MTVは世界で最も広く配信されているネットワークとして世界中の3億4000万以上の世帯に到達し，視聴者の5分の4は米国外に居住している（Capell et al., 2002; Viacom Inc., 2005b）。

　1991年，MTVアジアはSTAR TVの5チャンネルの1つとして汎アジア市場をターゲットとした放送を開始した。しかし，1994年には番組方針やライセンス収入をめぐる争いからSTAR TVと決別している（Goll, 1994; Levin, 1994）。1995年にMTVネットワークスとポリグラムの合弁事業として再出発し，後に前者の完全所有子会社となったMTVネットワークス・アジアはこれまでに4つの現地版チャンネルを立ち上げてきた。1995年のMTVマンダリン（今日のMTV台湾）とMTV東南アジア[36]（今日のMTVシンガポール＆マレーシア，略してMTVサム），1996年のMTVインド，そして2003年のMTVチャイナである。また，MTVはその他のいくつかのアジア市場で

---

[36] 後にいくつかの特定国向けチャンネルに分割されるまで，MTV東南アジアはシンガポール，マレーシア，インドネシア，タイ，フィリピンを含む広い地域を対象としていた。

図 5-1　MTV の所有構造

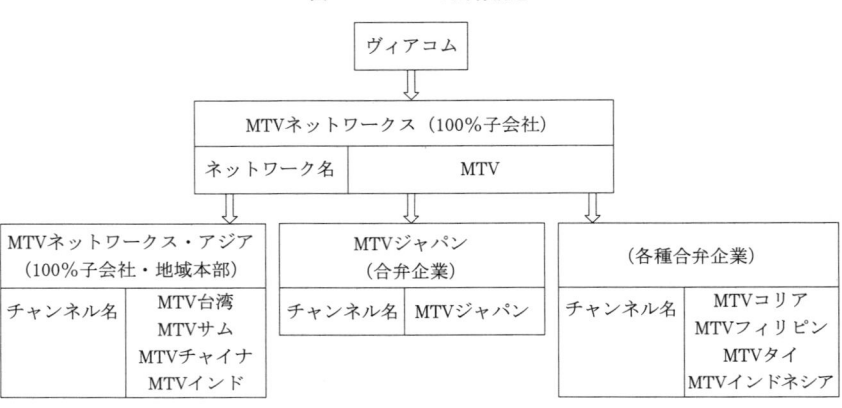

```
                    ヴィアコム
                       ↓
         MTVネットワークス（100％子会社）
         ┌─────────┬────────────┐
         │ ネットワーク名 │    MTV     │
         └─────────┴────────────┘
         ↓              ↓              ↓
┌──────────────┐ ┌──────────┐ ┌──────────────┐
│MTVネットワークス・アジア│ │ MTVジャパン │ │（各種合弁企業）│
│(100％子会社・地域本部)│ │ （合弁企業）│ │              │
├────┬─────┤ ├───┬────┤ ├────┬────┤
│チャンネル名│MTV台湾  │ │チャンネル名│MTVジャパン│ │チャンネル名│MTVコリア  │
│    │MTVサム  │ │   │    │ │    │MTVフィリピン│
│    │MTVチャイナ│ │   │    │ │    │MTVタイ   │
│    │MTVインド │ │   │    │ │    │MTVインドネシア│
└────┴─────┘ └───┴────┘ └────┴────┘
```

MTV アジアから独立して運営される事業を展開している。2001 年に立ち上げられた MTV ジャパン，MTV コリア，MTV フィリピン，MTV タイ，そして 2002 年の MTV インドネシアである。これらは，新市場への進出を容易にする目的で設立された，MTV ネットワークスと現地パートナー企業の合弁事業である。図 5-1 はアジアの現地版 MTV チャンネルがいかなる所有構造の上に成立しているかを示すものである。MTV アジアが番組サービスを提供する 21 の国・地域における 1 億 2400 万世帯を含め，MTV はアジアの 1 億 5000 万以上の世帯に到達している（Viacom Inc., 2005b）。

Ⅰ．番組製品

現状では，MTV ジャパンの放送番組の 10 〜 20％が MTV ネットワークスから配給される番組である。このような状況は台湾においてもほぼ同様である。要するに，MTV ジャパンおよび MTV 台湾の放送番組のおよそ 80 〜 90％が現地制作の音楽ベースの娯楽番組である一方，現地語の字幕を挿入したネットワーク番組は番組編成の非常に限られた部分を占めているに過ぎない。しかし，MTV サムでは状況が大きく異なる。MTV サムの放送番組の約

60％は外国の MTV によって制作・供給されたものであり，その多くの番組が米国 MTV 製である。

　MTV ネットワークス内で流通される番組の多くは，『オズボーンズ（The Osbournes）』や『ピンプ・マイ・ライド（Pimp My Ride）』などの米国 MTV 製作によるリアリティ番組やメイクオーバー・ショー（make-over shows）[37] である。Scott（2005）はそれらネットワーク番組が MTV の国際的な成功に貢献していると述べるが，MTV ジャパンのリサーチ＆プランニング室長である外川哲也は「米国 MTV が海外の MTV へ供給するコンテンツの量は非常に少ない」と指摘する（インタビュー，2006 年 3 月 15 日）。近年，音楽以外の番組に焦点を移してきた米国 MTV とは異なり，アジアの MTV は放送番組の約 90％が音楽関連番組である（Billboard, 2001）。米国 MTV はリアリティ・ショーだけでなく，『MTV ビデオ・ミュージック・アワード（VMA）』や有名アーティストのライブ・コンサートなどといった音楽イベントの中継をアジアの MTV に対して配給している。しかし，現地版チャンネルで放送される音楽番組の多くはローカル市場用に独自に制作されたものである。

II．現地適応化

　MTV ネットワークスは，アジアで話される主要言語の数と同等に多様な現地版チャンネルを立ち上げてきた。MTV ネットワークス・アジアの番組・音楽・タレント担当上席副社長であるミシャル・ヴァーマは「それぞれのアジア市場には主として言語に起因する独特な音楽スタイルが存在するという前提のもと，MTV の各現地版チャンネルは現地語でのみ番組を放送している」と述べる（インタビュー，2006 年 8 月 28 日）。MTV は世界中で同一の音楽ビデオ，中でも人気のある米国製のものを流していると信じられてきた。実際，1991 年に放送を開始した頃は MTV アジアで流される楽曲の約 90％が米国か英国のアーティストのものであり，ローカル・アーティストの

37　変身や改造の過程の一部始終を見せるような素人参加型番組。

楽曲はほとんど取り上げられなかった（Ebert, 1991）。しかし，外国の楽曲に偏り過ぎている音楽ラインアップはアジア市場における視聴者の多くが本当に欲しているものではないことが明らかになってきた。ネットワークは米国視聴者向けの楽曲を流すだけの番組が米国外では容易に機能しないことを悟ったのである。

　一般に，ローカル市場では現地の楽曲が外国の楽曲より好まれる傾向にある[38]。そのような嗜好に呼応すべく，アジアのMTVも国内アーティストの音楽ビデオを多く流すようになってきた（Hau, 2001; Kan, 2003）。現在では，MTVジャパン，MTV台湾ともに楽曲リストの70％を現地の楽曲が占めるように務めており，残りが外国の楽曲に充てられている。MTVジャパンの代表取締役社長兼CEOの笹本裕は「CD売上の80％を邦楽が占める日本市場で外国の音楽だけを放送するのは実情にそぐわない」と説く（インタビュー，2006年3月15日）。しかしながら，MTVサムの楽曲セレクションはMTVジャパンやMTV台湾のそれとは異なっている。現地の楽曲が占める割合は約30％とかなり低く，それらもシンガポールの楽曲よりもマレーシアの楽曲が中心である。ヴァーマはシンガポールにおける外国音楽への高い需要を指摘する（インタビュー，2006年8月28日）。

　ヴァーマは「現地適応化は特定市場におけるターゲット視聴者の趣味，嗜好，流行を反映すべきである」と結論づける（インタビュー，2006年8月28日）。しかし，MTVの音楽番組にとっての現地適応化は現地産の楽曲を流すことと必ずしも同義ではない点は明記すべきであろう。例えば，MTV台湾の番組編成責任者であるシャロン・チャンは「MTV台湾で台湾語（北京語ではない[39]）の楽曲が流れることはほとんどない」と述べるが，それは台湾語の楽曲が「現地的過ぎる（too local）」からである（インタビュー，2006年7月26日）。同様に，日本の年配の人たちに人気がある演歌がMTVジャパンで流れることはない。これらの音楽ジャンルはMTVのターゲット

---

[38] 例えば，タイでの調査では10代の若者の95％が外国の楽曲より国内の楽曲を好むことが報告されている（Santana, 2003）。

[39] 北京語で歌われるポップスは台湾市場で最も人気が高いジャンルである（チャン，インタビュー，2006年7月26日）。

視聴者に支持される類のものではない。外川はMTVジャパンが邦楽・洋楽の区分だけでなく，音楽のジャンルを常に意識している点を強調する（インタビュー，2006年3月15日）。

　MTVの現地適応化プロセスにおいては外国の楽曲がローカル市場の文脈に沿って流されている。結果として，アジアのMTVに共通して見られる最近のアプローチは，個別ローカル市場の需要に応じて国内の楽曲と外国の楽曲を混合させるというものである（Television Asia, 2000）。つまり，MTVの音楽番組における現地適応化とは，ローカル市場のターゲット視聴者が欲する楽曲を国産・外国産に拘らずに放送することである。確かに，ヴァーマが指摘するように，特定ローカル市場にとって適切な番組が識別・放送されている限り，その番組がMTVネットワークスによって製作されたものであっても現地適応化戦略に反するものではないのかもしれない（インタビュー，2006年8月28日）。

　ある国のMTVが独創的な企画に基づいて製作した番組があるとして，ヴァーマは「現地の司会者やタレントなどを起用し，その番組を現地版チャンネルのレベルでリメイクし，ローカル市場の視聴者にとって，より関連性があるものにするべきだ」と説く（インタビュー，2006年8月28日）。複数の市場で成功しそうな企画やフォーマットである場合，それぞれのMTV現地版チャンネルはそれらの基本的なコンセプトをローカル市場の文脈に適用させることを奨励される。例えば，アーティストが突然どこかに現れ，予告無しのライブを行うことで観客を驚かせる模様を描く『MTVジャム（MTV Jammed）』という番組がある。元々MTVコリアによって企画されたこの番組は様々な市場で，同じフォーマットではあるが個々のローカル・アーティストを起用してリメイクされている。「グローバルな視点で物事を考え，現地に密着して行動せよ（Think globally, act locally）」というスローガンに集約されるように，MTVネットワークスの世界的な人気はグローバル製品にローカル市場の音楽・人物を取り入れる市場主導型現地適応化戦略が一因となっていると考えられる（Philo, 1999; Price, 2002; Sutton, 2003）。

III. テレビ番組標準化・適応化の決定要因

1. 製品特性

　ヴァーマは，音楽は聴く側が歌詞の意味を必ずしも理解する必要がないため，比較的容易に国境を超えると考えている（インタビュー，2006年8月28日）。ある楽曲のビートが好きならば，その曲を楽しむことはできる。一方，チャンは「音楽番組が国境を超えることは，市場間の文化的相違ゆえに難しい」と述べる（インタビュー，2006年7月26日）。アーティストは音楽番組や音楽ビデオで自分の姿を露出する。その際，視聴者は外国アーティストの外見や衣装に，ラジオやCDで曲を聴いている時は感じない違和感を覚える可能性がある。

　確かに，世界的名声を得ているアーティストを取り上げる音楽番組はグローバル規模での成功を収める可能性がある。実際に，世界的に有名なアーティストが数多く出演するVMAは多くの国で受容されている。外川はVMAが普遍的魅力を有すると確信している（インタビュー，2006年3月15日）。しかし，VMAは例外的にグローバル規模での訴求力を持つ番組とも考えられる。ヴァーマはVMAを世界的成功の機会をもつ唯一の音楽番組と捉えている（インタビュー，2006年8月28日）。

　ヴァーマは，米国MTV製作のリアリティ番組のいくつかは画期的なものだが，それでも複数の市場で成功するのは難しいという見解を示し，「MTVの番組は基本的に単一ローカル市場向けに製作されている」と指摘する（インタビュー，2006年8月28日）。リアリティ番組の成功は視聴者が登場人物の行動や反応をどれだけ現実的に捉えることができるか，そして登場人物にどれだけ容易に感情移入できるかによるところが大きい（Oba, 2005）。アジアの視聴者の多くが米国MTV製作のリアリティ番組の登場人物に容易に自分自身を投影できない可能性はある。このため，先に記したように，外国のMTVによって製作されたリアリティ番組はローカル市場の文脈の中でリメイクされることがある。

2. 視聴者セグメント

MTVはグローバルな10代文化の象徴と考えられている（Walker, 1996）。斬新かつ流行のデザインやイメージに対して画一的な嗜好を有するため，ある種の製品の世界共通ターゲットとされるグローバル10代セグメントに関する先の議論を想起されたい。MTVは「若者文化の声（the voice of youth culture）」として，ネットワークの主要製品である大衆音楽番組が大量消費優先の若々しいライフ・スタイルを有する視聴者セグメントを世界中で魅了することを信じていた（Banks, 1996; Philo, 1999）。MTVが海外市場に進出し始めた頃，「グローバル規模でのロックンロール村（the global rock & roll village）」構築というネットワークの野望は，米国外に住む青年たちを識別し，それらターゲット視聴者に最先端の欧米の大衆音楽を提供することで達成できると信じられていた。

確かに，各国には外国の楽曲を愛好する層（foreign music lovers）が多かれ少なかれ存在する。日本の若者を対象に好きなアーティストに関するアンケートを行った場合にブリトニー・スピアーズやアヴリル・ラヴィーンの名前が挙がることから，外川は「多くの視聴者が部分的には洋楽あるいは外国のアーティストに興味を持っている」と推測する（インタビュー，2006年3月15日）。ヴァーマは「MTVに国際的な音楽番組やトーク番組を求める視聴者がアジアにも確実に存在する」と述べる（インタビュー，2006年8月28日）。しかし，笹本によると，日本でMTVのネットワーク番組を見たがる視聴者の割合は全体の10%程度に過ぎない（インタビュー，2006年3月15日）。MTVのネットワーク番組の多くに対して，十分な規模の超国家視聴者セグメントが存在しているかは疑問が残る。

3. 各国の文化特性

MTVの全ての現地版チャンネルにおける番組編成は原則としてローカル視聴者が何を求め，必要とし，知りたがるかに基づいて決定されている（ヴァーマ，インタビュー，2006年8月28日）。笹本は「視聴者のニーズを反映した番組が最優先されるべきである」と述べ（インタビュー，2006年

3月15日),また,チャンは「我々がコンテンツを選ぶ基準はそれが我々の主要ターゲット視聴者に嗜好されるか否かである」と言う(インタビュー,2006年7月26日)。つまり,ローカル市場における音楽番組は,そこでのターゲット視聴者の独特な音楽の嗜好を反映しなければならないと考えられている。本研究において考察した市場ではそれぞれに異なる音楽ジャンルへの嗜好が見られる。日本の視聴者はヒップ・ホップとロックを,台湾の視聴者は北京語ポップスを,そしてシンガポールの視聴者は外国製ポップスを好む傾向にある。MTVの現地版チャンネルがそれぞれのローカル市場でターゲット視聴者に好まれる音楽ジャンルを多く含んだ番組の製作を試みることは妥当なことであろう。

　また,いくつかのアジア市場では米国MTVの製作番組は視聴者にあまり人気がない。MTVジャパンやMTV台湾では,米国MTVが製作する多くの番組のほんの一握りだけがローカル市場の視聴者を満足させることができると考えられている。しかし,シンガポールでは状況が異なる。ヴァーマは「シンガポールで外国製番組の人気が高いのはシンガポールが非常に国際的であり,ほとんどの若者が英語を理解し,国外で何が起きているか知りたがるからだ」と理解している[40](インタビュー,2006年8月28日)。MTVのネットワーク番組がどの程度受容されるかは,それぞれの市場文化の特性に左右されている。

　ここまでは主として米国MTVからアジアのMTV現地版チャンネルへの番組供給を論じてきたが,一方でMTVはアジア地域内でも番組を共有する方向にある。地域共有番組,つまりリージョナル番組の成功は,テレビ番組の国際流通に有利な状況を創出する,市場間の文化的近似性によってある程度の説明が可能であろう。台湾は活気ある国内音楽産業を築いてきたが,他方で日本の音楽とファッションへの関心も常に高く(Television Asia, 2000),MTV台湾はMTVジャパンによって製作された番組を放送している。対照的に,日本の視聴者は他のアジア諸国のアーティストにあまり関心

---

[40] 米国MTVの製作番組は米国の音楽やファッションに関心が高いフィリピンでも高い視聴率を記録する(Television Asia, 2000)。

がない(外川,インタビュー,2006年3月15日)。また,MTV台湾に出演する多くのアーティストがシンガポールでも高い人気を誇るため,MTV台湾が製作した多くの番組がMTVサムへ供給されている。アジア内におけるMTVの番組の流れは,基本的に,ある国のアーティストや楽曲がその他の国で人気があるか否かによって決まる。これは米国のアーティストと彼らが出演する番組に対する外国市場での需要の関係に類似するものである。MTV台湾とは異なり,MTVチャイナはMTVジャパンからの番組供給をそれほど切望してはいないが,これは中国で日本の楽曲が一般にはよく知られていないことが一因となっている(チャン,インタビュー,2006年7月26日)。

4. 各国の環境特性
(1) 経済的条件

MTVの現地版チャンネルの番組がどの程度ローカル市場の楽曲とアーティストを含むかは,そこでの音楽産業の規模と関連するだろう。日本の音楽産業はレコード・CDの売上に関して世界第二位という市場を持つが,シンガポールの音楽産業は非常に小さく,北京語でアルバムを発表するアーティストは年間10～15組に留まっている(ヴァーマ,インタビュー,2006年8月28日)。MTVジャパンとMTVサムでは,ローカル市場における音楽素材(アーティスト出演や音楽ビデオを含む)の入手・利用可能性という点で大きな差がある。結果として,現地制作の音楽番組の量に違いが生じると考えられる。

(2) 物理的・地理的条件

前述のとおり,アジア地域内で番組を共有する動きが活発化している。シンガポールに本拠を置くMTVネットワークス・アジアはアジア全域に番組を配信することがあり,また,アジアのMTV現地版チャンネル間ではお互いに番組交換契約を締結することが一般的となっている(Hughes, 2000a)。しかし,アジアのMTV現地版チャンネルの間には番組供給者と番組受領者の役割分担のようなものが存在しているようだ。

(3) **法的環境**

シンガポールや日本には放送番組の一定量が国産の番組で占められなければならないというような規制はない。一方，MTV台湾は外国製番組の量を全体の50％以下に制限されている（チャン，インタビュー，2006年7月26日）。

(4) **インフラストラクチャー・支援部門**

現在の多チャンネル状況においてグローバルあるいはリージョナルな広告主よりもローカルな広告主が重要性を増しているのは前述の通りだが，MTVジャパンの笹本（インタビュー，2006年3月15日）やMTV台湾のチャン（インタビュー，2006年7月26日）は，若い消費者に到達するための媒体としてMTVはローカル広告主に十分に認知されていると述べる。MTVジャパンやMTV台湾が多くの番組を自ら製作しているのは，それらのチャンネルが広告主によって支援されているからでもある。チャンは，広告主が番組内容に関して意見することは稀だと言うが，MTVがどのような番組を放送するかは媒体価値，そして結果として広告収入を左右するだろう。笹本は「外国や米国の番組を見たい視聴者に対する広告機会には限界がある」と推測する。

一方で，チャンネル・ラインナップの充実のために音楽チャンネルを国産音楽専門・外国音楽専門と区分したがる多チャンネル事業者は，MTVを欧米や外国製コンテンツと同一視し，MTVにそのようなコンテンツをより多く放送することを望む可能性がある。これは実際に日本の多チャンネル市場で起きていることであるが，MTVジャパンがそのような要求に応えることは稀である。笹本は「いくら多チャンネル事業者がMTVジャパンに洋楽や米国の番組を放送してくれと言っても，視聴者の多くがそのような番組を見たくないと思っていれば，それらの放送は結果が伴わない」と説く（インタビュー，2006年3月15日）。

5. 競争

国産音楽チャンネルと直接競争するためにMTVが現地適応化を採用した

Ⅲ. テレビ番組標準化・適応化の決定要因　111

経緯があることは前述の通りだが，現在のところ，アジアのMTV現地版チャンネルにとっての競合状況はそれぞれのローカル市場によって異なっている。例えば，MTVジャパンはいくつかの国産音楽チャンネルとの競争を展開している。一方で，MTV台湾にとっては，長年のライバルだったチャンネルVが音楽番組の比率を引き下げるように番組戦略を変更したため，純粋な音楽チャンネルというカテゴリーにおける競合チャンネルは存在しない（チャン，インタビュー，2006年7月26日）。それぞれの現地版チャンネルの競合状況への対処の仕方も異なっている。笹本は「MTVジャパンは番組編成にネットワークから供給される番組，つまり国内では入手不可能な番組を追加することで国産音楽チャンネルとの差別化に務めている」と述べる（インタビュー，2006年3月15日）。この点において米国MTVが製作する番組は一定の役割を果たすと考えられる。一方，競争が比較的緩やかな市場では製品適応化の必要がないと推測されたが，MTV台湾は市場に強力な競合チャンネルが存在しないにもかかわらず，大規模な番組適応化を推進している。

6. ブランドと原産国効果
(1) ブランド

MTVは多くの海外市場で強力なブランド構築に成功してきた。アジアにおけるMTVのターゲット視聴者である15歳から34歳の男女が一般的にMTVに抱くブランド・イメージは「かっこいい」，「最先端の」，「国際的な」などである。チャン＝オルムステッド（2006）が指摘するように，最初の2つのイメージは属性（例：流行に敏感な若者像）に基づくブランド連想から派生するものであろう。一方，アジアのMTV現地版チャンネルにとって国際的なイメージは戦略的に重要である。笹本は「国産音楽チャンネルのスペース・シャワーとMTVのイメージの違い，つまり土着の邦楽専門チャンネルなのか，インターナショナルなフレーバーのある音楽チャンネルなのかという違いは音楽チャンネルを見ている人の中では認識されている。（中略）差別化という意味では，インターナショナルなフレーバーを入れていくこと

は大事だ」と説く（インタビュー，2006年3月15日）。事実，MTVジャパンは洋楽好きな人たち向けの，完全に欧米の楽曲に特化したチャンネルだと多くの人に思われている（外川，インタビュー，2006年3月15日）。そのため，ローカル市場の視聴者がMTVから外国の楽曲を連想しており，実際には他の国産チャンネルとそれほど選曲の差がないと知ったら失望するかもしれない中，MTVの現地版チャンネルがローカル市場の音楽を重要視することが果たして得策なのかという見方もある（Magnier, 2000）。しかし，笹本は「純粋な外国製コンテンツ専門チャンネルは日本の市場には馴染まない」と述べる。同様に，チャンは国際的なイメージの重要性を認識しながらも，「視聴者を引きつけておくにはやはりローカル・コンテンツが必要であり，この点はジレンマだ」と言う（インタビュー，2006年7月26日）。

　MTVネットワークス・インターナショナル社長のウィリアム・ローディは「MTVはブランド認知を活用するとともに，ローカル及び米国製番組の両方を放送していく」と述べた（Wall Street Journal, 2000）。先に記したとおり，MTVの近年のアプローチは個別市場の需要に応じて外国の音楽と国内の音楽を混在させる形をとっている。ローカル市場の視聴者に配慮しながらグローバル・ブランドを維持するという意味で，MTVの番組戦略を「グローカル」と呼ぶヴァーマは，「国際的な番組とローカルな番組のバランスを適切に保つことが成功には不可欠だ」と主張する（インタビュー，2006年8月28日）。

(2) 原産国

　MTVは音楽ビデオ番組というフォーマットを最初に採用したテレビネットワークである。音楽ビデオを流す全ての番組がMTVだと未だに多くの人に思われている（笹本，インタビュー，2006年3月15日）。音楽ビデオをMTVと呼ぶのはティッシュをクリネックスと呼んだり，コピーをゼロックスと呼ぶようなものだが，例えば中国ではMTVが企業名であり，音楽ビデオの訳語ではないという事実を気に留める人はほとんどいないという（Barden, 1999）。また，リアリティ番組の第1号はMTVの『リアル・ワールド（The Real World）』である。つまり，音楽ビデオ番組もリアリティ番

組もその起源は米国のMTVにある。さらに，先述の通り，大衆文化製品はいつの時代も米国の主要輸出物であった。しかし，米国で製作された音楽ビデオ番組やリアリティ番組が質的に優れているとアジアのローカル市場で認識されているかは明らかではない。

7. 企業特性
(1) 哲学・方向性

　MTVネットワークス・アジアは，ネットワーク外部にはあまり知られていない『123 MTV（1.2.3.M.T.V.：A Learn to MTV Book）』という小冊子を作成している。英語，インドネシア語，簡字体および繁字体中国語，日本語，韓国語，タイ語といった複数の言語に翻訳されているこの小冊子の意図は，アジア市場の全てのMTV従業員にMTVブランドの核となる部分を意識させる点にある。その中では「我々は皆，平等に我々のブランド・イメージとその維持・推進に責任を持つ（p.4）」と記されている。MTVの現地版チャンネルが果たさなければならない唯一の義務とは「MTVブランドに対して忠実であること」である（Chalaby, 2002）。興味深いのは，MTVが市場を越えても不変なブランド・イメージを維持しつつも，番組の現地適応化を遵守している点である。このような姿勢は，先に引用した「グローバルな視点で物事を考え，現地に密着して行動せよ」というMTVのスローガンに概念化されている。それぞれの現地版チャンネルはMTVネットワーク全体のスタイルや番組哲学を忠実に守りつつ，ローカルな文化的嗜好や音楽的才能を助長するよう務めている（Viacom Inc., 2005b）。

　しかしながら，MTVはローカル市場の需要を満たすと同時に，若者文化の流行発信源として需要を創出したり，潜在的需要を掘り起こすことも試みている点は注視すべきであろう。例えば，チャンは「米国や英国の最先端の音楽がローカル市場の視聴者に受容されるか否かは不確かだが，MTV台湾はそういった音楽をなるべく紹介するよう務めている」と言う（インタビュー，2006年7月26日）。チャンは世界的に斬新なものをローカル市場へ紹介することはMTVの責務だと考えている。アジアのMTV視聴者は常

に多くの情報，独創性，変化を求めている（ヴァーマ，インタビュー，2006年8月28日）。そして，前述の小冊子『123 MTV』にはMTVは常に若者文化の最先端にあるべきだと明記されている。ローカル市場の需要に呼応する一方で，MTVは世界的に斬新な音楽や流行の供給者（purveyor）でもあり続けようとしているのである。

　MTVの現地版チャンネルにとっては，ネットワークによって配給される番組に最低限度の修正（例：言語カスタム化）を加えて放送することが，費用削減の点から見た場合に最も効率的と考えられる。ヴァーマによると，MTVネットワークスの番組の80～90％は無償で供給されている（インタビュー，2006年8月28日）。笹本は「極端な話，MTVネットワークスから配給される番組だけを放送すればコストは半分以下になる」と述べる（インタビュー，2006年3月15日）。しかしながら一方では，たとえコストを低く抑えることができても，ネットワーク番組では多くの視聴者を引きつけることは難しく，広告収入に結びつかないと笹本は信じている。チャンは「ネットワーク番組を放送することでコストを抑えることができても，そのことで視聴率を犠牲にしなければならない」と述べ（インタビュー，2006年7月26日），笹本の考えに同意する。これまで彼女が台湾で放送してきたネットワーク番組の多くが成功と呼べるほどの視聴率を稼がなかったのである。ヴァーマは「ネットワーク番組をあるローカル市場で放送した場合の視聴率ならびにその市場で得られる収入は，その市場で現地版チャンネルが独自番組を製作・放送した場合の半分に満たない可能性がある」と推測する。当然ながら，利益はコストと収入のバランスによって決定される。ヴァーマは，適切に行われた場合，現地適応化はより多くの利益に結びつくと結論づける。

(2) 経営資源

　MTVの現地版チャンネルがネットワークからの番組供給にそれほど依存しないならば，問題は「個々のチャンネルにとってグローバル・テレビネットワークの一部であることの利点は何か」という点である。笹本は，全体の1～2割とはいえ，世界中のMTVからコンテンツを調達することができ

Ⅲ. テレビ番組標準化・適応化の決定要因　115

ることを挙げる（インタビュー，2006 年 3 月 15 日）。また，多くのネットワーク番組に関しては，米国以外での放映権もすでに確保されていることも大きな利点であると述べる。ヴァーマは各市場の MTV によって製作・共有される番組ライブラリーの重要性を指摘し，「どこからでも素材を借りてきて，アジアのチャンネルで流すことができる」と述べる（インタビュー，2006 年 8 月 28 日）。原則として，MTV の現地版チャンネルは必要に応じて柔軟にネットワークのコンテンツ——それらは通常，外国市場で企画されたものであるため，他の市場の視聴者には訴求しない可能性はあるが——という資源を利用することができる。

　MTV 台湾が MTV のグローバル・ネットワークに大きく依存しているのはコンテンツ資源ではなく，創造性やブランドといった資源である。これらの資源は間接的にではあるが番組内容に影響を与える。チャンは「国際的な資源はローカル市場用コンテンツを作るために活用されるべきだ」と説く（インタビュー，2006 年 7 月 26 日）。ヴァーマは「世界各地から集まった才能豊かな従業員たち，そしてネットワーク内で共有される彼らのビジョンは MTV の大きな強みである」と述べる（インタビュー，2006 年 8 月 28 日）。実際に，MTV の各ローカル・チーム，つまり各現地版チャンネルで実務に当たる者の間でアイディアが交換・共有されることは珍しくない。MTV ジャパンの編成部には各市場の MTV で製作された番組に関する情報が届けられている（外川，インタビュー，2006 年 3 月 15 日）。そして，ローカル市場でも成功すると思われる企画は現地制作番組のために積極的に採用される。先に述べたとおり，MTV では個々のローカル・チームが優れたアイディアをうまく現地の文脈に適用することが望まれている。

　また，MTV はアーティストに対して高い影響力を有する。国産の音楽チャンネルとは異なり，MTV はグローバル・テレビネットワークである。チャンは「あるアーティストを売り出したい時，レコード会社は MTV 台湾に相談をもちかけるが，それは我々が台湾で高視聴率を稼いでいるからだけではなく，アジア市場全体で競争力を持つからでもある」と述べる（インタビュー，2006 年 7 月 26 日）。国際的に有名なアーティストがよく出演す

ることは他の音楽チャンネルが太刀打ちできない点であり，MTV の強みである。最近の例を挙げるならば，マイケル・ジャクソンが『MTV ビデオ・ミュージック・アワード・ジャパン 2006』に登場し，レジェンド・アワードを受賞した。イベントを主催したのが MTV ではなく，日本の国産音楽チャンネルであった場合，彼が登場した可能性は低いだろう。笹本は，アーティストへの交渉に際して MTV ネットワークスが大きな後ろ盾となっていることを認める（インタビュー，2006 年 3 月 15 日）。チャンも「台湾に海外のアーティストを呼びたい時，MTV のグローバル・ネットワークは非常に頼もしい」と言う。MTV ブランドという資源は交渉において大きく役立つものである。

(3) 集中化・分散化の程度

笹本は「ネットワーク本社が MTV ジャパンの番組編成に意見することは全くない」と述べる（インタビュー，2006 年 3 月 15 日）。極端な場合，現地制作番組だけを放送することも可能である。たとえネットワーク本社がある楽曲やアーティストを推薦してきても，それらをローカル市場の視聴者に見せるか否かを最終的に判断するのはローカル・チームである（チャン，インタビュー，2006 年 7 月 26 日）。ヴァーマは「ネットワーク番組を放送するように本社が強要するようなことはほとんどない」と述べる（インタビュー，2006 年 8 月 28 日）。要するに，アジアにおける現地版チャンネルは MTV のブランド・イメージを傷つけない限り，基本的に自分たちの自由裁量で放送番組を決定できる。

MTV ネットワークスは意思決定機能が比較的分散化されており，従って，ローカル市場の特性を考慮するローカル・チームがそれぞれに番組決定を行うことができる。アジア地域本部における番組編成の責任者であるヴァーマは「ネットワーク本社とローカル・チームの間に番組に関する意見の相違がある場合，ローカル・チームの代表性を重んじる」と言う（インタビュー，2006 年 8 月 28 日）。これはそれぞれの市場を熟知しているのはローカル・チームであるという考えに基づいてのことである。実際，かつてネットワークが米国同時多発テロ事件を米国の視点から描いた 1 時間の特別番組を製作

した際，ヴァーマはインドネシアやマレーシアといったイスラム国家に配慮し，その番組のアジアでの配給を拒否した。この逸話は，MTVのネットワーク内部において現地のイデオロギーや信仰心に対する細やかな配慮を備えた番組決定がローカル・レベルでなされうることを示すものだろう。

(4) **市場参入モード**

MTVジャパンはMTVネットワークスと現地投資会社の合弁事業であり，MTV台湾やMTVサムはMTVネットワークスの完全所有子会社であるMTVネットワークス・アジアが運営するチャンネルである。稀に，アジア市場全域に到達したいと考える企業がMTVネットワークス・アジアの番組のスポンサーになることがあり，そのような場合にはMTVジャパンを除いた全ての現地版チャンネルは当該番組を放送しなければならない（チャン，インタビュー，2006年7月26日）。ただ，所有パターンにおける差異がMTVの現地版チャンネルの番組に与える影響は僅かなものだと考えられる。

IV. 総合分析

MTVジャパンおよびMTV台湾の放送番組の約80～90％が現地で制作された番組で占められている一方で，MTVサムの場合は現地制作番組の割合が小さい。概して，MTVネットワークスはローカル市場におけるターゲット視聴者の需要や嗜好を最優先し，番組製品の現地適応化戦略を採用している。いくつかのネットワーク番組は普遍的な魅力を備えているが，一般には複数市場で成功を収めるような番組の制作は難しいと考えられている。実際に，ネットワーク番組の多くは日本や台湾では人気がない。加えて，後に第9章で検討するように，比較的少量の予算で現地制作を行えることや音楽番組の一般的なフォーマットが，MTVが現地適応化戦略を遂行する上での利点として作用している可能性がある。企業内部要因に関しては，MTVネットワークスでは現地適応化番組がネットワーク番組より通常，多くの利益を産むと信じられている。また，ネットワーク内で意思決定機能が分散化されており，ローカル市場の特性を考慮するローカル・チームに放送番組決定に

関する権限が与えられている．さらに，MTVネットワークスには市場を越えてアイディアやノウハウを転用するメカニズムが確立されており，このことは現地適応化戦略遂行において大きな利点となっている．ある市場で成功しており，別の市場での成功も見込まれる企画は，積極的に現地制作番組に転用されるからである．

　一方で，現地版チャンネルでは，たとえ少数であっても必ずネットワーク番組が放送されている．これは各現地版チャンネルにおいてネットワーク番組と現地制作番組の間で適切なバランスを保つことが成功のカギであると信じられているためである．いくつかの音楽番組は普遍的魅力を有し，また契約上の利点もあるため，現地版チャンネルはネットワーク番組を放送している．加えて，ネットワーク番組は現地版チャンネルが国産のライバル・チャンネルとの差別化を図る上でも重要である．最後に，欧米の流行をローカル市場に紹介することは流行発信源としてのMTVの企業哲学を反映するものである．このような哲学を具体化する上でネットワーク番組は重要な役割を果たしていると考えられる．

第6章
事例②：カートゥーン・ネットワーク

　アニメーション娯楽番組に特化するカートゥーン・ネットワークは，ターナー・ブロードキャスティングが自社の膨大なアニメーション作品を放送するチャンネルとして1992年に設立したものである（Turner Enterprises, 2005）。その翌年には欧州や中南米へ進出している。1996年にタイム・ワーナーがターナー・ブロードキャスティングを買収した後，カートゥーン・ネットワークはタイム・ワーナー傘下へ入り，現在では他のどのネットワークよりも多くのアニメーション作品を放送している（National Cable & Telecommunications Association, 2005）。

　1994年にカートゥーン・ネットワークは，後にターナー・クラッシック・ムービース（Turner Classic Movies/TMC）と改名するターナー・ネットワーク・テレビジョン（Turner Network Television/TNT）との抱き合わせでアジア市場へ参入した。TNT&カートゥーン・ネットワークは1995年の段階でアジアの200万世帯に到達しており，日中は『原始家族フリントストーン（The Fred Flintstones）』，『トムとジェリー（Tom & Jerry）』，『ヨギ・ベア（The Yogi Bear Show）』などのアニメーション・シリーズを14時間，そして夜間はTNTの映画を10時間放送していた。その当時，ディズニー・チャンネル，ニケロデオン，フォックス・キッズなどはまだアジア市場へ進出していなかった（Mifflin, 1995）。1997年，前年のタイム・ワーナーによるターナー・ブロードキャスティング買収を受け，TNT&カートゥーン・ネットワーク・アジア太平洋は3つの現地版チャンネルをそれぞれインド，東南アジア，オーストラリアに向けて配信し始めた。そして2001年，カートゥーン・ネットワークはアジア地域でも24時間アニメ専門チャンネルへと変貌

図6-1 カートゥーン・ネットワークの所有構造

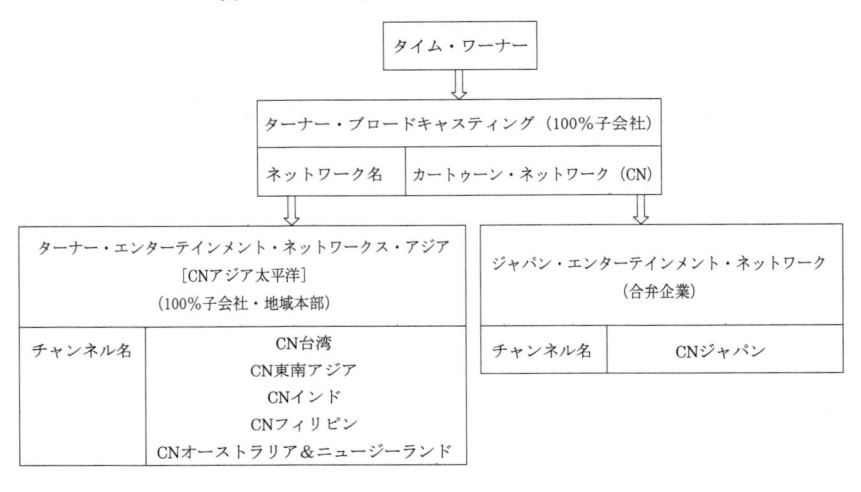

```
タイム・ワーナー
    ↓
ターナー・ブロードキャスティング（100％子会社）
  ネットワーク名 │ カートゥーン・ネットワーク（CN）
    ↓                              ↓
ターナー・エンターテインメント・ネットワークス・アジア      ジャパン・エンターテインメント・ネットワーク
[CNアジア太平洋]                                              （合弁企業）
（100％子会社・地域本部）
  チャンネル名：                              チャンネル名： CNジャパン
    CN台湾
    CN東南アジア
    CNインド
    CNフィリピン
    CNオーストラリア＆ニュージーランド
```

を遂げた。カートゥーン・ネットワーク・アジア太平洋は現在，5種類の現地版チャンネル（オーストラリアとニュージーランド，インドとその周辺国，フィリピン，台湾，東南アジア[41]）を擁しており，言語的には英語，北京語，タイ語，ヒンズー語，タミール語，韓国語を含み，アジア23カ国の3200万世帯へ到達している（Television Asia, 2004）。加えて，カートゥーン・ネットワーク・アジア太平洋から独立した事業体であり，ターナー・ブロードキャスティング（80％）と伊藤忠商事（20％）の合弁企業であるジャパン・エンターテインメント・ネットワークが運営するカートゥーン・ネットワーク・ジャパンが1997年に放送を開始している。図6-1はアジアにおけるカートゥーン・ネットワークの現地版チャンネルの所有構造を示すものである。

---

41 カートゥーン・ネットワーク東南アジアは香港，シンガポール，マレーシア，タイ，韓国，ベトナム，カンボジア，マカオ，ブルネイ，フィジーなど広範囲に及ぶアジア太平洋諸国に配信されている。それらの国のカートゥーン・ネットワーク視聴者は同一番組を同じ時間に視聴している。

I．番組製品

　アジアにおけるカートゥーン・ネットワークの現地版チャンネルで現在放送されているアニメーション番組は，供給源に沿って以下の3種類に大別される。通常，米国のカートゥーン・ネットワークが主導する形で製作され，世界中の現地版チャンネルへ配給されるカートゥーン・ネットワーク・オリジナル作品（Cartoon Network Originals/CNOs），ワーナー・ブラザースやハンナ・バーベラ[42]といったタイム・ワーナー関連の制作会社のアニメーション番組，そしてタイム・ワーナーと関係がない制作会社から購入するサード・パーティー（third party）・コンテンツである。ほとんどの CNO とワーナーのアニメーション・シリーズは米国製だが，サード・パーティー・コンテンツは世界中の様々な国で製作されたものを含んでいる。

　先に記したように，カートゥーン・ネットワークは元来ターナー・ブロードキャスティングのアニメーション作品を放送する目的で設立された。この意味において，ネットワークの放送番組の大部分が自社所有の作品で構成されたのは意味をなした。しかし，今日のカートゥーン・ネットワークは単に自社オリジナル作品のためのアウトレットに留まらない。カートゥーン・ネットワーク・ジャパンの放送番組の18％は CNO であるが，12％はタイム・ワーナー関連の，そして70％はサード・パーティー・コンテンツである。カートゥーン・ネットワーク台湾では30％が CNO，43％がタイム・ワーナーのライブラリー作品（そのうち約75％はハンナ・バーベラ作品），そして残りの27％がサード・パーティーからのものである。シンガポールで視聴されているカートゥーン・ネットワーク東南アジアの場合，CNO が60％，ワーナー・ブラザースとハンナ・バーベラからのコンテンツが30％，そしてサード・パーティーからのコンテンツが残りの10％を占める。CNO

---

[42] ハンナ・バーベラは1991年にターナー・ブロードキャスティングによって買収された米国のアニメーション制作会社である。2001年にはワーナー・ブラザース・アニメーションに吸収された。

の割合が日本や台湾のカートゥーン・ネットワークと比べて大きいカートゥーン・ネットワーク東南アジアは，CNO のアウトレットとして重要な役割を果たしていると考えられる。

II．現地適応化

かつてカートゥーン・ネットワークは「現地化の例外（the exception to the localization rule）」と呼ばれていた（Johnston, 1996）。初期にアジアの視聴者向けに放送されていた番組は，ハンナ・バーベラやメトロ・ゴールドウィン・メイヤー（MGM）名義で制作されていたものを含む，ターナー・ブロードキャスティングの 8500 種類以上のアニメーション・ライブラリーから主に選ばれており，そのうち約 30％だけが北京語やタイ語といった現地語に吹き替えられていた（Johnson, 1996; McGrath, 1995; Wall Street Journal, 1994）。しかし，現在では言語のカスタム化はアジアのカートゥーン・ネットワークで一般的に行われている。カートゥーン・ネットワーク・ジャパンと台湾は番組をそれぞれ日本語，北京語へ吹き替えて放送している。シンガポールを含む，多数のアジアの国をカバーするカートゥーン・ネットワーク東南アジアは英語で放送されるが，タイ語の吹き替えと韓国語の字幕も選択可能である。

カートゥーン・ネットワーク・アジア太平洋の番組編成・購入の責任者であるミシェル・ショフィールドの定義に従うならば，現地適応化とは「視聴者にチャンネルが自分たちのために作られていると実感させること」である（インタビュー，2006 年 8 月 25 日）。アジアのカートゥーン・ネットワーク現地版チャンネルにとっての現地適応化とは必ずしも自国で制作されたアニメーションを放送することではない。例えば，カートゥーン・ネットワーク・ジャパンは強力なアニメーション制作産業を持つ自国・日本のコンテンツに特に焦点を合わせているわけではない。カートゥーン・ネットワーク・ジャパン編成部のディレクターである末次信二は「チャンネルは多種多様なアニメーション・ファンを抱えており，日本製アニメーションは数多い

コンテンツ選択肢の1つに過ぎない」と説く（インタビュー，2006年3月16日）。同様に，シンガポールは今日，国家としてアニメーション制作に重点を置いているが，カートゥーン・ネットワーク東南アジアはシンガポール製のアニメーションをほとんど放送しておらず，欧州，カナダ，米国製のアニメーションを主に放送している。ショフィールドは「購入したいと思うようなシンガポール製アニメーション作品は今のところない」と述べる。また，カートゥーン・ネットワーク台湾が現在放送している多くのアニメーション作品のうち，台湾製は1作品だけである。カートゥーン・ネットワーク台湾の編成マネージャーであるゲイリー・チョウは「カートゥーン・ネットワーク台湾にとっての現地適応化とは台湾の視聴者が選好する番組を放送することだ」と言う（インタビュー，2006年7月25日）。チョウによれば，カートゥーン・ネットワーク台湾の番組決定において考慮すべき最も重要な点は，番組がターゲット視聴者に受け入れられ，高視聴率を記録するか否かである。2006年6月のカートゥーン・ネットワーク台湾による視聴率上位20番組のうち，3つを除く全てが日本製アニメーション番組であり，カートゥーン・ネットワーク台湾は日本製アニメーションを重要視している。

　また，カートゥーン・ネットワークは国際共同制作を援助し，現地パートナーに新企画を開発・提出する機会を与えている（Television Business International, 2003）。例えば，米国のカートゥーン・ネットワークは日本のパートナーと共同制作する計画をいくつか持っている。『パワー・パフ・ガールズZ（The Powerpuff Girls Z）』は人気アニメーション・シリーズ『パワー・パフ・ガールズ（The Powerpuff Girls）』の別バージョンであり，日本の制作会社と共同制作された[43]。チョウは「修正されたパワー・パフ・ガールズのキャラクターは，アジアの人々や子どもたちにとってオリジナル版よりも良い」と述べる（インタビュー，2006年7月25日）。CNOは主として米国のカートゥーン・ネットワーク主導で制作されるが，米国以外の市場での魅力を高めるためにキャラクターは修正されうる

---

43 『パワー・パフ・ガールズZ』は2006年7月1日に日本のテレビ東京によって放送が開始された。2006年10月の段階ではカートゥーン・ネットワーク・ジャパンでは放送されていない。

III. テレビ番組標準化・適応化の決定要因

1. 製品特性

　ショフィールド（インタビュー，2006年8月25日）とチョウ（インタビュー，2006年7月25日）は，アニメーション番組がその他の番組タイプに比べて容易に国境を超えうることを認めている。チョウによれば，アニメーション番組は普遍的なテーマや話題を扱うことが多いため，子供を含む多くの視聴者にとって話を理解することはそれほど難しいことではない。加えて，アニメーション番組は容易に現地語に吹き替えられる。「カートゥーン・ネットワークはかつて実写アクション番組を放送していたが，そのような番組は現地語に吹き替えられた場合に視聴者が音声と登場人物の口の動きとのずれ（different sync）を感じやすいため，海外市場では成功しなかった」とショフィールドは回顧する。しかし，アニメーション番組においてはこのような問題は回避される。カートゥーン・ネットワーク・インターナショナルの元社長のベティ・コーヘンは「吹き替えによって視聴者はその番組が自国で作られたかのように感じる」と述べている（Mifflin, 1995）。実際，特定のアニメーション番組が外国で製作されたことを視聴者が全く気づかない場合もあるだろう。

　確かに，ディズニー作品や「アニメ」という略称で広く知られる日本製作品の人気を見る限り，アニメーション番組は最も普遍的に世界中で受け入れられるテレビ番組タイプの1つと考えられる。従って，カートゥーン・ネットワークが普遍的魅力という点でディズニー作品や日本製のアニメーションと匹敵しうるオリジナル・アニメーション作品の企画に尽力し，それをグローバル規模で配給することを画策することは妥当であろう。実際に，視聴率底上げを目標にカートゥーン・ネットワークは近年，『パワー・パフ・ガールズ』などのCNOにかなりの投資を行ってきた（Winslow, 2001）。ショフィールドは「CNOはかつて米国の視聴者向けに製作され，その他の市場へは単に輸出されるだけだったが，近年ではよりグローバルな視点か

ら製作されるようになってきた」と述べる（インタビュー，2006年8月25日）。この点は，MTVのネットワーク番組の多くとは大きく異なる。チョウは「世界中のあらゆる市場で人気を博すようなアニメーション番組を企画することは可能だろう」と推測する（インタビュー，2006年7月25日）。

しかし，一方でチョウは「多くのCNOが依然として米国の観点で製作されており，多くの視聴者はCNOが非常に米国的であることに不満を感じている」とも述べる（インタビュー，2006年7月25日）。後で論ずるように，ある種のアニメーション番組は視聴者にとって馴染みない設定，会話，キャラクターの外見を含むため，外国市場で文化的割引の対象となる。ショフィールドは会話に重きが置かれる英語のアニメーション作品は非英語圏市場ではうまく機能しないと認識している（インタビュー，2006年8月25日）。つまり，カートゥーン・ネットワーク・ジャパンのPRアソシエイト・ディレクターである橋田未知子が指摘するように，それぞれの国にはアニメーション番組に対して異なる嗜好があり，それは大部分が文化に根ざしたものであると考えられる（インタビュー，2006年3月16日）。

2. 視聴者セグメント

放送開始当初，カートゥーン・ネットワークがターナー・ブロードキャスティングのアニメーション・ライブラリーにコンテンツの多くを依存していた頃，カートゥーン・ネットワーク・インターナショナルの社長だったベティ・コーヘンはそれらのコンテンツの世界規模での魅力を主張し，世界中の子供たちによく知られ，愛されるものであると信じていた（Mifflin, 1995）。また，いくつかのアニメーション番組は子供たちへの教育的側面—特に番組視聴を通した言語学習—を重視する親たちの間で人気が高い（Television Business International, 2004）。この点はショフィールドも認めている（インタビュー，2006年8月25日）。アジアの多くの親たちは非常に教育熱心である。音声トラックや字幕を通して現地語でも番組が視聴可能であるにもかかわらず，いくつかのアジア諸国では子供たちの英語での視聴に対する明らかな嗜好が存在する。橋田は「多くの親は，子供たちが楽し

いコンテンツを見ながら英語に慣れ親しむことを望んでいる」と述べる（インタビュー，2006年3月16日）。このため，カートゥーン・ネットワーク・ジャパンは様々な国で作られた評価の高い知育アニメーション番組を未就学の視聴者向けに精選している。未就学児童用のアニメーション番組のほとんどが欧米製である台湾でも状況は同じである（チョウ，インタビュー，2006年7月25日）。

3. 各国の文化特性

アニメーション番組は最も普遍的な魅力を持つ番組タイプの1つと考えられるが，その受容は諸国間の文化的差異に多かれ少なかれ影響される。米国製アニメーションのローカル市場における受容に関しては，アジアのカートゥーン・ネットワーク現地版チャンネル間で見解の違いが見られる。ショフィールドは，高視聴率に現れているように，米国製アニメーションはシンガポールでうまく機能しており，そのような成功の原因はシンガポールにおける英語の浸透と人々の欧米化された暮らしにあると考えている（インタビュー，2006年8月25日）。また，末次は「日本人のライフ・スタイルが欧米化しているために欧米のアニメーション番組は日本人視聴者にとって違和感のないものであり，それらのアニメーション番組に日本人が理解できないような点はない」と説く（インタビュー，2006年3月16日）。

一方，一般に視聴者にとってアニメーション番組は理解しづらいものではないとしながらも，チョウは「台湾の子供たちはハロウィンや感謝祭といった自分たちには馴染みのない米国の伝統文化や行事を目にしたり，アメリカン・ジョークを耳にしたりすると困惑する可能性がある」と推測する（インタビュー，2006年7月25日）。例えば，『ビリー＆マンディ（The Grim Adventures of Billy & Mandy）』という，死神と友達になる子供たちを描いた作品がある。ショフィールドによると，迷信深く，死や亡霊に対して特別な感情を抱く多くの台湾人視聴者はその番組のコンセプトをあまり好まない（インタビュー，2006年8月25日）。ショフィールドは，「一般に，子供たちは自分たちが知らないことや想像力を働かせるような状況に興味を

示すものだが，同時にある種の現実性も必要としている」と述べる。ニケロデオン・アジアの上席副社長であるリチャード・カニンガムは「子供たちは自分たち自身をテレビで観たがるので，我々のチャンネルにはアジアあるいは現地の顔が現れるように務めている」と述べている（Indiatelevision.com, 2003）。

また，米国のカートゥーン・ネットワークでは『ボボボーボ・ボーボボ（Bobobo-bo Bo-bobo)』という作品における登場人物の掛け合いが面白いと考えられているが，チョウは台湾の子供たちには刺激的すぎると指摘する（インタビュー，2006年7月25日）。多くのCNOはコメディ・タッチのものだが，このことが理解不能を生みかねない。また，この種の番組はアクションよりも会話内容に重点が置かれているため，非英語圏市場では十分に理解されることが難しい（ショフィールド，インタビュー，2006年8月25日）。さらにチョウは「米国のアニメーション作品に観られる，ペースの早い会話にアジアの子供たちがついていくのは難しい」と述べる。カートゥーン・ネットワーク台湾は全ての外国製アニメーション作品を北京語に吹き替えているが，それが台湾の子供たちにとっての問題を解決するわけでもない。なぜなら，吹き替えは基本的に元の会話にテンポを合わせなければならないからである。チョウによって指摘された問題点は大部分が台湾と米国間の文化的差異に起因するものであろう。一方でチョウは「台湾の子供たちは日本の文化に非常に馴染んでおり，日本製アニメーションを視聴する際に欧米製アニメーションに感じるような難解さは感じないだろう」と述べる。

アニメーション番組に登場するキャラクターの外見は話の筋同様，視聴者がその番組を好むか否かに大きな影響を及ぼすと考えられる。実際，末次は「子供は話の筋よりも番組の外見に引かれる」と言う（インタビュー，2006年3月16日）。チョウによると，一般に愛らしいキャラクターを好む台湾の子供たちには米国アニメーション作品に登場するキャラクターは異様なものに見えることがある（インタビュー，2006年7月25日）。

4. 各国の環境特性
(1) 経済的条件

　カートゥーン・ネットワークがローカル市場での番組製作を行う際に不可欠なのは現地のアニメーション制作会社である。台湾では十分な量のアニメーション作品が制作されておらず（チョウ，インタビュー，2006年7月25日），実質的にカートゥーン・ネットワーク台湾は外国製アニメーション番組に依存する以外に放送スケジュールを埋める方法がない。

(2) 物理的・地理的条件

　ショフィールドはアジア地域における番組の自主制作を画策し，インドや韓国などの比較的強力なアニメーション制作能力を有する国に期待を寄せている（インタビュー，2006年8月25日）。一方で，ネットワークはアジアの複数の現地版チャンネルで放送するためにサード・パーティー作品を購入することもある（チョウ，インタビュー，2006年7月25日；橘田，インタビュー，2006年3月16日）。これらの動向から，カートゥーン・ネットワークでアジア地域共有番組が増加する可能性がある。

(3) 法的環境

　カートゥーン・ネットワークはアジアのどの市場でも外国製番組の量を制限されておらず，好きなだけ外国製番組を放送することができる。一方で，台湾の監督機関は国産アニメーション作品の放送を増やすべく，カートゥーン・ネットワーク台湾と現地制作会社の共同作業を奨励している（チョウ，インタビュー，2006年7月25日）。また，コンテンツの内容規制に関して，カートゥーン・ネットワーク台湾は薬物使用，暴力描写，性表現を含むコンテンツを夜間であっても放送することを禁じられている。

(4) インフラストラクチャー・支援部門

　ターナー・エンターテインメント・ネットワークス・アジア太平洋の上席副社長兼ゼネラル・マネージャーのイアン・ダイアモンドは「アニメーション・キャラクターや番組の成功は，それらのキャラクターに関連する商品がどの程度世間で受け入れられるかにかかっている」と説く（Lugo, 2003）。アニメーション・キャラクターと関連商品は相互補完の関係にある。実際，

カートゥーン・ネットワーク・ジャパンやカートゥーン・ネットワーク台湾はアニメーション・キャラクター関連商品を製造・販売する企業を主要広告主としており，橋田はこのような傾向は放送番組に直接関連していると述べる（インタビュー，2006年3月16日）。

5. 競争

ディズニー・チャンネルが世界的に認知されている自社製アニメーション番組で確固たる地位を築き，また，いくつかの国産アニメーション・チャンネルがローカル市場で人気が高い日本製アニメーション番組を集中的に放送している点で，日本と台湾のアニメーション番組市場は類似している。しかし，このように似通った競争状況下でカートゥーン・ネットワーク・ジャパンとカートゥーン・ネットワーク台湾はやや異なった番組戦略を採用している。

カートゥーン・ネットワーク台湾が日本製アニメーションを重要視しているのは，それが高い視聴率を稼ぐだけでなく，大量の自社作品を放送しているライバル，ディズニー・チャンネルとの差別化を計るためでもある。カートゥーン・ネットワークとディズニー・チャンネルは日本でも競合関係にあるが，カートゥーン・ネットワーク・ジャパンはカートゥーン・ネットワーク台湾とは異なった方法でディズニー・チャンネルとの差別化を試みる。日本におけるディズニー・チャンネルの放送番組も約80％が自社の作品であるが，カートゥーン・ネットワーク・ジャパンはそのように特定ブランドには傾倒せず，世界中の多くのプロダクションが制作した作品を放送している（末次，2006年3月16日）。国際マーケティング研究の文献では，カートゥーン・ネットワークがディズニー・チャンネルと競い合っているように「複数の異なる市場で同一企業と競合する場合，製品戦略は標準化へ向かう」と指摘されたが，このことはカートゥーン・ネットワークには必ずしも当てはまらない。

先に記したように，カートゥーン・ネットワークは台湾や日本で国産アニメーション・チャンネルとも競争している。台湾のアニメーション・チャ

ンネルの中で最も高い視聴率を記録しているヨーヨー・チャンネルとカートゥーン・ネットワーク台湾はほぼ同量の日本製アニメーションを放送している（チョウ，インタビュー，2006 年 7 月 25 日）。ローカル市場の嗜好に適応した番組を多く放送することで，両者は激しい競争を繰り広げている。この例が示すのは，ローカル市場の視聴者に支持されている国産チャンネルと競争するためにカートゥーン・ネットワークがライバルの番組戦略を模倣している点である。同様に，カートゥーン・ネットワーク・ジャパンも日本製アニメーション作品を専門的に放送するいくつかの国産チャンネルと競合関係にある。しかし，カートゥーン・ネットワーク・ジャパンは日本製作品だけに焦点を合わせているわけではなく，むしろ外国製アニメーションに力点を置いている。ショフィールドの解釈に従うならば，カートゥーン・ネットワーク・ジャパンは日本の視聴者が日常的に目にする日本製アニメーションとは異なった作品を放送するように務めているのである（インタビュー，2006 年 8 月 25 日）。

6. ブランドと原産国効果
(1) ブランド

カートゥーン・ネットワークはアジアの視聴者に国際的なブランド・イメージを持たれている。橋田によると，日本の視聴者はしばしばカートゥーン・ネットワークから外国語あるいは 2 カ国語コンテンツを連想している（インタビュー，2006 年 3 月 16 日）。橋田は，そのようなイメージはカートゥーン・ネットワーク・ジャパンが「世界のアニメがここにいる」というスローガンのもと，様々な国で製作されたアニメーション作品を放送していることに起因していると考える。また，チョウによれば，カートゥーン・ネットワーク台湾は未就学児童向けの時間帯で国際的なブランド・イメージを前面に打ち出しているが，それは親たちがそのようなイメージに引かれるからである（インタビュー，2006 年 7 月 25 日）。しかしチョウは，そのようなイメージは未就学児童向けの時間帯でのみ機能するものとし，「我々の主要ターゲットである 4 歳から 14 歳の子供たちに対しては国際的なブラ

ンド・イメージを打ち出してもうまくいかない。（中略）主要ターゲットに対しては欧米のアニメーション作品をあまり多くは放送していない」と述べる。欧米のものと異なり，日本製アニメーションは台湾の 10 代の視聴者に必ずしも国際的なブランド・イメージを喚起させない。逆説的になるが，それゆえに嗜好されている可能性がある。

　国際的なイメージに加え，CNO の多くがコメディ作品であるため，カートゥーン・ネットワークはユーモアのあるチャンネルとして認知されている（ショフィールド，インタビュー，2006 年 8 月 25 日）。しかし，そのようなブランド・イメージにもかかわらず，ネットワークがグローバル規模あるいはリージョナル規模でコメディ・タッチのアニメーション作品を配給することはしばしば困難を伴う。それらの多くは会話内容に重点を置いているからであり，また，ユーモアの定義は国によって異なるからである。

(2) **原産国**

　カートゥーン・ネットワークの主要視聴者は子供たちであり，通常は視聴しているアニメーション番組がどこの国で製作されたかに留意していない（末次，インタビュー，2006 年 3 月 16 日；チョウ，インタビュー，2006 年 7 月 25 日）。特に，未就学児童が特定国で製作されたアニメーション番組を選好するようなことは少ない。一方，ショフィールドは「視聴者がアニメーション原産国に留意するか否かは受入国によって異なる」と指摘する（インタビュー，2006 年 8 月 25 日）。一般に，シンガポールの視聴者は特定のアニメーション作品がどこの国で製作されたかをそれほど気にしない。また，カートゥーン・ネットワーク・ジャパンの放送番組決定は，視聴者は面白い作品であればどこの国で製作されたものでも受容するという前提に基づいている。末次は「世界中の国からアニメーションを集めているが，どこの国で作られたかよりも内容で選んでいる」と言う（インタビュー，2006 年 3 月 16 日）。チョウは，日本のアニメーション作品が台湾市場で人気を博しているのは単に日本製だからという理由によってではなく，あくまでも内容そのものによると考えているが，その一方で「台湾の視聴者は日本製アニメーション番組から高品質を連想する」とも述べている（インタビュー，2006

年7月25日）。日本製アニメーションは少なくとも台湾市場において原産国効果を発揮していると考えられる。

7. 企業特性
(1) 哲学・方向性
　カートゥーン・ネットワークの番組編成・購入担当副社長であるマーク・ブハジはブランドの全体性が重要であると強調し，「ネットワークの質を損なう可能性がある現地適応化を強調しすぎないように注意を払うべきだ。（中略）どのような形式の現地適応化であれ，カートゥーン・ネットワークにふさわしいものであり，均質性を保つものでなければならない」と説く（Television Business International, 2004）。カートゥーン・ネットワークのそれぞれの現地版チャンネル間における均質性を保つ上で大きな役割を果たすのがCNOである。

　ショフィールドは「全ての現地版チャンネルがCNOの放送をある程度優先すべきである」と主張する（インタビュー，2006年8月25日）。実際に，カートゥーン・ネットワーク・ジャパンにおいてはCNOがアイデンティティと関連して捉えられている。末次は「カートゥーン・ネットワーク作品の量を減らすことはできるが，カートゥーン・ネットワーク・ジャパンはカートゥーン・ネットワークという名前のブランドであり，CNOは我々のアイデンティティでもあるので，ある程度は放送しなければならない」と説く（インタビュー，2006年3月16日）。要するに，カートゥーン・ネットワークのチャンネルとしてのアイデンティティを保つ上でCNOは不可欠と考えられている。橋田は「割合から見た場合，CNO（16％）はカートゥーン・ネットワーク・ジャパンの番組編成の大部分を占めているわけではないが，それらの作品は編成の中核をなす」と述べる（インタビュー，2006年3月16日）。

　通常，アニメーション作品の開発には多額の資本が必要となる。ターナー・ブロードキャスティングの完全所有子会社であるカートゥーン・ネットワーク・アジア太平洋もCNOを企画・制作するためのコストの一部を負

担している。そして，その見返りとしてCNOに関するライセンス契約や商品化から収入を得ることができる。これらの2次的収入はカートゥーン・ネットワークにとって大きな利益となっている。アニメーション・キャラクターは番組内だけではなく，玩具，菓子のおまけ，Tシャツのプリントなど非常に広範囲な場所で利用され，権利所有者は容易に相乗効果を享受することができる。例えば，ミッキー・マウスが世界で最も認識されているキャラクターであるという事実からも明らかなように，ディズニーのキャラクターは世界各国で大変高い人気を誇り，ディズニー商品の売上の半分以上が米国以外からのものである（Weber, 2002）。重要なのはアニメーションと関連商品が相互補完関係にある点である。エドワード（Edward, 2004）が指摘するように，アニメーション番組はそこに登場するキャラクターの認知度を上げ，そのキャラクターを宣伝する場となる。そして，商品化から得られる利益はアニメーション番組製作者が最終的に莫大な製作費を埋め合わせる上で大きく貢献する。チョウは，ネットワーク本社がカートゥーン・ネットワーク台湾に多くのCNOの放送を期待するのはキャラクター商品のビジネス展開のためだと考えている（インタビュー，2006年7月25日）。

　一方で，サード・パーティーから購入するコンテンツは非常に値が張ることがある。カートゥーン・ネットワーク台湾は日本製アニメーション番組の放映権を獲得するために通常，相当な金額を支払っている（チョウ，インタビュー，2006年7月25日）。しかし，日本製アニメーションは台湾の就学児童の間で人気が非常に高く，同チャンネルの午後および夜間の目玉となっている。サード・パーティー・コンテンツは多くの場合，ネットワークのオリジナル作品よりも高い視聴率を稼ぎ，結果として高い広告収入に結びつく。そうでなければ，高価なサード・パーティー・コンテンツが購入されることはないだろう。反対に，カートゥーン・ネットワーク東南アジアは多くのアジア諸国で非常に人気がある日本製アニメーションをほとんど放送していない。ショフィールドは，日本製アニメーションをカートゥーン・ネットワーク東南アジアが到達する数多くの国々で放送するために支払わなければならない莫大なライセンス料を理由として挙げる（インタビュー，2006年8

月25日)。また，ショフィールドは「カートゥーン・ネットワーク東南アジアではワーナー・ブラザースの作品に対してでさえ大金を投じるつもりはない[44]」と明言する。

(2) 経営資源

カートゥーン・ネットワーク・ジャパンの橋田は，番組購入に関してネットワークの他のチャンネルとの資源共有を実感している（インタビュー，2006年3月16日）。実際に，いくつかのカートゥーン・ネットワークの現地版チャンネルで放送するため，サード・パーティー・コンテンツが共同で購入されることがある。このように番組を獲得する上で，ネットワークの一部でいることは非常に重要だとカートゥーン・ネットワーク・ジャパンでは考えられている。

加えて，CNOというコンテンツ資源はサウンドトラック盤，出版物，関連商品，放送用続編，CD-ROM，テレビ・ゲーム，遊園地の施設などに転用されて行く。資源が事業横断的に共有され，1つの活動から別の活動へと転用される場合，範囲の経済が達成され，相乗効果を産む。前述の通り，CNOは米国以外の市場でも成功するようにグローバルな視点に基づいて製作されている。ショフィールドは「カートゥーン・ネットワークの全ての関連会社は新しいCNOに関して発言権を有し，製作を認可するプロセスに関与している」と述べる（インタビュー，2006年8月25日）。ネットワーク本社によって調整される現地版チャンネル間のアイディア共有と情報交換は，世界各地で成功を収めるようなネットワーク番組を企画・制作する上で必須のものであろう。

(3) 集中化・分散化の程度

カートゥーン・ネットワーク・ジャパンは特定の番組を放送するように

---

[44] ワーナー・ブラザースとの関係においてもカートゥーン・ネットワークは番組購入の対価を支払っている（ショフィールド，インタビュー，2006年8月25日）。カートゥーン・ネットワークに対して特別割引料金が提示されることもある反面，全ての作品の第一放送権が与えられるわけではない。アニメーション映画の場合，カートゥーン・ネットワークより先に映画専門チャンネルや地上波放送業者に販売されることが多い。アニメーション番組の場合も地上波放送業者には販売されるが，カートゥーン・ネットワークが放送する前に他のケーブルネットワークに販売されることはない。

ネットワーク本社に強要されることはなく、番組に関する決定権は完全にローカル・チームに委譲されている。橋田は「カートゥーン・ネットワークの作品が番組編成全体の何%を占めなければならないというノルマがあるわけではない」と述べる（インタビュー，2006 年 3 月 16 日）。カートゥーン・ネットワークの基本的なブランド・アイデンティティを守れば，それ以外のことにターナー・ブロードキャスティングは関与しない。橋田は「本社が決定した番組をそれぞれのローカル市場で放送しても成功しないという前提に立ち，カートゥーン・ネットワークはローカル・チームに放送番組決定権を与えている」と言う。

しかし，橋田の意見はカートゥーン・ネットワーク・アジア太平洋が運営する現地版チャンネルには必ずしも当てはまらない。これらチャンネルの放送番組をローカル・チームが決定することは基本的にない。確かに，ローカル・チームは地域本部であるカートゥーン・ネットワーク・アジア太平洋からある程度の権限を与えられてはいる。ショフィールドも「現地版チャンネルのマネージャーがローカル市場や視聴者に関して熟知していることを理解し，彼らからの進言には全面的な信頼を寄せている」と言うが，同時に「最終決定は常に自分たちで行っている」とも述べる（インタビュー，2006 年 8 月 25 日）。ショフィールドは現地版チャンネル・レベルにおける番組の予算を管理し，購入に関する最終決定権を持つ。従って，ローカル・チームがある番組の購入を希望しても，それは彼女の承諾を得なければならない。前述の通り，彼女はカートゥーン・ネットワークの現地版チャンネルはある程度の CNO を必ず放送すべきであるとも考えている。チョウは「たとえ CNO が台湾の視聴者に適したものでないとしても，カートゥーン・ネットワーク台湾は一定量の CNO を放送せざるを得ないだろう」と述べる（インタビュー，2006 年 7 月 25 日）。

(4) **市場参入モード**

所有パターンの相違はカートゥーン・ネットワークの現地版チャンネルにおけるネットワーク番組量の差となって現れているようだ。これまで論じられたように，ターナー・ブロードキャスティングの完全子会社であるカー

トゥーン・ネットワーク・アジア太平洋が所有・運営する現地版チャンネルは，できるだけ多くのCNOを放送することが望まれている。しかし，ターナー・ブロードキャスティングは合弁事業であるカートゥーン・ネットワーク・ジャパンの番組編成には基本的に関与していない。

IV. 総合分析

　CNOはカートゥーン・ネットワーク・ジャパン，カートゥーン・ネットワーク台湾，カートゥーン・ネットワーク東南アジアで放送される番組編成のそれぞれ18％，30％，60％を占める。カートゥーン・ネットワークは自社のアニメーション作品を積極的に世界規模で配給している。アニメーション番組の需要が個別市場の文化に左右されることは比較的少なく，また，重要な点として，グローバルな視点に立って制作されるCNOは普遍的な魅力を持つと信じられている。さらに，CNOを好む視聴者セグメントが国境を越え，かなりの規模となって存在していると考えられている。一方，ネットワーク内部に目をやると，現地版チャンネルはネットワークの一員として必ず一定量のCNOを放送すべきであり，そうしてこそカートゥーン・ネットワークはグローバル・ブランドを維持できるという考え方が存在している。資源活用に関しては，ネットワークはCNOの企画・制作を通して商品化の機会を得ている。また，カートゥーン・ネットワークでは地域本部に権限が集中する傾向がある。ターナー・ブロードキャスティングの完全所有子会社であるカートゥーン・ネットワーク・アジア太平洋が放送番組に関する最終決定を行っているが，それらは地域本部として自社が運営する現地版チャンネルがCNOを放送することを望んでいる。

　一方で，いくつかの要因はカートゥーン・ネットワークに現地適応化を促進しうる。アニメーション作品，特に会話中心のものは文化的感受性が高く，ある市場には適切ではないと考えられている。競合に際して，グローバル規模でのライバルであるディズニー・チャンネルとの差別化を計り，また，国産のアニメーション・チャンネルと競合するために，カートゥーン・

ネットワーク台湾は現地適応化を採用している。しかし，カートゥーン・ネットワーク・ジャパンは自らを国産のアニメーション・チャンネルと差別化するためにCNOを売り物にしている。

第7章
事例③：ESPN

　ESPN は設立の翌年（1979 年）にゲッティ・オイルとナビスコの合弁企業によって，そして 1984 年には後にディズニーの一部となる ABC とハーストによって買収された。1991 年には米国内で最も広く配信され，また男性によって最もよく視聴されるネットワークとなった（Warner & Wirth, 1993）。「スポーツにおける世界的なリーダー（the worldwide leader in sports）」として ESPN は国際展開を進め，世界中のスポーツ・ファンに到達している [45]（Walt Disney, 2004b）。

　ESPN は 1991 年に，後にスポーツ・アイ ESPN となるジャパン・スポーツ・チャンネルの株式を 20％取得することでアジア市場へ進出した。1992 年には ESPN アジア，1995 年には ESPN インドを立ち上げる一方で，アジアでの合弁事業の機会を探っていた。1996 年にネットワークは，STAR スポーツ・アジアと STAR スポーツ・インドという 2 つのスポーツ・チャンネルを所有・運営していた STAR TV と共に，折半出資の合弁事業として ESPN STAR スポーツを設立する。この事業はアジア市場において高騰化していたスポーツ試合放映権をめぐる競争を回避する目的で開始されたものである（Cable & Satellite Asia, 1996b）。実際に，ESPN STAR スポーツはその時まで両ネットワークによって別々に所有されていた資源—ESPN のインドにおけるクリケットの全試合放映権や STAR TV のインドにおけるサッカーやホッケーの試合の放映権など—を統合することに成功した（Hughes, 1996）。ESPN STAR スポーツはその後，1998 年に ESPN 台湾，2001 年に

45　ディズニーによる ABC 買収の主な理由は ESPN ブランドが世界的に価値がある点にあった（Bellamy, 1998）。

Ⅰ. 番組製品　139

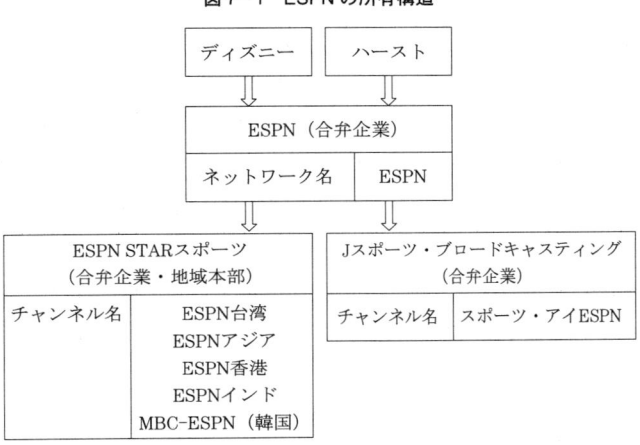

図7-1　ESPNの所有構造

```
┌──────────┐   ┌──────────┐
│ ディズニー │   │  ハースト  │
└────┬─────┘   └─────┬────┘
     │               │
     ▼               ▼
┌─────────────────────────────┐
│      ESPN（合弁企業）        │
├──────────────┬──────────────┤
│ ネットワーク名 │    ESPN     │
└──────┬───────┴──────┬───────┘
       ▼              ▼
```

ESPN STARスポーツ (合弁企業・地域本部)		Jスポーツ・ブロードキャスティング (合弁企業)	
チャンネル名	ESPN台湾 ESPNアジア ESPN香港 ESPNインド MBC-ESPN（韓国）	チャンネル名	スポーツ・アイESPN

STARスポーツ東南アジア，そして2004年にESPN香港とSTARスポーツ香港を立ち上げた。一方で，ESPN STARスポーツは2001年に韓国の放送局MBCと合弁事業を設立し，MBC－ESPNスポーツを開始した。図7-1はアジアにおける現地版ESPNチャンネルの所有構造を示すものである。1993年にわずか60万世帯だったESPNのアジアにおける到達世帯数は，2005年には1億2800万世帯に増加している（Goll, 1993; Media Partners Asia, 2005）。ESPN STARスポーツは本拠地であるシンガポールに6万平方フィートという広さの最新鋭の制作施設と衛星用地上局を備えている。

Ⅰ. 番組製品

　カートゥーン・ネットワークの場合と同様，ESPNがアジアで放送を開始した時の番組のほとんどが米国製であり，視聴者に米国的だと批判された（Koranteng, 1995）。今日，スポーツ・アイESPNの放送番組の約半分は外国のスポーツ番組で占められている。しかし，このことはネットワーク番組が多く放送されていることを意味するものではない。現実にはESPNによって配給される番組はごく少数に過ぎない。Jスポーツの管理本部長兼経営企

画室長である長谷一郎は「権利問題のために ESPN からキラー・コンテンツ（killer content）が供給されにくい現状では，コンテンツの多くを ESPN に依存することは難しい」と述べる（インタビュー，2006 年 3 月 14 日）。長谷によると，ESPN はメジャー・リーグ（MLB）や米国プロ・バスケットボール（NBA）といった米国 ESPN での人気番組を日本で放送する権利を通常は有しておらず[46]，結果としてスポーツ・アイ ESPN は独自の番組編成をしていくしかない。

ESPN 台湾および ESPN アジアは，ESPN と STAR TV の合弁企業である ESPN STAR スポーツが所有するチャンネルである。ESPN 台湾の放送番組の約 80％は外国のスポーツ試合の中継で占められている。しかし，スポーツ・アイ ESPN の場合と同様，ESPN STAR スポーツの大部分の番組は ESPN から供給されたものではない。競技の放映権は通常，ESPN STAR スポーツが ESPN 台湾や ESPN アジアといった自社所有のチャンネルで放送するために獲得にあたっている。例えば，ESPN アジアは頻繁にサッカー中継を放送するが，放映権獲得に関して ESPN STAR スポーツは英国のプレミア・リーグや欧州サッカー連盟（UEFA）といったスポーツ競技団体と個別に交渉しなければならない。

II．現地適応化

スポーツ・アイ ESPN は海外でのスポーツ試合を生中継する場合は必ず日本語の実況解説を加えている。もっとも生中継自体が少なく，多くの場合は録画されたものを編集し，日本語の解説を加え，時間をずらして放送している。一方，ESPN 台湾は独自制作番組を基本的にはプライムタイムの間だけ放送している。午前中や深夜といった時間帯には ESPN STAR スポーツが

---

[46] 一般に，テレビ放送ネットワークは特定スポーツ競技を放送する場合，競技団体から放映権を獲得しなければならない。放映権は通常，国ごとの放送事業者に独占的に与えられる。特定スポーツ番組の価値を保つ上で放送ネットワークはそのような独占的権利を必要とする（Meltz, 1999）。結果として，放映権所有者（競技団体側）の交渉力は高まり，スポーツ試合の放映権は高騰する傾向にある。

II．現地適応化　141

所有する他のチャンネル（例：ESPN アジアや ESPN 香港）と同じ番組を英語のみで放送している。「番組の現地適応化は現地語の解説を伴う」という，ESPN STAR スポーツの東南アジア番組編成担当副社長であるニック・ウィルキンソンの定義（インタビュー，2006 年 8 月 29 日）に従うならば，それらの番組はローカル番組というよりもリージョナル番組と見なされるべきであろう。ローカル・チームからの視点として，ESPN STAR スポーツの台湾におけるマーケティング担当上級マネージャーであるジャミー・チェンは「視聴者のためには，吹き替え，字幕，現地語解説といった言語カスタム化が全ての番組に対して行われるべきだ」と主張するが，未だ実現していない（インタビュー，2006 年 7 月 24 日）。

　米国 ESPN の人気スポーツ・ニュース番組『スポーツ・センター（Sports Center）』はアジアの ESPN による番組リメイクの好例を示す。番組をローカル視聴者にとって関連性の高いものにするため，ESPN STAR スポーツが運営するアジアの 4 つの ESPN チャンネルで『スポーツ・センター』の現地版が製作されている[47]（ESPN International, 2005）。『スポーツ・センター台湾』のセット，デザイン，音楽は，ESPN が各国で使用するものと同じだが，ニュース項目はローカル市場の興味を満たすべく，決定されている（Petrecca, 2002）。一方，スポーツ・アイ ESPN は米国の『スポーツ・センター』を，キャスターのコメントを日本語に吹き替えて放送している。長谷は日本人選手の話題や日本語解説を盛り込んだ日本版『スポーツ・センター』の放送を望んでいる（インタビュー，2006 年 3 月 14 日）。

　ESPN STAR スポーツの番組購入力の恩恵を受ける ESPN 台湾は，日本のスポーツ・アイ ESPN とは異なり，台湾人視聴者に非常に人気が高い MLB などの米国プロ・スポーツの試合を放映している。しかし，MLB 中継の台湾での受容をより正確に記述するならば，人々は MLB の試合ならどのような試合でも視聴するというわけではなく，台湾人投手の王健民を擁する

---
[47] この説明は，「現地版『スポーツ・センター』はローカル視聴者の需要よりも権利問題のために製作されている」というウィルキンソンの見解（インタビュー，2006 年 8 月 29 日）と一致しない。ウィルキンソンは「米国 ESPN の『スポーツ・センター』はアジアの ESPN には入手不可能だ」と述べる。

ニューヨーク・ヤンキースの試合を観ているのである。過去10年間に多くのアジア人選手が母国を離れ，欧州や米国のスポーツ・リーグへと移籍していった。台湾人選手も例外ではない。チェンは，現地適応化において最も重要なことはローカル視聴者と関連性がある試合を選ぶことだとして，「もし台湾人選手が外国のチームで活躍しているなら，我々はそのチームの試合の放映権を購入するように務める」と述べる（インタビュー，2006年7月24日）。チェンによれば，そのような試合の国際中継はローカル市場の視聴者の需要を満たすものである。

III. テレビ番組標準化・適応化の決定要因

1. 製品特性

　ある種の国際スポーツ大会は言語や文化の境界線を越えうることが証明されてきた（Bellamy, 1998）。4年ごとに世界中の人々を熱狂させるオリンピックが良い例である。外国のスポーツ試合をテレビで観戦する場合，視聴者が言語の壁を感じることは相対的に少ない。視聴者が注目するのは選手のプレイであり，選手が何を言うかではないからである。従って，スポーツ中継の顕著な特質は，その魅力の大部分がプロデューサーやディレクターの能力というよりも選手のプレイや試合そのもので決まる点である。チェン（インタビュー，2006年7月24日）と長谷（インタビュー，2006年3月14日）はスポーツ番組が国境を超えうることを認めている。

　しかしながら，スポーツは幅広い競技を含む。ある国や地域で非常に人気が高いスポーツ競技がその他の国や地域では受け入れられないことがよくある。例えば，米国では群を抜いた人気を誇るアメリカン・フットボールはアジアの多くの国ではそれほど人気がない。ウィルキンソンは「世界のほとんどの市場で訴求力を持つスポーツ競技はサッカー，そして，サッカーほどではないが，ゴルフとテニスだけだ」と指摘する（インタビュー，2006年8月29日）。スポーツ競技の嗜好は国・地域ごとに異なるのである。

　長谷は，あるスポーツ・リーグが世界で受け入れられるか否かは国を超

えたスーパースターの存在によるところが大きいと述べる（インタビュー，2006年3月14日）。台湾ではNBAの試合が視聴者の間で人気がある。チェンは「台湾におけるNBAの人気はバスケットボール自体の人気，そして，コービー・ブライアントやケビン・ガーネットなどの非常に優れた技術を持つ一握りのトップクラスの選手に起因する」と述べる（インタビュー，2006年7月24日）。世界的に認知される選手を含んだ外国のスポーツ試合の中継は普遍的な魅力を持つと考えられる。

　また，ウィルキンソンは，ESPNの有名な『スポーツ・センター』などのスポーツ・ニュースは世界中で訴求すると言う（インタビュー，2006年8月29日）。しかし，チェンは「単に米国の『スポーツ・センター』を台湾で流しても，うまく行かない」と述べる（インタビュー，2006年7月24日）。確かに，米国の『スポーツ・センター』は国際的に著名な選手を多く取り上げているが，チェンは台湾の視聴者がローカル市場に関連したスポーツ・ニュースを視聴したがる点を強調する。同様に，日本人選手に言及しないMLB関連のニュースは日本ではあまり受け入れられない（長谷，インタビュー，2006年3月14日）。

2. 視聴者セグメント

　多くの日本の視聴者は国内スポーツ競技を観たがるだけでなく，外国のスポーツ競技にもかなりの関心を持っている（長谷，インタビュー，2006年3月14日）。ウィルキンソンは「東南アジアの視聴者は一般にローカル市場でのスポーツ競技よりも世界中から精選された最高のプレイに興味を示すだろう」と推測する（インタビュー，2006年8月29日）。これらのことから，ある種のスポーツ番組には国家市場を越えた視聴者セグメントが存在すると推測されるが，それがどの程度の規模に達するものなのかは定かではない。

3. 各国の文化特性

　ある国における特定スポーツ競技の人気は，その競技を取り上げる番組が人気を博すための必要条件と言えそうである。しかし，アジアの国々はス

ポーツ競技に対してそれぞれ異なった好みを有するため，1つのスポーツ番組がアジア中で訴求することは難しい。例えば，クリケットはインドでは非常に人気が高い競技だが，多くの日本人や台湾人には馴染みがない。サッカーは日本では人気があるが台湾では人気がなく，その逆の事がバスケットボールに当てはまるように，スポーツ競技に対する嗜好の相違は比較的類似した文化を有する日本人と台湾人の間でも見られる。視聴者の競技の嗜好に関して類似した市場が存在しないのならば，個別ローカル市場の嗜好を理解し，番組をそれに適応させることはスポーツ番組に特化するグローバル・テレビネットワークが成功するために必須であると考えられる。理想を言えば，それぞれのESPNの現地版チャンネルがローカル市場の視聴者の嗜好に沿った番組を放送すべきである。

　チェン（インタビュー，2006年7月24日）や長谷（インタビュー，2006年3月14日）は，いくつかの土着の競技（例：日本の相撲）を除き，現在アジアで人気のある競技の多くは元々欧米から輸入されたものであると言う。アジアの人々のスポーツ競技に関する嗜好は欧米諸国の影響下で大部分が形成されてきたと考えられる。野球は米国から，そしてサッカーは欧州から日本へと伝えられたことから，長谷は「日本人のスポーツ競技の嗜好は米国と欧州双方の影響が混在している」と述べる。チェンによれば，台湾へはスポーツを含む多くの事柄が米国から伝わっており，両国で野球とバスケットボールの人気が高いことに現れているように，台湾人の競技嗜好は米国人のそれを反映する形となっている。シンガポールにおいて突出した人気を誇るスポーツ競技はサッカー，とりわけ英国のサッカーである。ウィルキンソンは，そのような人気は英国サッカーがかつての英国植民地であるシンガポールで享受してきた先発者優位（first mover advantage）に起因すると考える（インタビュー，2006年8月29日）。英国のサッカー・チームがシンガポールへ長年に亘って遠征していただけでなく，英国サッカーの試合は現地の地上波ネットワークでも放送されてきた。ウィルキンソンが指摘するように，ある国におけるスポーツ競技の嗜好には恐らく文化的・歴史的な根拠があると考えられる。

加えて，国際的な人の移動がスポーツ競技の嗜好に影響を及ぼしうる。日本人や台湾人のスポーツ競技の嗜好への米国の影響は，それらの国から米国へと多くの人が移動する事と関連している可能性がある（チェン，インタビュー，2006年7月24日；ウィルキンソン，インタビュー，2006年8月29日）。広い視座に立つならば，あるアジアの国におけるスポーツ競技の嗜好はその国と，その国に多くの面で影響を与えてきた特定の欧米の国との2国間関係において涵養されたと考えられる。

　野球は米国から日本や台湾へ伝えられ，両国で非常に人気が高いが，両国の視聴者は米国から中継されるどのような野球の試合でも好んで観ているわけではない。先述の通り，チェンはESPN台湾の放送するスポーツ番組が台湾の視聴者に関連していることが重要だと考えている（インタビュー，2006年7月24日）。外国のスポーツ番組の場合，それが台湾代表チームや台湾人選手を含んでいなければならない。長谷は「有名日本人選手の外国のスポーツ試合への参加・不参加がその試合の人気に影響する」と述べる（インタビュー，2006年3月14日）。実際，より多くの日本人選手がメジャー・リーグや外国のサッカー・リーグへ移籍するようになり，それらのリーグの試合が日本人視聴者に受容されるようになってきた。逆説的に言えば，日本におけるアメリカン・フットボールの不人気は米国のナショナル・フットボール・リーグに日本人選手が皆無であるという事実に部分的に起因している可能性がある。つまり，日本や台湾の視聴者が外国のスポーツ試合を観る場合には自国選手の存在が重要になってくる。視聴者は自国選手が国際舞台で活躍する姿を視聴したいのである。しかし，ウィルキンソンは「そのような態度は北東アジアの視聴者に特有なものであり，ローカルなものよりも世界最高レベルのものを好む東南アジア視聴者の態度とは対照的である」と述べる（インタビュー，2006年8月29日）。実際に，シンガポールで高視聴率を稼ぐスポーツ番組はシンガポール人の選手が1人も在籍していない英国サッカーの試合である。ESPNアジアは現地のサッカー・リーグであるアジアサッカー連盟（The Asian Football Confederation）の試合も毎週放送しているが，英国のプレミア・リーグほど視聴率は高くない。

4. 各国の環境特性

(1) 物理的・地理的条件

ESPNインターナショナルの元上席副社長兼ゼネラル・マネージャーであったアンドリュー・ブライアントはかつて「我々の目的はアジア向けサービスを行うことであり，米国の輸出サービスではない」と述べた（Goll, 1993）。ESPN STARスポーツは自社が所有するESPN台湾やESPNアジアといったチャンネルのため，スポーツ試合の放映権を一括で購入する。従って，それらのチャンネルにおけるスポーツ番組は似通ったものとなる傾向がある。しかし一方で，スポーツ・アイESPNがESPN STARスポーツと番組を共有することはない。スポーツ・アイESPNは日本市場だけに限定される放映権を保有しており，権利はその他のアジア諸国には適用されないからである（長谷，インタビュー，2006年3月14日）。

(2) 法的環境

日本では外国製番組の量に対する規制がないため，スポーツ・アイESPNは外国製コンテンツだけを放送することも可能である。しかし，長谷は規制がない事がスポーツ・アイESPNの番組戦略になにかしらの影響を及ぼすとは考えていない（インタビュー，2006年3月14日）。また，内容規制は国によって異なっている。ESPN台湾は流血を伴うプロレスの試合を放送することを禁じられているが，スポーツ・アイESPNは『ワールド・レスリング・エンターテインメント（World Wrestling Entertainment）』をはじめとする格闘技の試合を放送し，それらの番組は視聴者の間で人気を博している。

(3) インフラストラクチャー・支援部門

広告主はアジアのESPNチャンネルの番組に影響を及ぼしている。チェンは「ESPN台湾は地域本部が配給する番組を多く放送しているが，広告主を独自で見つければ，ローカル・レベルでの番組製作が可能だ」と述べる（インタビュー，2006年7月24日）。また，広告主は自らが提供するスポーツ・アイESPNの番組に意見し，そのような意見に基づき番組が製作されることもある（長谷，インタビュー，2006年3月14日）。例えば，ESPNに

Ⅲ．テレビ番組標準化・適応化の決定要因　147

はスポーツ用品企業からの CM 出稿が多いが，チェンによると，その中の数社は自社と契約している選手の露出を ESPN 台湾に要望することがある。また，ESPN 台湾は契約者数増加をめざす多チャンネル事業者からアドバイスを受けることもある（チェン，インタビュー，2006 年 7 月 24 日）。

5．競争

　ESPN 台湾は国産スポーツ・チャンネルであるビデオランド・スポーツと熾烈な競争を行っている。ビデオランド・スポーツが放送するスポーツ・ニュースは通常，ローカル市場の話題を取り上げ，非常に高い視聴率を稼いでいる。チェンによれば，ESPN 台湾は数年前まで米国の『スポーツ・センター』を放送していたが，多くの台湾人視聴者は国際的なニュースよりも台湾と関連性があるニュースを好むため，ローカル市場向けのスポーツ・ニュースを放送する必要を感じていた（インタビュー，2006 年 7 月 24 日）。そして，台湾版『スポーツ・センター』を放送するに至った。このような変化はビデオランド・スポーツとの激しい競争によって促進されたと考えられる。この例は，ローカル市場向けのスポーツ・ニュースに特化し，成功している国産のスポーツ・チャンネルと互角に競争するために，グローバル・テレビネットワークはネットワーク番組をローカル視聴者に関連する形にリメイクしなければならなかったことを明示している。

6．ブランドと原産国効果
(1) ブランド

　ESPN アジアは「スポーツにおける権威」と東南アジアの視聴者に認知されている（ウィルキンソン，インタビュー，2006 年 8 月 29 日）。一方で長谷は「スポーツ・アイ ESPN は依然として多くの日本人には馴染みがなく，必見のチャンネル（must-see channel）として人々を多チャンネル契約に駆り立てる米国の ESPN のような確立された地位を築いていない」と述べる（インタビュー，2006 年 3 月 14 日）。

　世界の様々な市場で番組サービスを提供している ESPN は紛れもなくグ

ローバル・ブランドである。チェンによれば，ESPN は台湾の視聴者に国際的ブランドと認知されているが，これは ESPN 台湾がプライムタイム以外では専ら外国のスポーツ番組を放送していることに起因する（インタビュー，2006 年 7 月 24 日）。チェンは「そのような国際的なブランド・イメージは番組に関する決定に影響を及ぼすものというより，実際に視聴者へ提供されるコンテンツによって形成されるものである」と指摘する。そして，国際的なブランド・イメージは一面において ESPN 台湾にとっての弱点であると感じている。外国のスポーツに興味のない視聴者はテレビ画面の端に ESPN のロゴを見ただけでチャンネルを変えかねないからである。グローバル・ブランドとしての ESPN は日本や台湾の視聴者の間では依然として十分に受け入れられてはいないと考えられる。

(2) **原産国**

スポーツ番組の質に関してチェンは「米国や日本から配信される野球中継は常に高級感がある」と述べる（インタビュー，2006 年 7 月 24 日）。ESPN 台湾はキューバで行われたワールドカップ・ベースボールを放送したことがある。キューバから配信されてくる中継の質はほとんど CG を用いていないなど，それほど高いものではなかったが，台湾人視聴者は熱心に中継に見入った（チェン，インタビュー，2006 年 7 月 24 日）。プレイの質が高かったからである。前述の通り，スポーツ中継の魅力は演出よりも選手のプレイや試合内容で大部分が決まる。英国からのサッカー中継がシンガポールで原産国効果を発揮しているような例もあるが，視聴者にとってあるスポーツ番組がどこの国で製作されたかは通常，プレイや試合そのものほど重要な意味を持たないだろう。

7. 企業特性
(1) 哲学・方向性

自らを「スポーツにおける世界的なリーダー」と位置づける ESPN はスポーツ試合の放映権を獲得し，試合を世界規模で配給することを試みるかもしれない。しかし，それを実行しようとしても，放映権という壁に突き当

たってしまう。先に記したように，放映権は基本的に国ごとの放送事業者に独占的に与えられる。一方で，長谷は「ESPN はそれほど真剣に国際市場を視野に入れてこなかった」と指摘する（インタビュー，2006 年 3 月 14 日）。例えば，それはラグビー人気が高いオーストラリアやニュージーランド市場のために ESPN がラグビー試合の放映権獲得に動いていない点に見られる。長谷は「ESPN は世界規模の成功を収めているとは言えない」と結論づける。

実際に，放映権の問題は ESPN の番組戦略を理解するカギとなる。ESPN の編成およびマーケティング担当上席副社長であるティム・バネルは「国を超えて視聴者を魅了する番組を獲得できればいいが，非常に金がかかる。我々のアプローチはできるだけ番組を現地適応化することである。それぞれの市場用に独自番組を制作することが目標となる」と述べる（Petrecca, 2002）。実際，アジアの現地版 ESPN チャンネルは多くの独自制作番組を放送している。しかし，このことは ESPN がネットワーク・レベルで現地適応化を推進した結果であるというよりは，外国市場での放映権を獲得できずにいることに起因すると考える方が適切だろう。

スポーツ試合の放映権料は国によって大きく異なるが，普遍的に訴求する試合の場合は一般に非常に高額である（Petrecca, 2002）。例えば，NBC は 2000 年から 2008 年までの間の 5 つの夏季および冬季オリンピック大会の米国における独占放映権獲得のために 35 億ドルを支払った。スポーツ・アイ ESPN が権利保有者と個別に交渉を進めることは可能であるが，長谷は「高額な放映権を伴う番組を放送するのは難しい」と述べる（インタビュー，2006 年 3 月 14 日）。スポーツ・チャンネルの成功が魅力的なスポーツ試合の権利獲得にかかっていることを認めつつも，スポーツ・アイ ESPN はコンテンツ選定に際して費用対効果を重視する。長谷は「オリンピックやサッカーのワールド・カップはもちろん視聴者に喜ばれるが，費用も莫大にかかるため割に合わない」と説く。同様に，ウィルキンソンも「アジアにおける番組選定の最終的な判断基準はコストと収入にかかっている」と言う（インタビュー，2006 年 8 月 29 日）。

先述の通り，ESPN STAR スポーツはスポーツ試合の独占的放映権を確保

し，それらの試合を日本以外のアジア市場で放送することで地域での競争力を得ることを目的に，ESPN と STAR スポーツの間で設立された経緯がある（Cable & Satellite Asia, 1996b; Hughes, 1996）。ESPN STAR スポーツは自社が所有・経営する複数チャンネルのために放映権を獲得し，それぞれの現地版チャンネルで放送する。結果として，テニスやゴルフといった比較的どこの国でも人気がある競技は全ての現地版チャンネルで放送されるが，野球のリトル・リーグの国際試合などは ESPN 台湾でのみ放送される。また，先に記した通り，ウィルキンソンはサッカー，ゴルフ，テニスを多くの国で人気があるスポーツ競技と考えているが，チェンによれば，それらの競技は台湾ではあまり人気がない（インタビュー，2006 年 7 月 24 日）。ある試合の放映権獲得に必要な費用はその試合を放送するチャンネルが負担する。従って，理論的には，あるスポーツ競技が単独の現地版チャンネルによってのみ放送される場合，放映権獲得に必要な経費のほぼ全てをそのチャンネルが負担することになる。スポーツ競技に関する独特な嗜好がローカル市場に存在する ESPN 台湾には実際にこのような事が起きている。チェンは「他の ESPN チャンネルと費用を分け合うにしても，外国製番組は非常に値が張る」と述べる。ESPN 台湾がローカル制作番組の量を増やしたいと考えるのは，多くの場合にそれが低コストで高視聴率を稼ぐからである。

　さらに，ESPN STAR スポーツが購入したスポーツ番組は，現地語に翻訳されずに各チャンネルへ配給される。チェンは言語カスタム化の必要性を説くが（インタビュー，2006 年 7 月 24 日），それには予算が必要となってくる。吹き替えや字幕に必要なコストは番組の初期制作に必要な多額の固定費用に比べて，ごく僅かであるとメディア経済学は理論づける。確かにその通りではあるが，チェンが指摘するように，厳しい予算制約がある現地版チャンネルにとっては言語カスタム化に要するコストは，相対的な意味ではなく，絶対的な意味で高いと感じられる。結果として，ESPN 台湾の例に見られるように，現地版チャンネルはプライムタイム以外のそれほど重要でない時間帯に放送される番組に関しては，言語カスタム化に費用を投じることを躊躇する。

Ⅲ. テレビ番組標準化・適応化の決定要因　151

(2) **経営資源**

　ウィルキンソンは資源共有において ESPN STAR スポーツが ESPN の関連会社であることの強みを実感している（インタビュー，2006 年 8 月 29 日）。ESPN は資金を提供し，それが ESPN STAR スポーツの番組に反映されている。また，コンテンツ資源に関しては，ニュース取材における相互協力が挙げられる。一方で，長谷が繰り返し放映権確保の重要性を説くように，スポーツ・アイ ESPN が成功するためのカギとなるのは，ESPN STAR スポーツのように，現地版チャンネル間の広範なつながりを通じて魅力あるスポーツ試合の放映権を獲得できるか否かである。長谷はスポーツ・アイ ESPN を運営する J スポーツと ESPN が共同で日米両国での放映権獲得にあたることを望んでいる（インタビュー，2006 年 3 月 14 日）。ESPN が J スポーツをアジアにおける重要なパートナーと考えていることは間違いないだろうが，同時に ESPN は J スポーツの株式の 3％を所有するに留まっており，スポーツ・アイ ESPN により多くの資源を投入するには資本面でのつながりが弱すぎると考えられる。

　チェン（インタビュー，2006 年 7 月 24 日）やウィルキンソン（インタビュー，2006 年 8 月 29 日）は，世界各地から ESPN STAR スポーツに集まってくる才能溢れた従業員がもたらす国際的制作ノウハウの重要性を強調する。そのようなノウハウは国内のスポーツ・チャンネルに対して競争優位を得るための資源となりうると信じられている。

(3) **集中化・分散化の程度**

　ESPN STAR スポーツは放送番組に関して ESPN から独立した決定権を有している（ウィルキンソン，インタビュー，2006 年 8 月 29 日）。一方で，ESPN STAR スポーツは自社が所有・運営する現地版チャンネルとの関係の中で決定権を行使しており，それらチャンネルで地域共通番組が多く放送されている背景には，このような権限の存在がある。確かに，現地版チャンネルはインドにおけるクリケットや台湾における野球など，特定市場に関連したスポーツ試合を限られた量ではあるが放送している。また，『スポーツ・センター』の現地版も放送されている。しかし，現地版チャンネルにおける

番組編成は基本的にシンガポールのESPN STARスポーツ本社で決定されている。

ローカル・チームは自分たちの番組を企画することはできるが，それを実際に制作・購入するにはESPN STARスポーツ本社の承認を得なければならない。実際，ウィルキンソンは現地版チャンネルをESPN STARスポーツの番組の現地市場におけるアウトレットと見なしており，それらのチャンネルは番組選択権を持たないと考えている（インタビュー，2006年8月29日）。チェンは「ESPN STARスポーツとの関係は現地語実況を伴わない地域共通スポーツ番組や高価な費用分担といった，いくつかの不利点をESPN台湾にもたらしている」と述べる（インタビュー，2006年7月24日）。

一方で，日本人視聴者に訴求する番組がESPNからほとんど供給されない現状において，スポーツ・アイESPNは自分たちで番組決定をするしかない。スポーツ・アイESPNでどのような番組が放送されるかについてESPNはほとんど関与していない。長谷は「たとえスポーツ・アイESPNがESPNのライバル企業から番組を購入したとしても，ESPNは何も言わないだろう」と述べる（インタビュー，2006年3月14日）。

(4) 市場参入モード

ESPN STARスポーツやJスポーツは，ESPNがアジアで展開する合弁企業である。両者は放送番組に関する完全な決定権をESPNから与えられている。そして，これらの合弁企業が所有・運営するESPNの現地版チャンネルではごく少量のネットワーク番組が放送されているに過ぎない。

Ⅳ. 総合分析

アジアのESPNの現地版チャンネルで放送されるネットワーク番組の量は極めて少ない。ローカル市場での放送に必要な権利が処理されている少量のスポーツ番組だけが，それらのチャンネルへ向けて配給されているのが現状である。主にこの理由のため，ESPNはアジア市場において現地適応化を番組戦略として選択せざるを得ない。さらに，ある種のスポーツ競技は言語

や文化の境界線を越える可能性を秘めるが，競技に対する嗜好は基本的に国や地域ごとに異なる点が現地適応化の別の理由として挙げられる。概して，ESPNのスポーツ番組放送事業はローカル市場や地域における魅力に根ざしたビジネスであると言える。また，台湾のような市場ではESPNの現地適応化戦略が国産スポーツ・チャンネルとの熾烈な競争によって促進されている面もある。

　しかしながら，より正確に述べるならば，ESPNのアジアにおける番組戦略は現地適応化というよりも地域標準化（regional standardization）と見なすのが適切であろう。ESPNの合弁企業であるESPN STARスポーツは多くの場合，現地版チャンネルへ同一番組を供給している。ESPN STARスポーツは放送番組に関してESPNから決定権を与えられている一方で，自社が所有・運営する現地版チャンネルをローカル市場におけるESPN STARスポーツの番組のアウトレットと見なし，それらのチャンネルとの関係の中で支配力を発揮している。

第8章
事例④：ディスカバリー・チャンネル

　ディスカバリー・チャンネルは科学技術，自然・野生生物，アドベンチャー，歴史，文化，旅行，健康といった幅広いテーマに関するドキュメンタリー番組を主に放送している。メリーランド大学の資金調達担当で，メディア関連のコンサルタントだったジョン・ヘンドリックスは1985年に500万ドルという創業資金でディスカバリー・コミュニケーションズを設立し，ネットワークを立ち上げた。しかし，ドキュメンタリー専門のケーブルネットワークというコンセプトは，当時，急成長していた米国ケーブル市場においてでさえ簡単には受け入れられず，その類のネットワークが視聴者を引きつけると信じる者はほとんど皆無であった（Westcott, 1999）。1986年にネットワークが財政的困難に陥ると，ディスカバリー・チャンネルに2000万ドルを投資すべく，ケーブルネットワークと複数のケーブルシステム事業者（テレコミュニケーションズ，コックス・コミュニケーションズ，ニューハウス・ブロードキャスティング，ユナイテッド・ケーブルテレビジョン）との間における初の合弁事業が開始された（Strohm, 1993）。
　ディスカバリー・チャンネルは1989年のディスカバリー中央ヨーロッパ設立とともに海外市場へ進出し始めた。1994年に創設されたディスカバリー・アジアは1996年末までにオーストラリアとニュージーランド，台湾，東南アジア，フィリピン，マレーシア，日本向けの計6つの現地版チャンネルを立ち上げ，シンガポールの8万5000平方フィートの地域本部からそれらを配信した（Dickson, 1996）。図8-1はアジアにおける現地版ディスカバリー・チャンネルの所有構造を示すものである。現在ではアジア太平洋地域の23の国・地域で3億2500万以上の世帯に到達している[48]（Discovery

図 8-1 ディスカバリー・チャンネルの所有構造

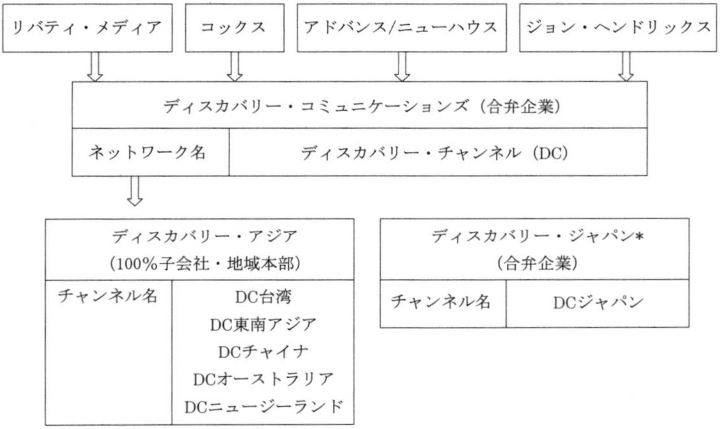

```
┌──────────────┐ ┌────────┐ ┌──────────────────┐ ┌──────────────────┐
│リバティ・メディア│ │コックス│ │アドバンス/ニューハウス│ │ジョン・ヘンドリックス│
└──────┬───────┘ └───┬────┘ └────────┬─────────┘ └────────┬─────────┘
       ↓             ↓               ↓                    ↓
┌─────────────────────────────────────────────────────────────────┐
│    ディスカバリー・コミュニケーションズ（合弁企業）              │
├──────────────┬──────────────────────────────────────────────────┤
│ネットワーク名│    ディスカバリー・チャンネル（DC）               │
└──────┬───────┴──────────────────────────────────────────────────┘
       ↓
┌──────────────────────────────┐  ┌──────────────────────────────┐
│    ディスカバリー・アジア     │  │  ディスカバリー・ジャパン＊   │
│ （100％子会社・地域本部）     │  │      （合弁企業）             │
├──────────┬───────────────────┤  ├──────────┬───────────────────┤
│チャンネル名│   DC台湾          │  │チャンネル名│   DCジャパン     │
│          │   DC東南アジア     │  └──────────┴───────────────────┘
│          │   DCチャイナ       │
│          │   DCオーストラリア │
│          │   DCニュージーランド│
└──────────┴───────────────────┘
```

＊：ディスカバリー・ジャパンはディスカバリー・アジアと日本企業の折半出資による合弁企業

Communications Inc., 2006a)。アジア太平洋地域の11カ国のデータをまとめた2003年汎アジア太平洋メディア間調査によると，ディスカバリー・チャンネルはアジアで最もよく視聴されているチャンネルという評価を得ている（Television Asia, 2003a）。

I. 番組製品

　ディスカバリー・ヨーロッパの国際広告担当副社長であるモニカ・マザーによると，ディスカバリー・チャンネルの約70％の番組は万国共通である（Campaign, 2002）。同様に，ディスカバリー・アジアの番組編成およびクリエーティブ・サービス担当上席副社長であるジェームス・ギボンスは「約60〜70％の番組はほとんどの地域で共有されている」と述べる（インタビュー，2006年8月29日）。とりわけ，現地版のディスカバリー・チャン

48　これら以外にも，アジアではニュー・デリーに本拠を置くディスカバリー・ネットワークス・インドが管理するディスカバリー・チャンネル・インドが2800万世帯以上に到達している（Discovery Communications Inc., 2006b）。

ネルで放送される番組の多くが米国製である。米国ディスカバリー・チャンネルが製作する番組の約60%は海外市場でも放送され（Shin, 2005），アジアのディスカバリー・チャンネルが放送する番組の約60%は米国ディスカバリー・チャンネルと共有しているものである（ギボンス，インタビュー，2006年8月29日）。要するに，アジアの現地版ディスカバリー・チャンネルの番組編成は多くがネットワーク番組，特に米国ディスカバリー・チャンネル製作の番組で占められている。

II．現地適応化

ディスカバリー・アジアは英語，日本語，マレー語，広東語，北京語（簡字体，繁字体），タイ語，韓国語の字幕オプションを添えて番組を配信している（Discovery Communications Inc., 2006a）。ギボンスの定義によると，現地適応化とは「それぞれの国・地域の文化的社会に関連するコンテンツを現地語で人々に届けること」である（インタビュー，2006年8月29日）。「関連する（relevant）」という単語をディスカバリー・チャンネルの幹部らはインタビュー中，繰り返して強調した。ディスカバリー・ジャパンの代表取締役社長であるフィリップ・ラフによると，米国や欧州の視聴者向けに元々は製作された番組である場合，ディスカバリー・チャンネル・ジャパンはその番組が日本人視聴者に関連するものであるか否かを見極めている（インタビュー，2006年3月17日）。ラフは「ディスカバリー・チャンネル・ジャパンで放送される全ての番組は，たとえ日本製ではなくとも，日本の視聴者に関連性があるものだ」と述べる。つまり，ディスカバリー・チャンネルにとって視聴者と関連性がある番組とは，ローカル市場で製作・購入された番組と必ずしも同義ではない。

一方で，ディスカバリー・チャンネルのドキュメンタリー番組は異なる市場にそれぞれ固有な価値や信念に沿って，いくつかのバージョンが制作されることがある。例えば，ディスカバリー・アジアと米国の公共放送によって共同制作された『海底の戦艦大和（Secrets of the Battleship Yamato）』とい

う特別番組がある。プロデューサーは米国の視聴者とアジアの視聴者に向けて同一番組を2バージョン，2つの異なった見解を考慮して制作した。さらに，特定のローカル市場の視聴者にとっての関連性を高めるため，番組が再編集されることもある。ある国のディスカバリー・チャンネルが製作した番組があるとして，ローカル市場の視聴者にとって関連性がなさそうな部分を削除し，逆に関連性のありそうな部分を追加することがある（ラフ，インタビュー，2006年3月17日）。また，ディスカバリー・チャンネルの約70％の番組が世界共通である一方で，残りの30％は地域レベルで製作・購入される方向へと向かっている。ギボンスによると，アジア地域規模での番組製作・購入は非常に費用がかかるため，ディスカバリー・チャンネルにとっては究極の現地適応化方法と考えられている（インタビュー，2006年8月29日）。

Ⅲ. テレビ番組標準化・適応化の決定要因

1. 製品特性

　ギボンスは，多くのドキュメンタリー番組は全ての人々に関連する世界を描き，ある特定文化に深く根ざすことが少ないために文化的に中立であると述べる（インタビュー，2006年8月29日）。ディスカバリー・コミュニケーションズの社長兼CEOであるジュディス・マックヘイルによれば，ネットワークは世界中の全ての人にとって魅力的な製品の開発を目指している（Haley, 2005）。実際に，普遍的魅力があるテーマを取り上げることはディスカバリー・チャンネルの番組戦略の根底にある主要コンセプトである。ギボンスは「世界中の多くの人が多岐に亘る出来事に関して知りたいと思っているため，ディスカバリー・チャンネルの魅力は普遍的である」と主張する。ギボンスによれば，グローバル規模で訴求する話題は，宇宙開発，科学技術，生態系問題，野生生物，世界の文化と歴史，古代文明，恐竜の進化などがある。世界規模で視聴者を引きつけるようなテーマがあるとして，ディスカバリー・チャンネルがそのようなテーマを取り上げる番組を

ネットワーク番組として製作・供給することは理に適うことであろう。ラフは「ターゲット視聴者が通常，世界の出来事に関する情報と洞察を求めているので，ディスカバリー・チャンネルのドキュメンタリー番組はその他の番組タイプと比べてグローバル志向となる」と説く（インタビュー，2006年3月17日）。

しかし一方で，ディスカバリー・チャンネルのCEOであるジョン・ヘンドリックスは「世界規模で視聴者を引きつけるようなドキュメンタリー番組を制作することは容易ではない。各国の人々の関心は異なる。我々は番組を適応させ，ある国や地域の人々が特別な興味を寄せるテーマに焦点を合わせるようにすべきだ」と説いている（Sricharatchanya, 1999）。また，ある国で製作されたドキュメンタリー番組はその国に固有な観点を反映している可能性がある。ギボンスも米国製ドキュメンタリー番組が時として米国の観点を反映していることを否定しない（インタビュー，2006年8月29日）。この点に関してジョン・ヘンドリックスはかつて「多くの人々が，我々の番組は欧米の観点に基づいており，それ以外の場所に住む人にはふさわしくないと考えている」と述べている（Sricharatchanya, 1999）。ラフによれば，視聴者は多くの場合，他国の考え方に基づいて作られた番組には興味を示さない（インタビュー，2006年3月17日）。

2. 視聴者セグメント

ラフは異なる国の視聴者が何らかの理由で同じテーマに興味を持つことがありうると述べる（インタビュー，2006年3月17日）。また，ギボンスは世界中のディスカバリー・チャンネルの共通視聴者（co-viewers）に同一番組が受け入れられる可能性があると示唆する（インタビュー，2006年8月29日）。

3. 各国の文化特性

ディスカバリー・チャンネルの番組が取り上げる普遍的なテーマに世界中の多くの人々が共通の関心を示すことはありうる。しかし厳密には，人々

が外国での出来事に興味を持つか否かは個々の国の特性にある程度左右されるだろう。ギボンスは「シンガポール人は一般に国外の世界に興味を示す」と言う（インタビュー，2006年8月29日）。逆に，ラフは「米国の視聴者はそれほど国際的な話題に関心がない」と述べる（インタビュー，2006年3月17日）。さらに，特定のテーマがある国の視聴者にどの程度受容されるかは結局のところ，その国の市場の嗜好次第とも考えられる。先に記したように，ディスカバリー・チャンネルの幹部らは歴史や科学技術を普遍的魅力のあるテーマと位置づけている。しかし，ネットワークはかつて，メキシコの視聴者は歴史や建築に関する番組を好み，中国やブラジルの視聴者は特に軍事技術の番組を好むことを明らかにしている（Walley, 1995）。ラフによると，サダム・フセインの残虐性を描くような番組は世界中の関心を呼ぶだろうが，日本の視聴者の多くはそのような暗く悲惨な話を好まない。このような傾向は日本文化がその一因となっていると考えられる。当然ながら，現地版チャンネルはローカル市場の視聴者の嗜好に合うような番組を放送しなければならない。

　ドキュメンタリー番組は非常に幅広いテーマを深く掘り下げて描く。あるテーマはグローバル規模ではなく，リージョナルあるいはローカル規模での関心を呼ぶ可能性がある。例えば，津波は多くの欧州人や米国人には関連性がないが，アジア人には深く関わるテーマである。ギボンスは「視聴者が気に留めるのは番組がグローバルかローカルかではなく，それが自分たちに関連するものか否かである」と述べる（インタビュー，2006年8月29日）。ディスカバリー・アジアは以前に『シンガポールの歴史（The History of Singapore）』というドキュメンタリー番組を製作した。この番組は当然ながらシンガポールの視聴者には関連性が高いものであり，そこでは高い視聴率を記録した。ギボンスは「世界中の多くの人にとって興味深いテーマではあったが，地元シンガポールでの関心が最も高く，そこから遠ざかるにつれて視聴率は低くなった」と回顧する。文化的近似性説を裏付けるように，この例は視聴者が一般に自国に関連するドキュメンタリー番組を最も好み，その次に自国を含む地域に関連するものを好むことを示唆している。

4. 各国の環境特性
(1) 経済的条件
　アジア諸国の中でドキュメンタリー作品を大量生産している国は少ない。アジアのドキュメンタリー専門チャンネルにとっての問題は，番組スケジュールを埋めるために十分な量の高品質ドキュメンタリー作品を国内市場で調達することが困難なことであろう（Westcott, 1999）。ドキュメンタリー作品を 24 時間流し続けるチャンネルを支えうる潤沢な予算を持ったドキュメンタリー制作産業が多くのアジアの国には存在しないのである。

(2) 物理的・地理的条件
　ディスカバリー・チャンネルは原則として地域ベースで運営されている。ディスカバリー・チャンネル・ジャパン，ディスカバリー・チャンネル台湾，ディスカバリー・チャンネル東南アジアといったアジアの現地版チャンネルは全てシンガポールにあるディスカバリー・アジア本部で編成・配信される。ディスカバリー・アジアの元上席副社長兼ゼネラル・マネージャーだったケビン・マッキンタイアーは「汎アジア的な野望はない」と述べた（Dhar, 1995）が，それと相反するようにディスカバリー・アジアは汎地域的な共通フォーマットの開発に務めている。既にコンテンツの 10%以上をアジア地域内で制作している（Bowman, 2003/2004）ように，地域内での独自番組制作あるいは共同番組制作に打ち込みつつある。例えば，『アジア・マスターピース・シリーズ（The Asian Masterpiece Series)』はディスカバリー・アジアの主導の下，地域の有能なディレクターがアジアの文化，土地，人々に関して制作したドキュメンタリー番組シリーズである（Discovery Communications Inc., 2006b）。

(3) 法的環境
　外国で制作された番組の量に関してディスカバリー・チャンネル・ジャパンはいかなる規制も受けていない。また，ディスカバリー・チャンネル・ジャパンはどのような話題や描写を放送することも禁止されてはいない（ラフ，インタビュー，2006 年 3 月 17 日）。

(4) インフラストラクチャー・支援部門

ディスカバリー・チャンネル・ジャパンは現在，広告よりも多チャンネル事業者からの視聴料に収入の多くを依存している。ラフによると，日本ではケーブルチャンネルへの CM 出稿に消極的な企業もある（インタビュー，2006 年 3 月 17 日）。これは視聴者数が依然として限られていること，そしてケーブルチャンネルの視聴率が定期的に測定されていないことに起因する。視聴者のデータが不足している場合，多くの企業はケーブルチャンネルへの CM 出稿を躊躇する。一方で，ディスカバリー・アジアはリージョナル規模で広告を打ちたい企業を引きつけている。先に記したとおり，ディスカバリー・アジアは汎地域的な共通番組フォーマットの開発に務めている。これは，地域におけるブランドの一貫性，そして汎地域規模でキャンペーン活動を行いたい広告主のニーズのためである。ラフは「ネットワークが番組フォーマットを市場ごとに著しく変更したなら，地域内で一貫した方法を求める広告主に対して不具合を生じさせることになる」と述べる。一方で，ギボンスは「広告主がネットワーク番組とローカル制作番組のどちらを一般に好むかは断言できない」と言う（インタビュー，2006 年 8 月 29 日）。

5. 競争

ディスカバリー・チャンネルにとって強力なライバルとなる国産チャンネルはアジアにはほとんど存在しない。一方で，ディスカバリー・チャンネルはナショナル・ジオグラフィック・チャンネルやヒストリー・チャンネルとグローバル規模の競争を行っている。ディスカバリー・チャンネルはドキュメンタリー番組供給事業におけるリーディング・ネットワークであり，ラフによれば，ディスカバリー・チャンネルが成功したやり方はナショナル・ジオグラフィック・チャンネルの模倣の対象となってきた（インタビュー，2006 年 3 月 17 日）。複数の市場を横断しても不変な競争力を有する企業はそれらの市場でのマーケティング戦略標準化に成功する可能性が高いと考えられ，このことはディスカバリー・チャンネルにも当てはまるようである。世界の最大手ドキュメンタリー番組ネットワークというポジションは個別市場の競争状況によって大きな影響を受けるものではなく，結果としてディス

カバリー・チャンネルは比較的容易に同一番組をグローバル規模で配給できる。

6. ブランドと原産国効果
(1) ブランド
　一般に，ディスカバリー・チャンネルは米国ブランドというよりもグローバル・ブランドとして日本の視聴者に認知されている（ラフ，インタビュー，2006年3月17日）。グローバル・ブランドという認識から視聴者は，ディスカバリー・チャンネルがしばしば強調する高品質を容易に連想することができるだろう。一方で，チャン＝オルムステッド（2006）はディスカバリー・チャンネルが視聴者に製品関連属性（例：広範囲に及ぶ情報）も連想させている点を指摘する。ギボンスによると，多くの視聴者は世界的な出来事に関する詳細かつ貴重な情報を欲するとともに，グローバル・テレビネットワークの視点で製作されるローカル市場関連の話を観たがっている（インタビュー，2006年8月29日）。ディスカバリー・チャンネルの番組は，これらの需要を満たすことが期待されている。

(2) 原産国
　現地版ディスカバリー・チャンネルで放送される番組の多くが米国のディスカバリー・チャンネルによって製作されたものであるが，米国がアジアの視聴者に優れたドキュメンタリー番組の原産国として認知されているか否かは定かではない。ギボンスは「あるドキュメンタリー番組が元々どこの国で製作されたか視聴者は判別できないことがある」と述べる（インタビュー，2006年8月29日）。ドキュメンタリー番組制作分野において国際共同制作が一般化するにつれて，このような傾向はさらに強まるだろう。

7. 企業特性
(1) 哲学・方向性
　ディスカバリー・チャンネルの番組哲学は，「世界を拓け（Explore your world）」というネットワークのスローガンあるいは地球を描いたロゴに示さ

Ⅲ. テレビ番組標準化・適応化の決定要因　163

れるように，人々は地球上の森羅万象に対して知識を深めたがっているという前提に基づく。ギボンス（インタビュー，2006年8月29日）やラフ（インタビュー，2006年3月17日）によると，視聴者によく知られた出来事の，まだあまりよく知られていない事実を発見し，それを高品質の番組という形で提示することがディスカバリー・チャンネルの務めである。多くの人が共鳴するグローバルなテーマを取り上げる一方で，ディスカバリー・チャンネルはリージョナルあるいはローカル市場の視聴者に特に関連する問題に焦点を合わせた番組製作を模索する。つまり，他の多くのグローバル・テレビネットワーク同様，ディスカバリー・チャンネルも現地版チャンネル間の共有番組を増やすことと個々のローカル市場のニーズに反応することとの間でバランスを保とうとしている。この点に関してギボンスは，「ディスカバリー・アジアにおいては，ローカル市場のニーズに特別に適応する番組が各国間で共有されている番組を補完する役割を果たしている」と説く。

　ディスカバリー・アジアの元上席副社長兼ゼネラル・マネージャーだったケビン・マッキンタイアーは，「言語カスタム化や番組のある要素が現地適応化される必要があることは認めるが，中央管理的な番組製作・配給における規模の経済性も理解しなければならない」と述べている（Cable & Satellite Asia, 1996a）。ディスカバリー・チャンネルが現地版チャンネルにおけるネットワーク番組の量を最大化しようとする背景には，あるロジックが存在するようだ。ギボンス（インタビュー，2006年8月29日）やラフ（インタビュー，2006年3月17日）によれば，ディスカバリー・チャンネルは番組の質というものを非常に重視している。しかし高品質の番組は通常，莫大な製作費を必要とし，このことはディスカバリー・チャンネルの番組にも当てはまる。グローバル規模での需要を満たすような高いクオリティや価値の高い情報は廉価で得られるものではないため，ディスカバリー・チャンネルの番組1本あたりの製作費は100万ドルを超えることもある（ギボンス，インタビュー，2006年8月29日）。ギボンスが指摘するように，世界規模で同一番組を製作・配給することでネットワークは規模の経済を達成することができ，結果的に別の高品質番組製作への巨額の投資が可能にな

る。

　ディスカバリー・チャンネル・ジャパンは現段階では1本も独自番組を制作していないが，これは製作に必要な予算が割り当てられていないからである。ラフによると，ディスカバリー・アジアはアジアにおける現地版チャンネルへの番組供給に関して全責任を負っている（インタビュー，2006年3月17日）。実際に番組を獲得する際，ディスカバリー・アジアは通常，全アジア地域における番組放映権を確保する。ラフは，「地域内で番組を共有すれば，個別ローカル市場のためだけに番組を製作・購入するよりもはるかに費用効率が高い」と述べる。確かに，ディスカバリー・チャンネルが100万ドルの製作費で作られるネットワーク番組と同水準の質を保ちながら10市場に向けて10種類の番組を製作するのは事実上不可能であろう。現在，ディスカバリーのそれぞれの現地版チャンネルはグローバル規模，または場合によってはリージョナル規模で製作される番組の発注，つまり製作依頼（commission）を行っている。ギボンスが主張するように，世界中の市場間で多くの番組が共有され，製作費が分担されなければ，ディスカバリー・チャンネルのビジネス・モデルは経済的に機能しないのである。

　全ての条件が同じならば，ドキュメンタリー番組の製作は購入より費用がかかる。しかし，ディスカバリー・チャンネルは自分たちが番組を製作した際に保有できる権利を重要視する。番組に関連する権利を活用し，DVD，有料放送，ブロードバンドや移動通信体向けサービスから生じる収入を得るためである。要するに，ディスカバリー・チャンネルは権利所有の見返りをウィンドウ戦略を通して最大化することを目標としているのである。ギボンスは「権利を活用できれば，オリジナル番組製作は他者とライセンスを共有するよりも費用対効果が高い」と述べる（インタビュー，2006年8月29日）。

(2) 経営資源

　個々の現地版ディスカバリー・チャンネルがグローバル・テレビネットワークの一員であることの利点は，世界中の多くの資源が入手・利用可能な点にある（ラフ，インタビュー，2006年3月17日）。多くの番組が世界規

模あるいは地域規模で共有されているように，それぞれの現地版チャンネルはネットワークのコンテンツ資源を常に活用している。

また，ディスカバリー・チャンネルのネットワーク内部では，地域を超えて情報や創造性豊かなアイディアを共有するためのコミュニケーションが活発に行われている。ディスカバリー・ネットワーク・インターナショナル社長のドーン・マッコールは「我々は頻繁にやりとりを行っており，このことは大きな利点となっている」と述べる（Winslow, 2001）。実際，ラフは彼自身がネットワークの国際ビジネスの一員であることを自覚し，日本以外のディスカバリー・チャンネルに勤務する人々と常に連絡を取り合っている（インタビュー，2006年3月17日）。ラフは「我々は彼らからアイディアを得ているし，我々が日本市場で行って成功したことに関するアイディアを彼らに伝えることもある」と言う。

(3) **集中化・分散化の程度**

ディスカバリー・チャンネルの番組決定は原則として地域本部でなされる。ディスカバリー・アジアはディスカバリー・コミュニケーションズから独立して放送番組を決定する権利を有する。ギボンスは「我々に放送番組を強要するものはない」と述べる（インタビュー，2006年8月29日）。ディスカバリー・チャンネルの中央委員会には全ての地域の代表者が集まり，個々の市場のニーズに沿って番組製作依頼や購入の提案が行われている（Jenkins, 2001）。

番組編成はそれぞれの市場を熟知・理解する人によって行われてこそ成功するという考えに基づき，ディスカバリー・アジアの編成局には個々の現地版チャンネルのニーズや各ローカル市場の視聴者が関心を抱くテーマを把握している人々がいる。加えて，それぞれのローカル・チームはローカル市場でどのような番組が成功する可能性があるかを地域本部に進言する。ギボンスは「我々はどのような番組がそれぞれの市場で成功するかをローカル・チームと協議しながら自由に決定を行っている。（中略）現地版チャンネルに放送番組を強要することは明らかに間違いである」と主張する（インタビュー，2006年8月29日）。しかし，ラフはローカル・チームの長として

の視点から「我々は番組決定に関して決定権を持っているというよりも，地域本部と共同作業を行っている。やりたいことを何でも行うような権限はない」と述べる。また，ディスカバリー・ジャパンは番組に関する全ての決定を地域本部と協議しなければならないだけでなく，独自番組編成を行うのに必要な予算を地域本部から与えられていない。

(4) 市場参入モード

アジア地域本部であるディスカバリー・アジアはディスカバリー・コミュニケーションズの完全所有子会社である。ディスカバリー・アジアは番組決定に関する決定権をネットワーク本社から委譲されているが，同社が所有・運営する現地版チャンネルでは多くのネットワーク番組が放送されている。

Ⅳ．総合分析

ディスカバリー・チャンネルでは現地版チャンネルの番組の多くがネットワークによって世界規模で配給される番組によって占められている。ディスカバリー・チャンネルを世界標準化戦略の採用へと駆り立てる明確な理由がいくつか存在する。ドキュメンタリー番組の多くは文化的に中立であるため，ディスカバリー・チャンネルのネットワーク番組も普遍的魅力を伴うものが多く，また，相当数の視聴者が広範なテーマに関して世界で起きていることに関心を持っていると信じられている。実際，普遍的な訴求力を持ちそうなテーマを取り上げることはディスカバリー・チャンネルの番組戦略における礎となっている。加えて，ディスカバリー・チャンネルのネットワーク番組が比較的層の厚い超国家視聴者セグメントに支持されていることも理由の一つであろう。さらに，ディスカバリー・チャンネルは多くの市場で最大手のドキュメンタリー番組ネットワークであり，また国産チャンネルという競合者が存在しないため，番組が各市場の競争状況に左右されることも少ない。企業内部要因としては，高額な費用をかけて製作された番組をできるだけ多くの市場へ配給することで規模の経済を達成し，経営効率を高めている点が挙げられる。従って，各現地版チャンネルはある程度番組を共有するべ

きだと考えられている。現地版チャンネルでの番組編成は，ネットワーク本社の完全所有子会社であるディスカバリー・アジアという地域本部とローカル・チームの共同作業の中で決定されるというが，実際にローカル・チームへ委譲されている権限は少ない。

第 9 章
ネットワーク事例間分析

I. 番組製品

　RQ1 は，米国系ケーブルネットワークが実際にどのような番組をアジアの現地版チャンネルで放送しているかを問うものである。ネットワークによる番組戦略を包括的に考察するために，ネットワークによって供給される番組（以下，ネットワーク番組）およびローカル・レベルで独自に制作あるいは購入される番組が，現地版チャンネルの放送番組においてどの程度の割合を占めているか，そして比率が市場間でどの程度異なるかを調査した。ネットワーク番組は標準化番組に類似するものだが，必ずしも同じではない。ネットワーク番組には必要に応じて現地語の字幕や吹き替えが加えられることが多いためである。インタビュー回答者であるネットワーク幹部やマネージャーは，編成において番組をネットワーク番組あるいは独自制作・購入番組へ分類することを通常，意識して行っている。

　表 9-1 は，本研究のために選出された現地版チャンネルの放送番組にお

表 9-1 現地版チャンネルの放送番組におけるネットワーク番組の比率

市場 ネットワーク	日本	台湾	シンガポール
MTV ネットワークス	MTV ジャパン 10-20%	MTV 台湾 10%	MTV サム 60%
カートゥーン・ネットワーク (CN)	CN ジャパン 18%	CN 台湾 30%	CN 東南アジア 60%
ESPN	スポーツ・アイ ESPN 非常に小さい	ESPN 台湾 非常に小さい	ESPN アジア 非常に小さい
ディスカバリー・チャンネル (DC)	DC ジャパン 非常に大きい	DC 台湾 不明	DC 東南アジア 60～70%

いて，ネットワーク番組が占める割合をまとめたものである。比率がネットワーク間，そして市場間で大きく異なっていることがわかる。MTVとカートゥーン・ネットワークは日本および台湾市場において，シンガポール市場においてよりも，少量のネットワーク番組を放送している（10～30％対60％）。また，アジアにおけるESPNの番組の多くは関連会社が独自に制作・購入したものであるが，これは，放映権のためにESPNが米国で放送する番組をその他の市場に供給することが難しいことに関連すると考えられる。対照的に，ディスカバリー・チャンネルは多くの番組を世界規模で配給しており，アジアの現地版ディスカバリー・チャンネルの放送番組も多くがネットワーク番組で占められている。

II．現地適応化

第1章に記したように，今日では現地適応化がグローバル・テレビネットワークにとって重要な戦略となっていることを多くの研究者が指摘している。先に見たように，米国系ケーブルネットワークはアジアにおいてローカル・レベルで制作・購入した番組を多かれ少なかれ放送している。RQ2に関連して検討されるべきは，米国系ケーブルネットワークの幹部やマネージャーが現地適応化戦略をどのように考え，また，実際にはどのように番組製品を個々のローカル市場に適応させているかという点である。

インタビュー回答者は「現地適応化をどのように定義するか？」という問いに対して，ほぼ同様に以下のように答えている。「ローカル市場の視聴者に関連性のある番組を放送し，チャンネルが彼らのために作られていると感じさせること」である。つまり，テレビ番組の現地適応化とはローカル市場の視聴者のために適切なコンテンツを精選することであり，ローカル市場で制作・購入された番組必ずしも伴うものではないと一般的に捉えられている。極端な場合には，ローカル市場の視聴者のために選ばれた番組は全て現地適応化されていると見なされるように，現地適応化というコンセプトは拡大解釈される傾向にある。カートゥーン・ネットワークやディスカバリー・

チャンネルの現地版チャンネルは独自番組の制作を行っていないが，そこで放送されている番組の多くはローカル市場の嗜好を十分に考慮して選ばれた番組であるため，現地適応化されているものと考えられている。概念上，テレビ番組の現地適応化はローカル市場の視聴者の嗜好を反映し，彼らへの関連性を高めるためのアプローチと捉えられている。このような概念を銘記することは，個別ローカル市場のために番組を選別する際，例えば，数あるネットワーク番組の中から番組を取捨選択したり，番組を購入する際に非常に重要なものであろう。

　一方で，実際の制作プロセスにおけるテレビ番組の現地適応化にはいくつかの形式が存在する。第一に，外国で製作されたテレビ番組の言語カスタム化が挙げられる。MTVの現地版チャンネルは基本的に現地語で制作された番組を放送している。カートゥーン・ネットワークやディスカバリー・チャンネルは日本や台湾で現地語へのカスタム化を行う一方，東南アジア向けのチャンネルは複数言語の音声トラックあるいは字幕とともに配信されている。しかし，ESPN台湾やESPNアジアといったESPN STARスポーツの現地版チャンネルでは，市場によっては相当数の視聴者が英語を理解しないにもかかわらず，プライムタイム以外の番組は英語でのみ放送されている。

　現地適応化番組の制作は実践面において言語カスタム化を前提とするであろうが，それを超えている場合も多い。現地版チャンネルの制作チームはネットワークが供給するコンテンツを自ら制作する番組に部分的に挿入するなどして活用することがある。MTVの現地版チャンネルはネットワークによって供給される音楽番組を再編集し，現地制作番組に組み込んでいる。同様に，ディスカバリー・アジアは外国のディスカバリー・チャンネルが制作したドキュメンタリー番組をアジアの視聴者には不適切と思われる部分を削除するなどして，再編集することがある。このような現地適応化のレベルにおいては，既に完成しているネットワーク番組を完全に作り直す必要はなく，現地の文化的価値と合致するような話題を抽出したり，番組の雰囲気を適度に手直しすればよい。後に製品特性と絡めて論じられるように，このような適応化パターンの実行可能性はそれぞれのネットワークが特化する番組

図 9-1 テレビ番組現地適応化のプロセス

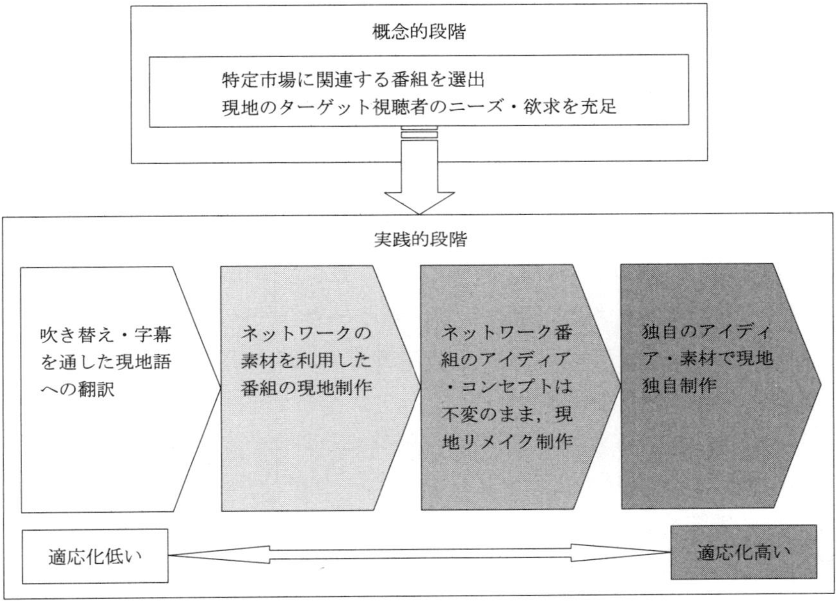

```
概念的段階
  特定市場に関連する番組を選出
  現地のターゲット視聴者のニーズ・欲求を充足

           ↓

実践的段階
 [吹き替え・字幕を通した現地語への翻訳] → [ネットワークの素材を利用した番組の現地制作] → [ネットワーク番組のアイディア・コンセプトは不変のまま、現地リメイク制作] → [独自のアイディア・素材で現地独自制作]

 適応化低い ←――――――→ 適応化高い
```

タイプのフォーマットに依存する部分が大きいと考えられる。

　一方で,ネットワーク番組のリメイクも積極的に行われている。ローカル市場で人気のあるタレントやキャラクターを起用するなどして,元々はネットワークによって製作された番組を修正するわけだが,そこに含まれるアイディアやコンセプトは基本的に不変のまま保たれる。MTVのリアリティ番組やESPNのスポーツ・ニュースは優れた番組企画がどのようにネットワーク内で共有され,ローカル・レベルで修正されるかを示す例であろう。ローカル市場の嗜好に適合するように,既存のアニメーション・シリーズのキャラクターを修正したカートゥーン・ネットワークも似たようなアプローチを採用していると言える。

　最後に,現地適応化の究極の形は,特定のローカル市場のために開発された企画に基づき完全な独自番組を制作することである。現在,このようなアプローチはMTVの現地版チャンネル,そしてESPNの現地版チャンネルに

散見される。図9−1はコンセプト段階から実践段階へ続くテレビ番組現地適応化の一連のプロセスを示している。

Ⅲ. テレビ番組標準化・適応化の決定要因

1. 製品特性

文献レビューでは，製品に固有の特性，中でもその製品の受容が市場の文化特性にどれだけ影響されるかによって製品標準化・適応化の可能性が異なってくると説かれる。RQ3への回答として，テレビ番組に本質的に備わっている特性が番組戦略にどのような影響を与えるかを以下で分析する。

(1) 文化的感受性と普遍的魅力

製品を現地適応化する必要性はその製品の文化的感受性によって正の影響を受けると考えられる。メディア・コンテンツなど，市場固有の文化によって受容が制限されうる製品の世界規模でのマーケティングは多くの場合，困難を伴うだろう。一方で，テレビ番組の文化感受性は番組タイプやジャンルによって異なると考えられる。また，ある種の番組は普遍的魅力を有しており，市場を超えてもそれほど適応化する必要がないと推測される。

一般に，アニメーションやドキュメンタリーは異なる文化状況下でも比較的理解されやすい番組タイプであると考えられる。これは，アニメーション番組やドキュメンタリー番組は世界の多くの人々にとって馴染み深いテーマを扱うことが多いからである。しかしながら，これらの番組タイプの文化的感受性が弱いからといって，ローカル市場の視聴者がこれらの番組タイプに属する外国製番組を嗜好するとは限らない。コンテンツの内容を理解することは当然，そのコンテンツを嗜好する上での必要条件となるが，両者は同義ではない。

グローバル規模で配給されるネットワーク番組の多くが依然として米国で制作されている。問題は，そのような番組が最初から世界規模での視聴者を想定して製作されているのか，それとも元々は特定市場の視聴者をターゲットとし，後にその他の市場へ配給されるのかという点である。MTVの

Ⅲ. テレビ番組標準化・適応化の決定要因　173

ヴァーマは「MTVの番組は基本的に特定市場向けに製作されている」と述べる（インタビュー，2006年8月28日）。一方，カートゥーン・ネットワークのアニメーション作品やディスカバリー・チャンネルのドキュメンタリー番組の多くは世界中の市場で受容されることを念頭に置き，グローバルな観点に基づいて製作されていると信じられている。そして，実際に両ネットワークは番組の世界規模での配給に熱心である。しかし，現実として，そのような番組を製作することが可能か否かは議論が分かれる点である。複数の外国関連会社からのインプットがあったとしても，番組はプロデューサーの視点，つまり彼・彼女の文化的価値に根ざした視点を必然的に反映していると考えられる。

一方で，ある種の音楽アーティスト，アニメーション・キャラクター，スポーツ選手と試合，そして社会的出来事は世界的な関心を引くと考えられており，従って，それらを扱った番組は世界中の視聴者，あるいは少なくとも複数市場の視聴者に訴求する可能性がある。例えば，MTVの番組に出演する国際的なアーティストやディスカバリー・チャンネルで特集されるいくつかのテーマは普遍的な魅力を持ちうる。これらの人物やテーマは，番組タイプに備わった国境を超える潜在能力と相まって，ネットワーク番組を世界規模で配給する根拠となりうるだろう。

(2) 番組製作費とフォーマット

ディスカバリー・アジアのギボンスは「MTVとディスカバリー・チャンネル，それぞれの現地版チャンネルにおける独自番組の比率の差は，音楽番組とドキュメンタリー番組の制作にかかる一般的な費用の差に起因する可能性がある」と推測する（インタビュー，2006年8月29日）。同様に，かつてMTVに勤務した経験を持つESPN台湾のチェンは「MTVの現地版チャンネルが多くの番組を独自に製作できるのは，製作に必要な費用が比較的小さいからだ」と述べる（インタビュー，2006年7月24日）。反対に，相対的に多額の製作費を要するカートゥーン・ネットワークやディスカバリー・チャンネルの番組を個別の現地版チャンネル・レベルで製作するのは事実上，難しいだろう。

さらに，音楽番組，より厳密には音楽ビデオを連続して流す番組は現地適応化に最適な番組フォーマットであると考えられる。国内と外国の音楽素材を1つの番組内で混在させることができるからである。通常，音楽番組は音楽ビデオであろうとコンサートで演奏される曲であろうと，複数の楽曲から構成される。実際に，MTVジャパンは外国のMTVの素材を編集し，独自制作番組に取り込む手法を使っている（外川，インタビュー，2006年3月15日）。このような手法は，複数の話から構成されるオムニバス形式のドキュメンタリー番組でも用いることができる。対照的に，アニメーション番組やドラマといった番組タイプには起承転結から成る話の流れがあり，従って，視聴者を十分に楽しませるためには一話が完全な形で放送されなくてはならない。完成したアニメーション番組から一部を切り取り，他のアニメーション番組へ挿入することは難しい。カートゥーン・ネットワークの通常の番組フォーマットでは，現地版チャンネルが独自制作番組のために既存の番組を再編集することは現実的ではない。

　RQ3は米国系ケーブルネットワークの番組がいかに番組製品特性の関数となりうるかを問うた。テレビ番組に備わる魅力は通常，市場によって異なるものだが，ある種の番組は普遍的魅力を持つ。加えて，それぞれの番組タイプは異なった程度の文化的感受性をもつため，番組戦略を決定づける要因となりうる。さらに，番組タイプが要因となりうるのは，現地版チャンネルが独自番組を作るために必要な費用や番組フォーマットが番組タイプによって異なるためでもあると考えられる。

2. 視聴者セグメント

　あるテレビ番組の国際的な成功は，類似する番組嗜好を持つターゲット・セグメントが国を超えて存在することを前提とする。問題は，そのようなセグメントは実在するのか，そしてもし存在するならば，番組戦略にどのように影響すると考えられるかという点である。

　米国系ケーブルネットワークの幹部やマネージャーの多くがアジア市場には国際的なコンテンツを好む視聴者が存在すると述べている。そのような視

Ⅲ. テレビ番組標準化・適応化の決定要因　175

聴者は上述の普遍的魅力を備えたコンテンツだけでなく，ネットワーク番組を恒常的に選好する層であり，国家市場を超えて共通する嗜好を有する。超国家視聴者セグメントの存在はネットワークに同一番組を世界規模で配給する動機を与える。しかし，番組製品の成功はそのようなセグメントの存在だけではなく，国際マーケティング研究の文献に示されるように，セグメントの規模，そしてセグメントがネットワーク番組を嗜好する度合いによって左右される。恐らく，ディスカバリー・チャンネルとカートゥーン・ネットワークにはネットワーク番組のターゲットとして十分な規模の超国家視聴者セグメントが存在しており，ネットワークは番組を世界規模で配給できる。MTVのネットワーク番組を選好する視聴者も各国市場に存在はしているのだが，日本や台湾では非常に小規模に留まっており，総体として見た場合に十分な利益を産むほどの世界市場を形成するとは考えられていない。

3. 各国の文化特性

　テレビ番組製品はその魅力が各国市場の嗜好—大部分が各国の文化に根ざした嗜好—によって異なる文化製品である。RQ5は市場における文化特性が米国系ケーブルネットワークの番組戦略にどのような影響を及ぼすかを検討する。

　各国の文化特性は米国系ケーブルネットワークの番組にいくつかの影響を及ぼしている。まず，視聴者は馴染み深いアイコンや自分と関連性があるテーマを扱う番組を選好する傾向にあるが，こういったアイコンやテーマの多くはローカル市場固有のものである。また，米国系ケーブルネットワークの幹部やマネージャーの多くがそれぞれの国にはテレビ番組に対する独特な好みが存在することを認知している。彼らは，嗜好の相違の背後にある理由として必ずしも特定国の独特な文化に言及してはいないが，本書で繰り返し指摘してきたように，視聴者は自らの文化的価値に基づきメディア・コンテンツを解釈すると考えられる。全てのインタビュー対象者が自分たちの番組サービスはローカル市場の需要を満たさなければならないと認めているように，米国系ケーブルネットワークはアジア市場における番組決定に際し，

ターゲット視聴者の嗜好を重要視している。視聴者の間では多くの場合，ネットワークによって世界規模で配給される番組よりも個別ローカル市場の嗜好やニーズに応えるべく製作あるいは購入された番組が人気を集める。逆説的に言えば，ネットワーク番組が少なくともローカル番組と同等に好まれるのであれば，それらはより多く放送されうると推測される。実際，MTV ジャパンの笹本は「もし米国 MTV 製のコンテンツを吹き替えや字幕付きで放送することで視聴者数が増えるのであれば，我々はそのようなコンテンツの比率を 30 〜 40％に増やすだろう」と述べる（インタビュー，2006 年 3 月 15 日）。しかし，現状では，ローカル市場の視聴者を引きつけることのできるネットワーク番組の数は限られている。

　さらに，ネットワーク番組が受容される程度が国によって著しく異なっている点も注視する必要がある。インタビュー回答者は，ネットワーク番組はシンガポールで高く受容されていると述べる。主要なネットワーク番組はシンガポールで非常に人気が高く（ヴァーマ，インタビュー，2006 年 8 月 28 日），シンガポール人は米国製アニメーションを高く受容し（ショフィールド，インタビュー，2006 年 8 月 25 日），自国外の世界の出来事に関心が高い（ギボンス，インタビュー，2006 年 8 月 29 日）。これらの傾向は，多くのシンガポール人に備わる多文化的かつ国際的な特性にある程度起因すると考えられる。また，シンガポールの視聴者が世界から選りすぐられた最高レベルのコンテンツを欲するのに対し，日本や台湾の視聴者はあくまで自分たち自身により近いものを求める傾向がある。さらに，シンガポールは英語圏であるため，ネットワーク番組，特に会話ベースのものは日本や台湾以上に受け入れられやすい。

　ネットワーク番組の多くが依然として米国で製作されているという事実があるとして，それらの番組は，言語を含めた文化的要素が米国のそれと類似する国で成功する可能性が高いだろう。一方で，いくつかのアジアの国々は似たような文化的価値を共有しており，そのため番組流通が地域単位で活発化している。実際に，MTV ネットワークス・アジアは現地版チャンネル間で番組を流通させているし，ディスカバリー・アジアはアジア市場に広く訴

求するドキュメンタリー番組の製作を試みている。

4. 各国の環境特性

　文化特性に加え，各国の環境特性もそこで提供される製品に影響を与えると考えられる。国際マーケティング研究の文献では，製品標準化・適応化の方向性に影響する重要な要因として環境における4種類の相違が特定されている。経済的，物理・地理的，法的，そしてインフラストラクチャー・支援環境である。それらの環境が類似する場合に製品標準化実行の可能性は高まると考えられる。RQ6は環境要因が米国系ケーブルネットワークの番組戦略にどのような影響を及ぼすと知覚されているかを問う。

(1) 経済的条件

　いくつかの国際マーケティング研究では，経済的条件が類似した国の消費者は同質化し，製品標準化の機会を提供すると想定される。しかし，経済的条件が類似している国の視聴者たちが似たような番組嗜好を有することを実際に示すデータはない。例えば，シンガポールと台湾は1人あたりのGDPにおいて近似しているが，これまで論じられたように，両国の視聴者はテレビ番組に対して基本的に異なった嗜好を持つ。ある2つの国が似たような経済的水準にあるという理由だけで，それらの国々の視聴者たちに同一の番組製品を提供できると考えるのは現実的ではないだろう。

　一方で，第3章で論じられたように，1国の経済状況はその国における米国系ケーブルネットワークの番組戦略に影響を与えると考えられる。ある国の人口と1人あたりの国民所得の高さなどで示される経済規模は，自国におけるテレビ番組自給自足率の高さに寄与するものと考えられる。大きさと豊かさの結合がその国に有益なテレビ番組制作産業を出現させるからである。何人かのインタビュー回答者が指摘したように，シンガポールのテレビ番組制作産業は日本や台湾のものほど大きくなく，成熟していない。2005年の1人あたりのGDPが2万7600ドルに達するなど，シンガポールは比較的裕福な国であるが，人口に関して言えば，台湾の5分の1，日本の28分の1に過ぎない。そのような状況下では，番組事業者が自国内で十分な量の番組を

製作・購入することは難しく，自国製番組の代替品として必然的に外国製番組が求められていると考えられる。実際に，米国系ケーブルネットワークはシンガポールの視聴者だけに向けた番組を制作するインセンティヴを多くは持ち合わせていないようである。このような事は，広義において国内経済の条件がテレビ番組戦略にもたらす影響と解釈されうるであろう。

(2) **物理的・地理的条件**

国際マーケティング研究の文献は，諸国間では気候や地形といった物理的条件が相違するため，企業は異なる環境に適応するように製品を修正しなければならないと説く。例えば，米国の電気製品製造業者は海外市場の居住環境や気候に合わせて製品の大きさや機能を修正する必要があるかもしれない。しかし，番組コンテンツは無形財であり，物理的条件に制約されることは少ないと考えられる。米国系ケーブルネットワークが海外市場の居住環境や気候に適合するように番組を修正する可能性は低く，従って，気候や地形の相違がテレビ番組戦略に及ぼす影響はほとんどないと考えて良いだろう。

一方で，特定市場でどのような製品が提供されるかは，その市場の地理的条件に左右される可能性がある。実際，第3章で指摘されたように，地理上区分される各地域はグローバル・テレビネットワークの運営においてそれぞれ1つのユニットと見なされており，ネットワークの発展過程で重要な役割を果たしている。グローバル・テレビネットワークが同一番組を地域規模で配給できる機会を捜すことは十分にありうる。つまり，地理的近接性の番組戦略への影響は，地理的に近い市場の現地版チャンネルが同一番組を共有することがあるという事実に見られる。しかし，テレビ番組のアジア地域内流通の活発化は，視聴嗜好の同質化をもたらしうるアジア市場間の文化的近似性に起因するとも考えられる。加えて，アジアの現地版チャンネル間でどの程度番組が流通するかは，アジアの地域本部がどの程度の番組決定権を有しているかにもよる。地域規模で番組を放送するためには地域本部による調整が不可欠だからである。米国系ケーブルネットワークのアジアにおける主要関連会社であり，実質的な地域本部であるMTVネットワークス・アジア，カートゥーン・ネットワーク・アジア太平洋，ESPN STARスポーツ，ディ

スカバリー・アジアは自ら製作・購入した番組を自社が所有する現地版チャンネルへ配給する経済的インセンティヴを有すると考えられるが，それら地域本部に対して番組決定に関する自由裁量が与えられているかはネットワーク間で異なる可能性がある。この点は後で詳細に論じる。

(3) 法的環境

　一般の製品が海外市場の法的条件に合致するように修正されなければいけないように，個別ローカル市場の法的条件はその市場でどのような番組が放送されるかを左右する。このような規制は大きく2通りある。外国製コンテンツの放送に関してケーブルネットワークに課せられる上限（量的規制）と番組内容規制（質的規制）である。

　日本やシンガポールには番組スケジュールの一定量が国産番組で占められなければならないというような量的規制がない。台湾では特定のケーブルネットワークに対して外国製番組の量に上限が定められている。ただし，一般に，外国企業所有のケーブルネットワークに対する外国製番組の量的規制は地上波放送ネットワークに対する場合と比べて緩やかである。おそらく，多くの国の政府は，アニメーションやドキュメンタリー専門チャンネルが自国製コンテンツだけで番組編成を行うことは事実上不可能であることを理解していると考えられる。また，外国からの衛星放送をある国のケーブル局が受信し，国内市場向けに配信する場合，その国における規制の対象外となる。例えば，カートゥーン・ネットワーク東南アジアは香港から多くのアジア諸国へ向けて発信されており，個々の国の規制は適用されていない。ショフィールドは「現在，韓国はカートゥーン・ネットワーク東南アジアを受信しているが，もし我々がカートゥーン・ネットワーク・コリアという現地版チャンネルを立ち上げたならば，コンテンツの3分の1が韓国製でなければならないという義務が生じる」と述べる（インタビュー，2006年8月25日）。

　さらに，番組内容規制に関しても地上波放送で禁じられている表現がケーブルテレビでは許可されている場合がある[49]。そこでは，政府の直接的な番

49　例えば，シンガポールのケーブルテレビでは性，暴力，同性愛などを扱った番組の放送が条

組規制よりも各ネットワークの自主規制に委ねられている面が強い。概して，公的規制—輸入番組量規制であれ，内容規制であれ—は日本，台湾，シンガポールといったアジア市場における米国系ケーブルネットワークの番組戦略にそれほど大きな影響を及ぼしてはいないと考えられるが，その他のアジア諸国においてはこの限りではない可能性がある。

(4) インフラストラクチャー・支援部門

国際マーケティング研究の文献によると，諸国間におけるマーケティング・インフラストラクチャーが類似している場合，そしてグローバル・マーケティング・インフラストラクチャーが利用できる場合，世界標準化戦略が促進される。反対に，そのようなインフラストラクチャーが欠如している場合には製品適応化戦略が計られると推測される。多チャンネル事業者は番組放送のためのインフラストラクチャーを提供する。このようなインフラストラクチャーの発達は，米国系ケーブルネットワークの現地版チャンネルが各国市場で視聴されるために不可欠なものであろう。しかし，このことが特定市場での番組戦略をどのように左右するかは定かでない。マーケティング・インフラストラクチャーにおける同質性という観点から見た場合，いくつかのアジアの国（例：台湾）では最新の映像サービスを提供するためにインフラストラクチャーの改善に積極的な投資が行われ，その結果，米国並に高度に発達した多チャンネル・サービスが実現されている。しかし，同質的なインフラストラクチャーの構築がそれらアジア諸国と米国の両方において同一番組の提供を促進していることを明示するデータはない。

世界標準化戦略遂行の前提となるグローバル・マーケティング・インフラストラクチャーの利用可能性に関して，米国系ケーブルネットワークは通信衛星さえ確保・使用できれば，同一番組を瞬時に世界中に配信することができる。そして，テレビ番組製品は無形情報財であるために製品輸送に必要な費用は高くない。このような諸条件はネットワーク番組の世界規模での配給を後押ししていると考えられる。

件付で認められるようになったが，そのような表現は地上波放送では依然として禁止されている。

しかしながら，多チャンネル事業者はインフラストラクチャーとしてよりも収入源として番組戦略に影響を与えると考えられる。多くのケーブルネットワークが広告主である企業と多チャンネル事業者の双方から収入を得ているため，それら両方がケーブルネットワークの支援部門として不可欠になってくる。そのような収入はケーブルネットワークが番組のために活用できる費用を大きく左右する。主要財源である多チャンネル事業者や広告主は，ネットワークに対して特定種類の番組を放送するように求める可能性がある。ある広告主や多チャンネル事業者は番組が現地適応化されることを望むが，それは，そのような番組は一般に人気が高く，従って，広告が到達したり，多チャンネルサービスと契約する消費者の数を増やすと推測されるからである。しかし，さらなる視聴者細分化の中，ニッチな視聴者を涵養するようなコンテンツを揃える必要がある多チャンネル事業者が米国系ケーブルネットワークの現地版チャンネルに，より多くの外国製コンテンツの放送を望む可能性もある。一方，広告主である企業の最大関心事は自社の提供番組がターゲット消費者によって視聴されたか否かである。企業は自社製品が関連する番組を提供する傾向がある。例えば，カートゥーン・ネットワークは玩具メーカー，文房具メーカー，娯楽企業を主要広告主とするが，それらの製品には提供するアニメーション番組に登場するキャラクターが使用されている場合がある。このような広告主は―ネットワーク番組であろうとローカル制作番組であろうと―自社製品と深く結びつく番組を選好するだろう。

　経済的条件，物理的条件，法的環境，インフラストラクチャーおよび支援部門が類似した市場間では同一の番組製品配給の実現可能性が高くなるか否かは依然として不明である。一方で，特定国の経済的条件は米国系ケーブルネットワークのその国における番組戦略に影響を及ぼしうる。ある市場が人口と豊かさを兼ね備えている場合，ネットワークにはその市場で多数の独自番組を制作・購入するインセンティヴが生じるだろう。また，同一の番組が地理的に近い市場の現地版チャンネル間で共有されることがあるように，市場間の地理的近接性は番組標準化を促進しうる。一方，米国系ケーブルネットワークは現在のところ，日本，台湾，シンガポールといったアジア市場に

限って言えば，非常に厳格な公的規制―番組輸入量制限や番組内容規制―には直面してはいない。支援部門に関しては，広告主や多チャンネル事業者は番組に対して明確な嗜好を有していることがあり，それが番組製品戦略に影響を及ぼす場合がある。

5. 競争

熾烈な競争下で生き残るために企業は製品適応化を採用し，ローカル市場のニーズや欲求をより適切に満たす製品を提供する必要があると考えられる。しかし，国際マーケティング研究の文献に示されたように，戦略選択は競争相手が現地企業かグローバル企業か，そして企業の競争力が市場間で異なるか否かによって変わってくる可能性もある。RQ7に関連して，市場の競争状況や企業の競争力の市場間相違が米国系ケーブルネットワークの番組戦略にいかなる影響を及ぼすかを以下で論ずる。

いくつかの米国系ケーブルネットワークは，競合相手が国産チャンネルであろうと他のグローバル・チャンネルであろうと，台湾での競争では番組の現地適応化に重点を置いている。しかし，日本における競争では国産チャンネルとの差別化を計り，多少なりともネットワーク番組を取り入れている。日本でも台湾でも映像番組市場は競争が激しいが，それらの米国系ケーブルネットワークが両国市場で異なる競争対策を採用している点は興味深い。概して，米国系ケーブルネットワークは単独の国産チャンネルと競合している時は番組適応化を採用し，複数の国産チャンネルと競合している時は番組の差別化を考える傾向にあるようだ。一方で，ディスカバリー・チャンネルの例に見られるように，ネットワークの競争力が市場間で不変な場合，番組製品は世界標準化へ向かう傾向にあると考えられる。

6. ブランドと原産国効果

ブランドと原産国イメージは消費者の製品に関する評価や購入決定に影響を及ぼす。高品質を連想させるブランドや原産国は消費者に製品に対する肯定的イメージを喚起させ，企業は市場を超えて標準化された製品を提供でき

Ⅲ. テレビ番組標準化・適応化の決定要因　183

るようになる。一方で，異なる国々の視聴者は特定ブランドや原産国に対して異なった認識を持ちうる。RQ8 は米国系ケーブルネットワークのブランド・イメージや製品の原産国が番組戦略をどのように左右するかを問う。

(1) **ブランド**

　ブランドは，どのようなコンテンツが特定のターゲット視聴者へ向けて提供されるかを伝えるイメージを創造するため，グローバル・テレビネットワークが成功する上で不可欠なものである。とりわけ，多くの米国系ケーブルネットワークは世界規模での到達と視聴可能を強調し，グローバル・ブランドであることを視聴者に印象づけるように務めている。視聴者はグローバル・イメージを伴うブランドを質的に優れていると考え，好意的に受容すると考えられる。

　米国系ケーブルネットワークの幹部やマネージャーは，自分たちのネットワークがアジアの視聴者によって国際的またはグローバルなイメージと結び付けられていると認識している。問題は，ブランドが番組製品にどのように影響するのかという点である。何人かのインタビュー回答者は，ブランドを世界規模で維持するためには同一番組がネットワーク規模で放送されなければならないと考えている。ディスカバリー・チャンネルやカートゥーン・ネットワークはしばしば同一番組をグローバル規模で配給しているが，その理由の 1 つはネットワーク番組を世界各地で放送することでブランドを維持・強化できるとネットワークが信じているからである。例えば，ショフィールドは「カートゥーン・ネットワーク・ブランドをグローバル規模で強化するため，カートゥーン・ネットワークの現地版チャンネルは CNO を放送すべきだ」と述べる（インタビュー，2006 年 8 月 25 日）。同様に，ギボンスは「ディスカバリー・ブランドを世界中で保護・展開するため，ディスカバリー・チャンネルの現地版チャンネルはある程度の同一番組を放送すべきだ」と言う（インタビュー，2006 年 8 月 29 日）。つまり，自社ブランドを維持・強化するためにどのような番組コンテンツが放送されるべきかが顧慮されており，自社ブランドのイメージを傷つける番組製品が提供されることはないだろう。

グローバル・ブランドの確立と番組の現地適応化は一見したところ相容れないように感じられるが，それらは共存可能だとヴァーマは述べる（インタビュー，2006年8月28日）。実際に，MTVの現地版チャンネルはMTVというブランドからグローバルな要素を借り，ローカル市場向けの番組製作に取り入れている。結果として，ブランドは依然としてグローバル・イメージを保っているが，それぞれの現地版チャンネルのコンテンツはローカル市場の需要に適応している。上記のカートゥーン・ネットワークやディスカバリー・チャンネルの見解とは異なり，MTVの解釈に従えば，米国系ケーブルネットワークは番組をそれぞれのローカル市場向けに適応させつつ，単独のグローバル・ブランドを維持することは可能である。

(2) 原産国

視聴者は番組の質を表す1つの指標として番組がどこの国で製作されたかを気に留める場合がある。特定ジャンルの番組製作で名高い国で作られた，そのジャンルに属する番組は，国際的に肯定評価を得やすいだろう。従って，米国が評価を得ている番組タイプに特化している米国系ケーブルネットワークは原産国効果を活用し，番組を世界規模で配給できると考えられる。

確かに，ジャンルによっては特定市場で原産国効果を発揮する場合がある。例えば，台湾における日本製アニメーションやシンガポールにおける英国サッカー中継である。しかし，それらは米国系ケーブルネットワークが世界規模で配給する類の番組ではない。米国系ケーブルネットワークの番組の中で原産国効果が見られるのは，カートゥーン・ネットワークの知育アニメーション作品ぐらいである。概して，米国で製作された番組が質的に優れているという認識を持つアジアの視聴者は少なく，米国系ケーブルネットワークの番組における原産国効果は小さいようだ。また，実際問題としてグローバル・テレビネットワークの番組の原産国を特定するのは難しくなっている。グローバルな視点で番組が作られるようになれば，こういった傾向はますます顕著になるだろう。

一方で，視聴者が自国製番組を嗜好する程度に関しては国ごとに差異がある。シンガポールの視聴者は通常，番組が自国製か否かを気に留めないが，

日本や台湾の視聴者は多くの場合，自国製番組を嗜好するようだ。テレビ番組の嗜好に関しては，日本や台湾の視聴者はシンガポールの視聴者より自文化中心主義的であるとも考えられるが，自国製番組の選好は原産国効果というよりも個々の市場の文化的特質に起因するものかもしれない。

7. 企業特性

個別市場でいかなる製品が提供されるかは企業に内在する力によっても影響される。企業の哲学と方向性，経営資源，意思決定の集中化・分散化の程度，市場参入モードなどが製品戦略を左右すると考えられる。RQ9は米国系ケーブルネットワークに内在する要因が番組戦略決定にいかなる影響を及ぼすかを問う。

(1) 哲学・方向性

本研究の事例である米国系ケーブルネットワークはビジネスにおける明確な哲学と方向性を有し，現在の番組戦略は多かれ少なかれそのような哲学と方向性を具象化したものとなっている。グローバルな視点で物事を考え，ローカル市場に密着して行動すべく，MTVはある程度のネットワーク番組を含みつつも番組の現地適応化を実行している。カートゥーン・ネットワークは自社製作アニメーション作品の放送に重点を置いているが，それらの作品はカートゥーン・ネットワークの現地版チャンネルがネットワークの一部であることを示すアイデンティティと考えられており，実際に番組編成における中核的な役割を果たしている。ディスカバリー・チャンネルは番組製品を通して，視聴者に世界的あるいは地域的出来事に関する深い洞察を与えることに務めている。このような方向性ゆえに，ディスカバリー・チャンネルの番組の多くが世界規模あるいは地域規模で放送されている。

一方で，少なくとも上記のネットワークとの比較において，ESPNは国際ビジネスに対する明快な方向性を持っていないように見受けられる。ESPNは多くの場合，あるスポーツ・イベントを特定国で放送できる権利を有するのみであり，それを国外に配給するためにはそれぞれの国ごとに放映権を獲得しなければならない。このような状況においては，ESPNがグローバル規

模で番組戦略を策定することは難しいだろう。

　加えて重要なことに，特定の戦略的行動がコストに見合うかを企業が検討する際，そこには企業の考え方が確かに反映される。実際に，製品戦略の費用対効果に関する見解は企業間で大きな隔たりがある。費用節減に重点を置く企業が市場を越えて統一された製品イメージを掲げ，標準化戦略を採用する一方で，野心的な売上目標を持つ企業は非画一的な製品を採用するという先の議論を想起されたい。テレビ番組標準化によって達成される規模の経済の大きさゆえに，コスト削減の観点から見た場合，テレビ番組はグローバル規模での配給に適したものと考えられる。しかし，収益性はコストだけでなく売上にも左右される。グローバル規模で配給される番組はローカル市場では受容されない可能性もあるため，テレビ番組標準化から生じる利益が実際に大きいものか否かは定かではない。

　実際に，費用と利益に対する考え方は米国系ケーブルネットワーク間で異なっている。ネットワーク番組の多くが廉価あるいは無償で現地版チャンネルへ供給されるにもかかわらず，MTVの幹部やマネージャーは，番組をローカル市場の嗜好に適応させないために生じる潜在的機会喪失はコスト節約で相殺されるものではないと考え，ローカル市場へ向けた独自番組制作こそが高い利益につながると信じている。

　一方，ディスカバリー・チャンネルは対照的な見解を示す。規模の経済を重要視し，世界中で共有される番組の製作は個々のローカル市場向けに番組を製作するよりも費用効率が高いと考えている。製作に莫大な費用を要する高品質番組が成功するためにはできるだけ広範囲に渡って配給される必要があり，そこで生まれる利益は別の番組が同等な高質を保つために充てられる。このようなロジックは，レビット（Levitt, 1983）が提唱したグローバル製品戦略の理論的根拠を思い起こさせる。それは「消費者の関心が地球規模で同質化している。人々は低価格で高品質な製品を得るために製品の特徴，機能，デザインなどについての個々の選好を進んで犠牲にする。そして，グローバル市場への標準化製品提供を通して，製造やマーケティングにおける規模の経済を達成することができる」というものである。

ディスカバリー・チャンネル同様，カートゥーン・ネットワークもネットワーク制作番組に含まれるキャラクターの使用許諾や商品化から生じる収入を期待し，番組を世界規模で配給することを試みる。それらの番組は個々のローカル市場では人気が高くないかもしれないが，ネットワークはグローバル・レベルで規模・範囲の経済を実現できる。反対に，ESPNがスポーツ試合中継を国際的に配給することで規模の経済を達成するのは難しい。放映権が通常，国ごとの放送事業者に独占的に与えられているからである。ESPNの現地版チャンネルでは，独自制作の番組はローカル市場で人気が高いだけでなく，相対的に廉価であると考えられている。

米国系ケーブルネットワークの国際マーケティングへのアプローチを左右する全体的なビジネスの方向性と関連して，検討されるべき重要な点が残っている。第2章における国際マーケティング研究の文献レビューの中で論じられたように，海外活動を行う企業はそれぞれの戦略的アプローチに沿って，国際企業，多国籍企業，グローバル企業，トランスナショナル企業の四種類に分類される。実際に，これまでの議論からそれぞれの米国系ケーブルネットワークは海外での事業活動に関して独特な方向性を持っていることがわかった。

バートレットとゴーシャル（Bartlett & Ghoshal, 2000）の分類法に従うならば，ESPNは「多国籍」アプローチを採用していると考えられる。ネットワーク本社と現地パートナー間で設立された合弁企業によって番組製品は基本的に製作・調達され，番組供給に関するネットワークへの依存度は低い。放映権獲得が大きな障害となるため，コンテンツ資源がネットワーク内で共有されることは少なく，番組制作および購入における細分化はネットワーク・レベルで非効率性を引き起こしている。

ディスカバリー・チャンネル，そして，ディスカバリー・チャンネルほどではないが，カートゥーン・ネットワークは「グローバル」志向を持つようだ。世界は単独市場と見なされ，世界市場向けに番組製品が企画されることも多い。ネットワークが世界規模で配給する番組は現地版チャンネルの番組編成の重要な部分を占めており，規模・範囲の経済達成から生じる

コスト削減に重点を置いた,世界規模での効率性追求がそれらネットワークの番組戦略の核となっているようだ。しかしながら,両ネットワークは多国籍企業に顕著に見られるような分散化された意思決定構造もある程度持ち合わせており,放送番組決定に関する権限がネットワーク本社から地域本部へ委譲されている点は特筆すべきであろう。実際に,ディスカバリー・チャンネルは自らの経営に関して「規模の経済と経営効率を追求する多国籍戦略（a multinational strategy）を採用している」と表現している（Discovery Communications Inc., 2006b)。ただし,ローカル・チームまで決定権が分散化されていることは少ない。

　最後に,ビジョンの共有,柔軟な調整,それぞれの国内資源を統合しうるネットワーク等を通じて世界規模での効率性とそれぞれのローカル市場における細やかな対応の両立を試みるMTVは「トランスナショナル」志向である。ヒットら（Hitt et al., 2003）が,現実においてトランスナショナル戦略を遂行する事の難しさを指摘しているように,このMTVのアプローチに対する解釈は必ずしも絶対的な確証に基づくものではない。しかし,少なくともMTVネットワークスはディスカバリー・チャンネルやカートゥーン・ネットワークよりもローカル市場のニーズに細やかに対応しており,ESPNよりも世界規模での効率性を達成していると述べても構わないだろう。つまり,他のネットワークとの相対においてトランスナショナル性の高さを感じさせる。

(2) **経営資源**

　戦略遂行のために投入・利用されるものを事業戦略レベルにおける資源と呼ぶ。グローバル・テレビネットワークにとっての資源はテレビ番組というコンテンツそのものや,テレビ番組製作のために活用される資金,知識,経験,人員,あるいは素材を含む。資源は広範囲に及ぶため,チャン＝オルムステッド（Chan-Olmsted, 2006）の類型化に従い,所有権によって保護されている「所有権ベース資源」の活用をまず分析し,次いで「知識ベース資源」の活用へ移行する。

　番組がテレビネットワークにとって所有権ベースのコンテンツ資源である

限り，その番組を放送することはネットワークの資源を利用していることに他ならない。実際に，個々の現地版チャンネルはネットワーク内におけるコンテンツ資源共有という恩恵を受けている。ディスカバリー・チャンネルがアジアの現地版チャンネルで放送する番組の多くはネットワークが世界中に供給する番組で占められている。このことはカートゥーン・ネットワークや，MTV にもある程度当てはまる。一方で，ESPN は比較的少量の番組のみを世界規模で配給している。ESPN アジアのウィルキンソンは「コンテンツ資源の共有が ESPN のネットワークとしての強みだ」と述べるが（インタビュー，2006年8月29日），放映権問題のために ESPN は完全な支配力を持ってネットワーク内部でコンテンツ資源を配給する機能を確立できずにいる。この点においては，ほとんどの場合において番組の外国市場での放映権を確保している MTV ネットワークスと対照的である。要するに，現地版チャンネルがどの程度ネットワークにコンテンツ資源を依存できるかはネットワーク間で大きく異なっており，そのことが最終的に現地版チャンネルで放送されるネットワーク番組の量における差異を生んでいると考えられる。

資金に関しては，何人かの現地版チャンネルのマネージャーが十分な番組予算を与えられていないと感じている。MTV 台湾のチャンによると，MTV ネットワークスは現地版チャンネルへの投資に慎重になってきている（インタビュー，2006年7月26日）。また，カートゥーン・ネットワーク台湾やディスカバリー・チャンネル・ジャパンは，ローカル市場向けに番組製作・購入を行うのに必要な予算を地域本部から与えられていない（チョウ，インタビュー，2006年7月25日；ラフ，インタビュー，2006年3月17日）。チャンは「ローカル・レベルでより良い番組を製作あるいは購入するためには，より多くの番組予算が必要だ」と述べる。

一方，メディア産業においては知識ベース資源も非常に重要である。経験，創造性，ノウハウ，産業に関する知識といった資源はコンテンツの制作やマーケティングにおける必須要素であるからだ。このことを踏まえた上で問われなければならないのは，これらの資源がどのように番組に生かされているかという点である。

アジアの MTV 現地版チャンネルに期待されているのはコンテンツ資源をそのままの形で使用することではなく，独自番組制作のために知識ベース資源，つまりコンテンツ資源に含まれる創造性や豊かなアイディアを活用することである。実際に，MTV 以外のネットワークでも情報および独創的企画のネットワーク・レベルでの共有がグローバル・テレビネットワークの利点として強調されている。カートゥーン・ネットワーク内では高いレベルの情報共有が行われており（ショフィールド，インタビュー，2006 年 8 月 25 日），ESPN の関連会社間では番組に関するアイディアが共有されており（ウィルキンソン，インタビュー，2006 年 8 月 29 日），また，情報や創造的アイディアはグローバル・ネットワークを形成するディスカバリー・チャンネルの関連会社間で共有されている（ラフ，インタビュー，2006 年 3 月 17 日）といった具合である。

米国系ケーブルネットワークは市場を越えてアイディアやノウハウを転用するメカニズムを確立しているように見受けられる。このような知識ベース資源はエンターテインメント産業におけるコンテンツ制作およびマーケティングの基礎をなすものであろう。これら資源の番組への活用のされ方は大きく 2 通りある。まず，MTV に見られるように，あるローカル市場で成功した企画がその他の市場で独自番組を制作する際に転用される。他方では，カートゥーン・ネットワークやディスカバリー・チャンネルに見られるように，様々なローカル・チームからのインプットが統合され，世界規模で魅力を有する番組を制作するために用いられている。つまり，知識ベース資源は現地適応化にも世界標準化にも活用されうる資源である。

(3) 集中化・分散化の程度

国際マーケティング研究の文献によれば，企業本社に権限が集中している場合，世界標準化戦略が採用される傾向にあると考えられる。反対に，子会社や関連会社が相対的に強いポジションにある場合には決定権は分散され，それらの現地事業体に委譲される可能性がある。この場合，現地子会社や関連会社は企業本社から独立し，自分たちの市場における戦略を策定できる。

米国系ケーブルネットワークにおける権限の集中化・分散化が番組戦略に

及ぼす影響を分析する上で，本研究の事例となったネットワークがいかなる所有構造の上に成立しているかを概観することは有益であろう（図 5-1，6-1，7-1，8-1 を参照されたい）。通常，米国系ケーブルネットワークにはネットワーク所有企業（例：ヴィアコム），米国にあるネットワーク本社（例：MTV ネットワークス），ネットワークの関連会社とそれによって運営される現地版チャンネル（例：MTV ネットワークス・アジアと MTV 台湾や MTV サム）という 3 層構造が存在する。さらに，米国系ケーブルネットワークの多くはアジアにおいて 2 種類のビジネス・モデルを持つ。複数市場モデルと単独市場モデルである。前者の場合，ネットワーク本社は子会社を設立し，実質的な地域本部としている。子会社は地域内の様々な市場に向けて複数の現地版チャンネルを所有・運営する。一方，後者の場合，現地パートナー企業との間で合弁事業が立ち上げられ，単一の現地版チャンネルを運営することが多い。

概して，米国系ケーブルネットワークのアジアにおける関連会社は，所有形態に関わらず，ネットワークのブランド・イメージを損なわない限りにおいて放送番組を自由に決定する権利を与えられている。MTV ネットワークスが MTV ネットワークス・アジアの番組決定に介入することはほとんどなく（ヴァーマ，インタビュー，2006 年 8 月 28 日），カートゥーン・ネットワーク・アジア太平洋は番組を十分に自給自足する地域本部であり（シェフィールド，インタビュー，2006 年 8 月 25 日），ESPN STAR スポーツはアジアの視聴者に適さないと思われるネットワーク番組を拒否することができ（ウィルキンソン，インタビュー，2006 年 8 月 29 日），ディスカバリー・アジアは自由に番組決定を行っている（ギボンス，インタビュー，2006 年 8 月 29 日）。要するに，これらの地域本部は番組決定に関する決定権をネットワーク本社から委譲されている。このような点から見れば，本研究の事例である米国系ケーブルネットワークは皆，それぞれの組織内部に分散化された意思決定構造を有すると記して差し支えないだろう。

次に，地域本部はローカル市場を理解することで視聴者のニーズや欲求により合致するように番組を適応化することができ，さらに，そのことはロー

カル市場に精通する者，つまり現地版チャンネルに関わるローカル・チームによって首尾よくなされることを基本的に自覚している。しかしながら，地域本部から現地版チャンネルで実務に当たるローカル・チームへ番組決定に関する権限が実際にどの程度委譲されているかはネットワーク間で異なっている。

　MTV の番組は通常，ローカル・チームが決定している。例えば，MTV 台湾は MTV ネットワーク・アジアから番組決定に関する自由裁量を与えられている（チャン，インタビュー，2006 年 7 月 26 日）。一方で，カートゥーン・ネットワーク台湾はカートゥーン・ネットワーク・アジア太平洋に番組に関する提言を行うことはあるが，多くの場合に決定権は与えられていない（チョウ，インタビュー，2006 年 7 月 25 日）。このことは，放送番組を決定する際に ESPN STAR スポーツの承認を必要とする ESPN 台湾にも当てはまる（チェン，インタビュー，2006 年 7 月 24 日）。ディスカバリー・アジアはローカル・チームとの協議の上で番組を決定している。従って，ディスカバリー・チャンネル・ジャパンの放送番組は地域本部との共同作業の中で決められるものであるが，ローカル・チームへ与えられている権限は少ない（ラフ，インタビュー，2006 年 3 月 17 日）。

　要するに，MTV ネットワークス・アジアを例外として，地域本部は通常，現地版チャンネルにおける放送番組を決定する権限を持つ。ローカル・チームは地域本部に提言を行うことはできるが，多くの場合，決定に対する拒否権を与えられてはいない。この意味において，地域本部は地域内において集権体制を確立していると考えられる。地域本部は独自に番組を製作あるいは購入し，自らが所有・運営する現地版チャンネルへ配給する。あるいは，地域本部がネットワーク本社の完全所有子会社である場合，ネットワーク番組の放送がネットワーク全体へもたらす利益を勘案し，そのような番組を現地版チャンネルへ配給する。ローカル・チームが番組決定に関する権限を多く与えられていない場合，現地版チャンネルでは地域本部の方針に沿ってネットワーク番組や地域共有番組が多く放送される傾向にある点は特筆すべきであろう。

(4) 市場参入モード

　市場参入モードによって，本社が国際業務や戦略に関して行使可能な権限の度合いや市場条件の相違に適応する柔軟性がある程度決まってくるため，ローカル市場での製品戦略も参入モードの選択によって左右される可能性がある。一般に，合弁事業の場合は完全所有子会社設立の場合よりも現地適応化戦略に重点が置かれると考えられる。

　カートゥーン・ネットワーク・アジア太平洋やディスカバリー・アジアといった地域本部が運営する現地版チャンネルではネットワーク番組の放送が強調される傾向にある。上記の通り，これらの地域本部は地域内の番組決定に関する権限をネットワーク本社から委譲されているが，同時にネットワーク本社の完全所有子会社であり，現地版チャンネルで多くのネットワーク番組を放送することでネットワークへの忠誠を示そうとしているように見受けられる。

　RQ9は米国ケーブルネットワークの企業内特性が番組戦略決定にどのように影響しうるかを問う。番組製品は，費用便益に関する考え方も含めた，ネットワークの哲学や方向性が具象化されたものである。例えば，コスト削減を重視するネットワークは規模・範囲の経済を追求し，同一番組を多くの市場へ供給する傾向があるのに対し，売上を重視するネットワークは現地適応化番組を採用する傾向がある。さらに，国際マーケティングに対するネットワークの戦略的アプローチはネットワークの資源がどのように活用されるか（例：独創的なアイディアがネットワーク番組制作のため利用されるのか，現地適応化番組制作のために利用されるのか），そして番組決定に関する権限がどの程度ローカル・チームに委譲されるかとも関連する。番組決定が地域本部レベルでなされるのか，あるいはローカル・チーム・レベルでなされるのかによって，現地版チャンネルで放送される番組が異なってくる可能性がある。ネットワーク本社の完全所有子会社である地域本部が現地版チャンネルの番組決定に影響力を及ぼすなら，より多くのネットワーク番組や地域共有番組が現地版チャンネルで放送される可能性が高い。

　表9-2は，国際マーケティング研究の文献に見られる理論的枠組みに本

研究での発見を注入し，これまで論じられた諸要因が米国系ケーブルネットワークの番組決定にどのような影響を及ぼしているかをまとめている。

表9-2 米国系ケーブルネットワークの番組決定要因

	MTV	カートゥーン・ネットワーク	ESPN	ディスカバリー・チャンネル
番組製品の文化的感受性	（音楽番組）不明（リアリティ番組）高い→適応化	低い→標準化	不明	低い→標準化
製品の普遍的魅力	楽曲・アーティスト次第	作品によるが高いものが多い→標準化	スポーツ・ジャンル次第	作品によるが高いものが多い→標準化
独自番組の一般的製作費	低い→適応化	高い→標準化	低い→適応化	高い→標準化
典型的番組フォーマット	修正しやすい→適応化	修正しにくい→標準化	修正しやすいものもある	修正しやすいものもある
超国家視聴者セグメントの規模	小さい→適応化	大きい→標準化	不明	大きい→標準化
各国の文化的環境	文化的近似性→標準化　多文化社会，国際志向→標準化			
各国の経済的条件	似ている場合，標準化が促進されるかは不明。強力な現地市場経済→適応化			
各国の物理的条件	似ている場合，標準化が促進されるかは不明。地理的近接性→標準化			
各国の法的条件	似ている場合，標準化が促進されるかは不明。			
各国のインフラストラクチャー・支援部門	似ている場合，標準化が促進されるかは不明。国際通信衛星利用可能→標準化　広告主・多チャンネル事業者の嗜好→標準化または適応化			
競争状態	激しい→標準化または適応化	激しい→標準化または適応化	激しい→適応化	激しくない→標準化
競合チャンネル	国産→標準化または適応化	グローバル→適応化　国産→標準化または適応化	国産→適応化	グローバル→標準化

ブランド	強い →標準化または適応化	強い →標準化	不明	強い →標準化
原産国効果	小さい	知育作品を除き,小さい	小さい	小さい
ビジネスの方向性	トランスナショナル →標準化または適応化 売上重視 →適応化	グローバル →標準化 コスト重視 →標準化	多国籍 →適応化 コスト重視 →地域標準化	グローバル →標準化 コスト重視 →標準化
経営資源	所有権ベース資源 →標準化または適応化 知識ベース資源 →適応化	所有権ベース資源 →標準化 知識ベース資源 →標準化	所有権ベース資源少ない →適応化	所有権ベース資源 →標準化 知識ベース資源 →標準化
意思決定の集中化・分散化	分散 →適応化	地域内集中 →標準化	地域内集中 →地域標準化	地域内集中 →標準化
市場参入モード	完全子会社または合弁企業 →適応化	完全子会社または合弁企業 →標準化	合弁企業 →適応化	完全子会社 →標準化

第10章
結　　論

　本書は，米国系ケーブルネットワークがアジア市場で放送する番組，そして，そこでの決定に影響を及ぼしうる諸要因の解明を試みた。製品の国際マーケティング研究における理論に基づき，様々な企業内部・外部の要因が番組戦略にいかなる影響を及ぼしうるかを理解することを目的とした。

　概して，本研究のサンプル事例である各ネットワークにおいては個別のローカル市場に適合した番組製品の重要さが理解されている。一般に，視聴者は自分たちと関連性のある番組を選好するため，番組編成に柔軟性をもたらす現地適応化番組は米国系ケーブルネットワークにとって重要なものである。しかし，実際に放送されている番組を照らし合わせてみると，それぞれの米国系ケーブルネットワークがアジア市場において独特な番組戦略を採用していることに気づく。あるネットワークが同一番組を世界規模で配給しようとするのに対し，別のネットワークはローカル・チームにより多くの番組製作を奨励している。ネットワーク内においてでさえ，現地版チャンネル間で番組戦略の相違が見られる場合がある。敷衍して言えば，番組戦略はネットワーク間ならびに市場間で異なっている。

　国際展開を行ってきたネットワークはローカル市場間の嗜好の相違や各国市場に根ざしたアプローチの重要性を理解してはいるが，一方で，番組の現地適応化だけに専念しているわけではない。実際，現地版チャンネルの番組編成には，程度の差はあるものの，ネットワーク番組と現地で製作・購入された番組が混在している。国際マーケティング研究の文献で指摘されたように，標準化・適応化の選択は相互排他的なものというよりも程度の問題であり，それぞれの番組戦略の実現性は状況次第である。製品標準化・適応化の

程度を左右しうる企業内部・外部の要因は大まかに，製品特性，消費者セグメント，各国の文化特性，各国の環境特性，競争，ブランドと原産国効果，そして企業特性に分類される。国際マーケティング研究で一般的に確認されているこれらの要因は，米国系ケーブルネットワークの番組戦略に影響すると思われる要因と多くが合致するものである。

Ⅰ．番組決定の諸要因に関する考察

1．製品特性

　製品標準化・適応化の実行可能性は製品の特性，とりわけその文化的感受性によって異なってくる。テレビ番組はそれ自体に備わる魅力が市場によって異なる文化製品と見なされ，受容は文化によって大きく左右される。より正確には，番組タイプによって文化的感受性の程度や国境を超える力は異なっており，結果として，ネットワークの番組戦略は特化するジャンルによって異なってくる可能性がある。例えば，アニメーションやドキュメンタリー番組といった番組タイプは相対的に異文化環境でも理解されやすい。また，文化的感受性に加えて，番組フォーマットや独自番組制作にかかる一般的な費用も番組タイプによって異なると考えられる。多くの製作費が必要である番組，または，容易に修正・編集されにくいフォーマットを持つ番組は標準化の有力候補であろう。

　一方で，普遍的な魅力を有する番組，例えば，国際的に有名な人物，キャラクター，出来事などを含む番組は市場を越えても適応化の必要が少ないだろう。実際，いくつかの米国系ケーブルネットワークはグローバル規模の視聴者を引きつける普遍的魅力を勘案した番組製作をネットワーク・レベルで行うようになってきている。しかし，普遍的魅力を備えた番組の量はネットワーク間で異なっており，そのことが現地版チャンネルへ供給される番組量の差となって現れていると考えられる。また，世界規模で受容されるようにグローバルな視点に立って番組を製作するといっても，そのような製作が果たして本当に可能であるかはまだ明らかではない。現実には，米国系ケーブ

ルネットワークによって世界規模で配給されている番組の多くは依然として米国のネットワーク本社主導の元で，米国的な観点に基づき製作されている。

2. 視聴者セグメント

標準化された番組製品が成功を収めるためには，それらのターゲットとなりうる超国家視聴者セグメントの存在が前提となってくる。確かに，似たようなテレビ番組嗜好を共有し，標準化番組成功に貢献すると思われる超国家視聴者セグメントは存在する。先に記したように，そのようなセグメントは各国市場においては微小かも知れないが，数カ国に存在すれば有益なものとなりうる。問題はそのような各国市場を越えたセグメントの規模をネットワークが十分な大きさであると考えるか否かである。現状においては，超国家視聴者セグメントを識別し，ターゲットとしているネットワークもあれば，そうでないネットワークもある。視聴者市場がグローバル規模での同質化を見せ，世界標準化番組製品に対する市場が拡大するか否かは今後も引き続き注視する必要がある。

3. 各国の文化特性

国家市場の特性は特定番組戦略遂行の主因となりうる。原産国市場と受入国市場間にある文化的な類似性や共通性は高い番組標準化の可能性と関連づけられる。アジア諸国には多様な文化様式が存在するが，文化的に近似する国家市場間においてはテレビ視聴嗜好に関する類似性が見られる。米国系ケーブルネットワークが配給する番組の多くが米国で製作されていることを考えると，それらの番組は米国文化と近似する文化を有する国で好意的に受け入れられると考えられる。一方で，比較的似たような文化的価値を共有しているアジア諸国の場合，それらの国々で同一番組が成功を収める可能性がある。

加えて，特定国市場の文化特性がそこでの放送番組に影響を及ぼしうる。シンガポールの例に見られたように，ある国における文化的多様性および多元性は多様な価値観に現れ，そこに住む人々は異文化を尊重し，異質なものに対しても比較的開放的であると考えられる。対照的に，文化が均一的で

あったり，他国との交流が少ない国の場合は異文化に対して閉鎖的であるかもしれない。また，本家というべき外来品が好まれるか，それを模倣した国産品が好まれるかといった点も文化特性を反映するものであろう。本研究では，シンガポールの視聴者は前者を，日本や台湾の視聴者は後者を好む傾向にあることが示された。日本や台湾など，いくつかのアジアの国において欧米の文化製品は模倣の対象として機能しており，大衆音楽の例に見られるように，うまく土着化されてきた。アジアの多くのメディア企業は欧米のポップ・カルチャー，中でも米国のそれをうまく現地様式へと取り入れてきたと考えられる。

4. 各国の環境特性

経済的条件，物理的条件，法的環境，そしてインフラストラクチャー・支援部門における諸国間の類似・相違が番組戦略に重要な影響を及ぼすか否かは未だに不明である。一方で，特定国の経済条件や支援部門はローカル市場での番組戦略に一定の影響を与えている。ローカル市場の規模が人口と豊かさにおいて大きい場合，そこには強力な番組制作産業が存在することが多く，現地版チャンネルが独自で番組製品を製作・購入するインセンティヴが高まると考えられる。加えて，広告収入や多チャンネル契約者が増加するに連れて，現地版チャンネルは独自番組製作や購入を増加させる傾向にある。一方，規制が番組に及ぼす影響に関しては，TNMCによって所有されるグローバル・テレビネットワークは様々な国での多チャンネル番組配信産業に対する規制緩和の最大の受益者であると考えられる。地上波放送ネットワークに適用される輸入番組量規制や内容規制などの対象外となっている場合があるからである。

5. 競争

米国系ケーブルネットワークの番組戦略は市場における競合条件に左右される。一方において，米国系ケーブルネットワークは競争を勝ち抜くため，ローカル市場のニーズや欲求を満たすように番組を現地適応化する。しかし，他方においては，国産チャンネルとの差別化を計るために国際的な趣を持つネットワーク番組を放送している。競合状況が番組戦略に及ぼす影響に

ついて法則を見出すことは難しいが，ネットワークは単独の国内チャンネルとの競合においては番組適応化を採用し，複数の国内チャンネルとのより熾烈な競合においては標準化されたコンテンツを活用し，差別化を図る傾向にあると考えられる。また，ネットワークが市場を越えて強い競争力を保持している場合，番組標準化はうまく機能するようだ。

6. ブランドと原産国効果

多くのアジアの視聴者は米国系ケーブルネットワークに対して「グローバル」あるいは「国際的」なブランド・イメージを持っている。しばしば高品質を連想させるブランドは，米国外に居住する多くの視聴者にとって馴染みの薄いグローバル・テレビネットワークにとって重要なものである。世界規模でのブランド標準化が必ずしもネットワーク番組の受容を促すわけではないだろうが，いくつかの米国系ケーブルネットワークは現地版チャンネルに一定量のネットワーク番組を放送させることで一貫したグローバル・ブランドを維持・強化できると考える。

ターゲット消費者が番組製品のイメージとその原産国を肯定的に関連づける場合に限り，原産国効果は功を奏する。一般に，米国系ケーブルネットワークではテレビ番組の原産国は視聴者の番組受容に大きな影響を与えないと考えられる。しかし，番組タイプや国の文化特性，視聴者のデモグラフィック属性によって原産国効果が異なる可能性がある点には注意が必要である。この意味において，原産国効果は文化要因や製品関連要因といった変数に依存していると考えられる。例えば，特定の国々はアニメーション番組の原産国として高く評価される傾向がある。日本製の作品が世界中で人気を博し，また，いくつかのアジア諸国の親は欧米の作品を子供達に英語で視聴させたがる。これらの国で製作されたアニメーション番組に対して多くの視聴者が肯定的なイメージを持つように，原産国はアニメーション番組の選択や評価にある一定の影響を与えるようだ。ただ，世界規模で見た場合，アニメーション番組の原産国として少数の国に人気が集まっているのは，原産国効果のみならず，そのような番組が受ける文化的制約が比較的少ないことや，アニメーションが非常に少数の国でのみ製作されているという事実とも

関連すると考えられる。つまり，原産国効果は独立した要因ではない可能性が高い。

7. 企業特性

　米国系ケーブルネットワークの番組戦略決定要因として，企業内部要因の重要性に着目している点は本研究の特徴的な点である。放送番組は最終的にネットワークによって決定されるものであるため，ネットワークに内在する様々な特性が番組戦略を左右すると想定される。まず，国際業務に関する方向性や哲学における相違が番組戦略の相違に反映されている。例えば，費用便益に関する考え方の違いは異なった番組戦略の採用に帰結する。米国系ケーブルネットワークは通常，番組標準化から生じる費用削減とローカル市場に製品を適応させることによる潜在的な販売機会獲得という二律背反性に直面する。標準化がもたらす規模の経済や費用削減を非常に価値が高いものと考えるか否かはネットワークの考え方次第である。全てのネットワークは利益最大化を究極の目標として掲げるが，目標達成のために費用削減を重視するか，あるいは売上増加を重視するかという方向性の違いは，番組戦略に現れている。

　経営資源に関しては，コンテンツ資源などの所有権ベース資源がネットワーク規模で活用される傾向にある。一方で，米国系ケーブルネットワークはアイディアやノウハウといった知識ベース資源をネットワーク内で調整・転用するメカニズムを確立していることが示された。このようなメカニズムは，グローバル・テレビネットワークによるコンテンツ制作およびマーケティングにおいて非常に重要なものであろう。実際に，アイディア，知識，経験などがネットワーク内で交換され，世界規模で配給されるネットワーク番組が製作されたり，既存番組が別の市場用に修正されている。

　さらに，ネットワーク内の意思決定構造がローカル市場で放送される番組を方向づけている。多くの米国系ケーブルネットワークでは意思決定に関する権限が分散され，現地の関連会社に委譲されている。従って，アジアの各国市場においてネットワーク番組が放送される場合，それはネットワーク本社が強要したものというよりも関連会社が決定したものであることが多い。

一方で，アジア市場の現地版チャンネルの多くはネットワーク本社の完全所有子会社として設立された地域本部によって所有・運営されている。どの程度の決定権が現地版チャンネルのチームに与えられているかはネットワーク間で異なる。地域本部によっては，ローカル・チームからの助言に基づいて番組を現地適応化する必要性を認知しつつも，ネットワーク本社の意図や期待に添うように番組決定を行う。このような場合，ネットワークがブランドを世界規模で維持しつつ，また同一番組配給から生じる規模・範囲の経済を達成できるように，現地版チャンネルでは一定量のネットワーク番組が放送されるべきであるという考え方が優勢となる可能性がある。

Ⅱ．最終的な見解

これまでメディア・グローバリゼーション領域の研究者らによって番組現地適応化の必要性が説かれてきたが，アジアにおける米国系ケーブルネットワークの番組編成を概観すれば，ネットワーク番組と現地独自番組が混在していることに気づく。このような番組のハイブリッド編成はネットワークがグローバル・ブランドを維持し，コスト削減をある程度達成しつつも，より多くのローカル視聴者を引きつけるために必要なものであろう。米国系ケーブルネットワークがローカル市場の視聴者の嗜好を考慮していることは確かだが，同時に彼らはテレビ番組が含有する要素のうち，少なくともいくつかは普遍的かつグローバルなものであると考え，依然として番組を現地版チャンネルへ配給しようとしている。それらの現地版チャンネルが国産チャンネルに匹敵する程度まで現地化されることはないだろう。なぜならば，米国系ケーブルネットワークにおいてはローカル視聴者への関連性が時としてグローバルな文脈の中で模索されるからである。現実には，米国系ケーブルネットワークの番組戦略にとって重要な課題はネットワーク番組と現地適応化番組を適切なバランスで組み合わせることができるか，より正確には，ネットワーク番組を現地適応化番組で補完することができるかという点である。

Ⅱ．最終的な見解　203

　本研究のインタビュー回答者の1人が，ネットワークから供給される番組を放送して視聴者数を拡大できるならば，そのような番組の量を増やすと語っていたことは非常に印象的であった。標準化番組製品がローカル市場で成功するならば，わざわざ特定市場向けに番組を製作・購入する必要はない。グローバル・テレビネットワークはまず同一の番組製品を放送しうる機会を模索し，それが機能しそうもない場合に製品の現地適応化を勘案する。

　図2-1に見られたように，様々な要因が製品標準化・適応化を決定づけると考えられる。本研究ではそれぞれのネットワークが諸要因に基づき独特

図10-1　ネットワークの番組標準化を促進する諸要因

製品特性
・文化制約の少ないジャンル
・普遍的魅力
・巨額の製作費が必要
・修正が難しいフォーマット

視聴者セグメント
・相当な規模の超国家視聴者セグメントの存在

受入国の文化特性
・原産国の文化との類似
・原産国と共通の言語
・多様性と多元性
・外国製品への開放
・国際志向

受入国の環境特性
・比較的小さい経済規模

競争
・比較的緩やか
・激しい競争下で差別化が必要
・ネットワークに市場を越えた競争力

ブランドと原産国効果
・強力なブランド・イメージ

企業特性
・グローバル志向
・グローバル・ブランド・イメージ維持への欲求
・コスト削減・相乗効果に重点
・現地版チャンネルへコンテンツ供給可能
・本社に権限が集中
・完全所有子会社の設立

⇒ 番組標準化

な番組戦略を推進していることが示された。グローバル・テレビネットワークが通常，番組標準化の実行可能性を真っ先に検討するならば，どのような要因が標準化戦略に有利に働くかを明示する必要があるだろう。繰り返しになるが，番組標準化の成功が見込めない場合，ネットワークは代案として現地適応化を視野に入れるのである。図10-1は，ここまで得られた知見に基づき，グローバル・テレビネットワークに番組製品の標準化を促進させうる要因をまとめている。

Ⅲ．経営実務への含意

　特定の規範を実務家へ向けて提示することは本研究の主目的ではないが，これまで明らかになった事柄から番組戦略策定におけるガイドラインを書き留めておくことは有益であろう。

　各ローカル市場における文化的相違のため，番組の「非標準化」は不可避であると結論づけられるかもしれない。しかしながら，グローバル・テレビネットワークにとってコスト削減をもたらす番組標準化は一考するだけの価値はあるだろう。当然ながら，このことは全ての番組製品が市場を越えて標準化されるべきであると示唆するものではない。テレビ番組の標準化は特定のカテゴリー内やセグメントをターゲットとした場合のみ成功すると考えられる。より実践的なアプローチは，全ての番組製品を標準化するよりも，費用対効果と視聴者の反応の間でうまくバランスを取りながら，可能な部分に限って標準化するというものであろう。一方では標準化がもたらす費用効率の必要性を，そして他方では視聴者の嗜好における様々な相違を睨み合わせ，テレビ番組戦略は費用便益分析を通じて注意深く決定される必要がある。要するに，ネットワークの番組決定はコストと収入双方の見積もりに基づいたものでなければならない。標準化は利益等式のコスト面において作用するものであり，適応化はその他の方法では実現しない収入最大化を実現するために必要なものである。より低いコストとより高い収入間の相互作用から生じる純益に最大の関心を寄せるべきであろう。

Ⅲ．経営実務への含意

　成功のカギはテレビ番組製品標準化を促進するもの，阻害するものを注意深く分析することにある。経営戦略に関する研究では企業内外の要因と戦略の適合が業績にプラスに作用することが明示されてきた（Cavusgil et al., 1993）。要因・戦略適合と業績間の正の相関が事実であるならば，以下のガイドラインは実務者にとって有益なものであるに違いない。

　条件適合理論に基づく第一の提案は，製品特性を明確に把握することである。番組製品が異文化にそれほど影響されずに受け入れられ，また，普遍的な魅力を備えていると思われる場合には，グローバル・テレビネットワークはできるだけ広範囲にその番組を配給すべきであろう。

　第二に，視聴者が十分な規模の超国家セグメントを形成していると思われる場合には番組を世界規模で配給することで規模の経済を達成することができる。激しさを増す今日のテレビ番組市場において，グローバル・テレビネットワークが番組標準化の利点を得て，生き残るためには超国家視聴者セグメントの存在が不可欠である。従って，特定の番組製品に世界規模の視聴者セグメントが存在しうるかを見極めることが必要となってくる。類似する番組嗜好を持つ視聴者が国を超えて存在すれば，グローバル・テレビネットワークが番組標準化を積極的に採用する機会となる。

　第三に，ある国の文化特性が視聴者の嗜好に及ぼす影響を認知する必要がある。そのような特性は特定国の視聴者セグメントや市場としての潜在性を示す重要な指標となるからである。嗜好は普遍的な場合もあれば，局地的な場合もある。実務に携わる者は視聴者の嗜好が文化間でどの程度変動するものなのかを理解しなければならない。実際，本研究で取り上げた国家市場でも文化に起因する番組嗜好が確認されている。依然として国家市場間には，程度の差はあるものの，文化的相違が存在し，そのような差異に対する理解は番組決定を適切に行う上で不可欠なものである。文化的に多様な市場間で番組製品を提供することの複雑さを実務家は覚えておく必要があるし，成功する番組戦略を策定するために特定市場の文化に関する知識を深めるべきである。

　第四に，企業特性における相違も重要な説明変数となりうる。一般に，特

定アプローチの有利さ・不利さは個々の企業が有する資源や海外における潜在市場規模によって著しく異なってくる。そのような資源や市場規模は特定の戦略的アプローチに関連するコストや利益，さらにはそのアプローチ自体が企業にとって望ましいかを決定する。例えば，魅力的な番組というコンテンツ資源を持つグローバル・テレビネットワークがあるとして，その資源がもたらすリターンは，それが様々な地理的市場に配置・活用されてこそ最大化される。そのようなネットワークが多国籍アプローチを採用することは望ましい選択とはいえないだろう。

さらに考慮すべき重要な点を挙げるならば，グローバル・テレビネットワークにおける意思決定構造が集中化されたものか否かという点である。高いレベルの標準化を達成するためには国際業務を中央で支配する必要があるだろう。ただし，成功するグローバル・テレビネットワークは関連会社やそれらの傘下にあるローカル・チームからの提言やアイディアを重んじる傾向があり，戦略はトップ・ダウンで指示されるだけではない。トップ・ダウンよりもボトム・アップなアプローチの中でネットワークに対するコミットメントが強化され，世界規模で優れた番組製品を製作することが可能となる場合もある。一方，決定権が分散化した構造では，ローカル・チームは市場に関する豊富な知識を駆使し，ローカル市場の視聴者の特定ニーズに呼応する独自番組を製作・購入しやすくなる。例えば，MTV ネットワークスはローカル・チームに新番組製品を企画・制作する権限を与えているが，このことは結局，ネットワーク全体へ新しいアイディアを提起する強力な手段にもなっている。現地版チャンネルの番組の企画が後にネットワーク番組のそれへと転用される可能性があるからである。グローバル・テレビネットワークにおいては，独創的なアイディアや情報を交換・転用するためのメカニズムが確立される傾向にある。また，ローカル・チームに番組を制作する機会を与えることはそのチームのやる気や制作技術にも大きく影響するだろう。

最後に，グローバル・テレビネットワークは自分たちがグローバル・ブランドを有することを意識すべきである。グローバル・ブランドはネットワークにとって重要なものであるが，それはそのようなブランドが視聴者に高品

質を連想させるという理由だけでなく，ネットワークの現地版チャンネルが国産チャンネルとの差別化を図る上で役立つからでもある。しかし，多くの市場で課題となっているのは，視聴者がシンボルとしてのグローバル・ブランドに引かれつつも，実際のコンテンツとなると自分たちに関連するもの，つまりローカルなものを求める傾向があるという点である。いくつかのグローバル・テレビネットワークは強力な単一グローバル・ブランドの維持に心を砕く一方で，番組の現地適応化を考慮している。確かに，本研究で明示されたように，ブランドの一貫性および全体性を世界規模で維持するためには，多かれ少なかれ同一番組が国家市場を超えて放送されるべきであろう。しかし，グローバル・ブランドは現地適応化番組と共存可能でもある。例えば，外国の素材をローカル制作の番組に取り入れることで，グローバルな要素をローカルな文脈において消化したり，ローカル制作番組の量とネットワーク番組の量の間で適切なバランスを取ればいい。いずれにせよ，グローバル・テレビネットワークは強力な現地制作番組とネットワーク番組がバランスよく混在する番組ポートフォリオの作成を目指すべきである。そうすることで，ネットワークは柔軟性を持ってそれらの番組を組み合わせた編成を行い，それぞれに異なる市場の嗜好に対応することが可能になる。

IV．本研究による貢献

これまでもメディア・グローバリゼーションに関する議論は活発に行われてきたが，国際市場におけるメディア企業の実際の決定や行動を対象とする研究は比較的少量に留まっていた。特に，国際市場で提供されるメディア製品の問題を経営の視点から論じたものは非常に少ない。また，グローバル・テレビネットワークの番組製品を体系的に調査したものも少ないため，番組製品が実際にどの程度まで標準化あるいは現地適応化されているかはほとんど知られていなかった。このような分野における研究が不足している中で，本研究ではグローバル・テレビネットワークの番組戦略を包括的・体系的に理解するための試みがなされた。

実務家らはテレビ番組の国際ビジネスに従事してきており，その領域に関する彼らなりの経験・知識を蓄積しているため，実際に彼らが行ったり考えたりしていることから相当な知見が得られると推測された。本研究の価値は，グローバル・テレビネットワークの番組戦略に影響する主要因への洞察にあり，また，グローバル・メディア経営研究の文献に加えられるべき法則性をいくつか提示している点にある。ここで提示・発見された点が今後の学問研究の礎となり，グローバル・テレビネットワークの番組製品と主要変数間の関係へのさらなる関心を喚起することを願う。

　加えて，本研究は競争が激化するグローバル・テレビ産業において実務家が番組戦略を体系的に考える一助ともなりうる。サンプル事例の特性や規模を考えた場合，明確な結論を下すことは難しいかもしれないが，ある要因が番組製品に及ぼす影響に関する興味深い洞察が示されている。ネットワーク幹部や編成担当者にとって，どの程度まで番組が標準化あるいは現地適応化されるべきかを判断する上で企業内外の要因を分析することは必須である。このような分析を行うことで標準化・適応化の有利点・不利点を比較考察することが可能となり，適切な戦略を選定できる。実務家が番組標準化・適応化の機会をより良く理解する上で，本書で展開された議論が役立てば幸いである。

V. 本研究の弱点と今後の方向性

　本研究にはいくつかの弱点があるが，それらは今後の研究の興味深い方向性を示すものでもある。まず，事例研究における科学的厳格さの欠如はしばしば指摘される点である。事例に基づくアプローチでは通常，解釈主義的なパラダイムに沿った問題解決が図られるため，研究者の偏った見解によって知見や結論が影響される可能性がある。さらに，ネットワーク幹部やマネージャーはネットワーク内で主要なポジションに就いているため，彼らの応答はそれぞれのネットワークのビジネスにおける戦略的選択を如実に反映したものと考えられるが，確証を伴うかは定かではない。研究課題は主として彼

らの知覚に関するものではあるが，情報の信憑性を検証することは難しい。組織研究において回顧的な知覚に頼ることは信頼性・妥当性を伴う手法であることが示されてはいる（Cavusgil et al., 1993）が，より客観的なデータや測定方法が存在すれば，個々の発見はより確かなものとなるであろう。

インタビュー回答者の意見は，視聴者の動機や信念よりも彼ら自身の推測に基づいている部分が大きい。本研究における知見の妥当性を測る上で，視聴者の番組製品およびブランドに対する知覚や態度を調査するような研究が今後，行われる必要があるだろう。特に，超国家視聴者セグメントに関してより多くのデータが必要となる。この意味で，本研究での分析と議論は今後の国際視聴者行動研究に重要な方向性を提示するものであろう。

本研究は米国系ケーブルネットワークの番組戦略をアジアにおける関連会社や現地版チャンネルの視座に立って分析している。ネットワーク本社幹部の意見は可能な限り2次情報源から集めた。今後の研究は独自インタビューを通してこれらの人々からもデータを収集し，分析に取り入れることで，本研究で得られた知見をより相対的かつ包括的に評価することが求められる。番組戦略が多くの場合，関連会社によって決定されているという現状に対して，ネットワーク本社がどのような考えを抱いているのかを調査することは興味深い。

事例研究において得られた知見は通常，一般化しづらい。本研究では4つの米国系ケーブルネットワークのアジア3市場における番組戦略という限られた事例のみが調査されており，このため研究から得られた知見も一般に広く適応されるものではない。サンプルとなるネットワークおよび市場は有意抽出法で選ばれている。しかし，調査事例の数は時間や資金制約の中でどうしても限られてくるため，HBOやディズニー・チャンネルといった有力なネットワークや中国やインドといった重要な市場が本研究では考察されていない。従って，今後の研究に期待されるのは，グローバル・テレビネットワークによる番組戦略の現実に関する理解をさらに深めるために異なるネットワークやアジア市場で本研究を反復してみることである。また，欧州や中南米といった市場でも反復可能であり，それらの市場から得られる結果は本

研究のアジアにおける調査結果と比較されうるものであろう。このような研究の流れを通じてグローバル・テレビネットワークの番組戦略に関するさらなる洞察が得られるのである。

　本研究はその理論的基盤を国際マーケティング研究に求めている点において新しい試みがなされている。この質的研究は４つの米国系ケーブルネットワークの戦略に関して豊かな見識を示すが、上述の通り、サンプル事例の特性や規模を考えた場合、明確な結論を下すことや知見を一般化することは難しい。これらを克服するためには、より大きいサンプル採集やすべての要因に関する指標が必要となる。帰納法と演繹法は明白に区分される必要があるが、同時に両者間で相乗効果が生まれうることも確かである（Bradley, 1987）。実際、事例研究は後続調査の道を開くため、探索の第一歩として実行される場合もあれば、量的調査の結果を補足する、より詳細な情報を提供してくれる場合もある。後続研究は本研究で提示された枠組みを応用し、グローバル・テレビネットワークが戦略決定を行う際、どの要因が重要であるかを実証的に分析することを目的とし、より多数のネットワークを対象に大規模な調査を行うことができるだろう。例えば、ネットワークのローカル・チームに属するマネージャーらに対して郵送調査を行うことで量的データを集めることが可能となる。その後、多重回帰分析を行うことで番組標準化・適応化と企業内外部要因との間の線形相関が得られるであろう。

　また、本研究では国際マーケティング研究領域における最大の関心事である、特定戦略がもたらす業績調査を行っていない。テレビネットワークの見地からすると、優れた番組とは―標準化番組であろうと適応化番組であろうと―より良い財務業績に貢献する番組ということになるかもしれない。そうだとすれば、ネットワークの関心は番組戦略の決定因が何かという点ではなく、どのような番組が高収益を保証するかという点に集中するであろう。番組標準化と一般に関連づけられる規模効果や低コストが本当に増益に結びつくかは定かではない。むしろ製品適応化が製品の市場における競争力を高め、結果として高い売上につながる可能性がある。さらに、現地適応化を採用するネットワークは売上面だけではなく、利益面でも優位性を保てるのか

V. 本研究の弱点と今後の方向性　211

調査する必要もあるだろう。これらを証明するデータは現在のところ入手不可能である。究極的には，ある戦略が妥当であるか否かはそれが生み出す業績結果次第であるため，今後の研究では標準化・適応化戦略を財務業績と結びつけて考察する必要がある。数年の期間にわたる事業における変化を調査することで戦略・業績間の関係が明らかになり，両者の関係における力学や複雑さをより良く理解できるようになるだろう。

　理想としては，本研究に見られるような国際比較調査はそれぞれが調査対象国に精通している複数研究者の共同作業として行われるべきであろう。各自が自国で作業し，現地でデータを収集・分析できるからである。そうすることで研究はいくつかの重大な問題を回避することができる。まず，インタビューがそれを行う者・受ける者双方にとっての母国語で行われ，より深く，細かい情報が得られる可能性が増す。人が母国語以外の言語を話すのを聴くことは時に疲労を伴うし，相当な集中力が必要となる。次に，有益な2次情報が現地語でのみ入手可能な場合がある。本研究ではインタビューで得られたデータを2次情報で補完しているが，関連2次情報が英文では手に入らない場合があった。より綿密な調査を達成するためには現地語でのみ入手可能なデータにも目を通す必要があるだろう。

　最後に，グローバル・テレビネットワークの番組戦略は時代とともに変化すると考えられるため，今後もどのような戦略が策定・採用されるか引き続き注視する必要がある。繰り返しになるが，外国市場へ進出し始めた頃は多くの米国系ケーブルネットワークが現地適応化されていない米国製番組を流し続けていた。それから10年以上が経ち，ネットワークは海外市場で多かれ少なかれ現地適応化番組を放送するように変化してきた。このような放送番組における傾向は今後，どのように変化するのだろうか。いくつかのグローバル・テレビネットワークはグローバルな要素をローカル市場における独自制作番組に取り入れることを選ぶかもしれない。このような戦略はネットワークの優位性につながる可能性があるし，グローバルとローカルの間で中道的政策を取り続けるネットワークにとっては一考に値するものである。一方で，視聴者の国家市場を超えたセグメント化がさらに続き，大規模なも

のへ成長するのであれば，グローバル・テレビネットワークにとって世界標準化された番組製品を製作・マーケティングする機会となるであろう。

付録1　インタビュー回答者一覧

MTV
　MTVジャパン　代表取締役社長兼CEO　笹本裕
　MTVジャパン　リサーチ＆プランニング室長　外川哲也
　MTV台湾　クリエイティブ＆コンテンツ・ディレクター　シャロン・チャン（Sharon Chang）
　MTVネットワークス・アジア　番組・音楽・タレント担当上席副社長　ミシャル・ヴァーマ（Mishal Varma）

カートゥーン・ネットワーク
　ジャパン・エンターテインメント・ネットワーク　PRアソシエイト・ディレクター　橋田未知子
　ジャパン・エンターテインメント・ネットワーク　編成部ディレクター　末次信二
　ターナー・ブロードキャスティング・セールス台湾　編成マネージャー　ゲーリー・チョウ（Gary Chou）
　ターナー・エンターテインメント・ネットワークス・アジア　番組編成・購入ディレクター　ミシェル・ショフィールド（Michele Schofield）

ESPN
　Jスポーツ　管理本部長兼経営企画室長　長谷一郎
　ESPN STARスポーツ　台湾マーケティング上級マネージャー　ジャミー・チェン（Jammie Chen）
　ESPN STARスポーツ　東南アジア番組編成担当副社長　ニック・ウィルキンソン（Nick Wilkinson）

ディスカバリー・チャンネル
　ディスカバリー・ジャパン　代表取締役社長　フィリップ・ラフ（Phillip Luff）
　ディスカバリー・アジア　番組編成およびクリエーティブ・サービス担当上席副社長　ジェームス・ギボンス（James Gibbons）

付録2　インタビュー回答者のリクルート方法

　付録1に記されたインタビュー回答者がどのように採用されたかを以下に記す。

　MTVジャパンの幹部である笹本社長や外川氏とのインタビューは同社の広報部長であった片岡英彦氏が調整した。片岡氏は筆者の日本テレビ勤務時代の同僚である。インタビューに先がけ，実際のインタビューで尋ねる質問を精錬するために笹本社長とはEメールでやりとりをした。ディスカバリー・ジャパンのラフ社長，Jスポーツの長谷室長，カートゥーン・ネットワークの橘田ディレクターおよび末次ディレクターとのインタビューは全て，日本のケーブルテレビ産業に精通しており，また，筆者にとっては長年にわたる仕事上の協力者である株式会社CSSiの酒井洋道社長が調整した。

　台湾でのインタビューに関して記すと，ESPN台湾のチェン氏とのインタビューは，筆者のミシガン州立大学での学友であるファー・イーストーン・テレコミュニケーションズのリオン・リュウ（Leon Liu）氏が調整した。また，MTV台湾のチャン氏とのインタビューは，リュウ氏が紹介したMTV台湾のウー・チュウクァン（Wu, Chiu Kuang）氏が調整した。カートゥーン・ネットワーク台湾からのインタビュー回答者を募るため，まず筆者のフロリダ大学における博士論文審査委員会主査のシルヴィア・チャン＝オルムステッド博士から紹介を受けたターナー・インターナショナル・アジア太平洋の副社長，リンゴ・チャン（Ringo Chan）氏に連絡を取った。チャン氏は，カートゥーン・ネットワーク・アジア太平洋で地域の番組を監督するショフィールド氏と筆者の仲介を務め，ショフィールド氏がカートゥーン・ネットワーク台湾のチョウ氏を紹介した。また，ディスカバリー・ジャパンのラフ社長はディスカバリー台湾のマネージャーであるトミー・リン（Tommy Lin）氏にインタビューへの参加を打診した。しかし，リン氏は広告販売担

当であるため，番組戦略に関する十分な情報は持ち合わせておらず，インタビューは見送られた。そこでラフ社長は筆者に対し，インタビューに最適な人物はシンガポールの地域本部でアジア太平洋における番組編成責任者であると提言した。

　シンガポールでは3つのインタビューが計画された。MTVネットワークス・アジアのヴァーマ副社長へのインタビューは，前述の片岡氏が紹介したMTVネットワークス・アジアのモク・ホーヤン（Mok, Ho Yang）氏が調整した。ESPN STARスポーツの幹部とのインタビューのため，チャン＝オルムステッド博士に紹介されたSTAR TVのアンジェラ・フォン（Angela Fung）氏に連絡を取り，ESPN STARスポーツの番組編成担当であるマヌ・ソーニー（Manu Sawhney）副社長の紹介を受けた。ソーニー氏のアシスタントであるアニー・ラウ（Annie Law）氏がインタビューを調整したが，前日になり急務のためキャンセルされた。代替として，ラウ氏はウィルキンソン副社長へのインタビューを設定した。また，先述の通り，ディスカバリー・ジャパンのラフ社長がディスカバリー・アジアのギボンス副社長を紹介した。これらの3つのシンガポールでのインタビューに加え，先に名が挙がったショフィールド氏とのインタビューを香港で設定した。カートゥーン・ネットワークはシンガポールに事務所を構えていないためである。

参考文献一覧

Aaker, D. A. (1991), *Managing brand equity: Capitalizing on the value of a brand name*, New York, Free Press.
Adelphia Media Services (2005), "Discovery Channel," Retrieved November 19, 2005 from the World Wide Web: http://adelphiamediaservices.com/pages/nets/
Adler, N. J. (1983), "A typology of management studies involving culture," *Journal of International Business Studies*, 14(2), pp.29-47.
Advertising Age International (1999, February 8), "Going local: Advertisers reward media that customize for readers and viewers," *Advertising Age International*, p.32.
Agarwal, S. (1992), "Socio-cultural distance and the choice of joint ventures: A contingency perspective," *Journal of International Marketing*, 2(2), pp.63-80.
Agarwal, S., & Ramaswami, S. N. (1992), "Choice of foreign market entry mode: Impact of ownership, location, and internationalization factors," *Journal of International Business Studies*, 23(1), pp.1-27.
Agbonifoh, B. A., & Elimimiam, J. U. (1999), "Attitudes of developing countries towards country-of-origin products in an era of multiple brands," *Journal of International Consumer Marketing*, 11(4), pp.97-116.
Agrawal, M. (1995), "Review of a 40-year debate in international advertising: Practitioner and academician perspective to the standardization/adaptation issue," *International Marketing Review*, 12(1), pp.26-48.
Akaah, I. P. (1991), "Strategy standardization in international marketing: An empirical investigation of its degree of use and correlates," *Journal of Global Marketing*, 4(2), pp.39-62.
Alashban, A. A, Hayes, L. A., Zinkhan, G. M., & Balazs, A. L. (2002), "International brand-name standardization/adaptation: Antecedents and consequences," *Journal of International Marketing*, 10(3), pp.22-48.
Albarran, A. B., & Chan-Olmsted, S. M. (1998), "Global patterns and issues," In A. B. Albarran, & Chan-Olmsted, S. M. (Eds.), *Global media economics: Commercialization, concentration, and integration of world media market* (pp.99-118), Ames, IA, Iowa State University Press.
Alden, D. L., Steenkamp, J. E. M., & Batra, R. (1999), "Brand positioning through advertising in Asia, North America, and Europe: The role of global consumer culture," *Journal of Marketing*, 63(1), pp.75-87.
Amdur, M. (1994, January 24), "Cable industry wants world on a wire: Executives set sights on Europe, Asia, and Latin America," *Broadcasting & Cable*, 124(4), p.114.
Amdur, M., & Bell, N. (1994, April 11), "The boundless Ted Turner: Road to globalization," *Broadcasting & Cable*, 124(15), p.34.
American Marketing Association. (2006), "Dictionary of marketing terms," Retrieved January 15, 2006 from the World Wide Web: http://www.marketingpower.com/mg-dictionary.php
Amit, R., & Shoemaker, P. J. H. (1993), "Strategic assets and organizational rent," *Strategic

Management Journal, 14(1), pp.33-46.
Baalbaki, I. B., & Malhotra, N. K. (1993), "Marketing management bases for international market segmentation: An alternative look at the standardization/customization debate," *International Marketing Review*, 10(1), pp.19-44.
Baalbaki, I. B., & Malhotra, N. K. (1995), "Standardization versus customization in international marketing: An investigation using bridging conjoint analysis," *Journal of the Academy of Marketing Science*, 23(3), pp.182-194.
Baker, M. J., & Ballington, L. (2002), "Country of origin as a source of competitive advantage," *Journal of Strategic Marketing*, 10(2), pp.157-168.
Balabanis, G., Mueller, R., & Melewar, T. C. (2002), "The relationship between consumer ethnocentrism and human values," *Journal of Global Marketing*, 15(3/4), pp.7-37.
Ball, D. A., McCulloch, W. H., Jr., Frantz, P. L., Geringer, J. M., & Minor, M. S. (2002), *International business: The challenge of global competition* (8th ed.), New York, McGraw Hill.
Banks, J. (1996), *Monopoly television: MTV's quest to control the music*, Boulder, CO, Westview Press.
Barden, C. (1999), "I want my MTV...In Mandarin!" Retrieved August 18, 2006 from the World Wide Web: http://www.membership.tripod.com/~journeyeast/mtv.html
Barker, A. T. (1993), "A marketing oriented perspective of standardized global marketing," *Journal of Global Marketing*, 7(2), pp.123-130.
Barney, J. (1991), "Firm resources and sustainable competitive advantage," *Journal of Management*, 17(1), pp.99-120.
Bartlett, C. A., & Ghoshal, S. (1991), "Global strategic management: Impact on the new frontiers of strategy research," *Strategic Management Journal*, 12(Special Issue), pp.5-16.
Bartlett, C. A., & Ghoshal, S. (2000), *Transnational management: Text, cases, and readings in cross-border management* (3rd ed.), Boston, McGraw-Hill.
BBC World (2005), "Key facts about BBC World," Retrieved September 19, 2005 from the World Wide Web: http://www.bbcworld.com/content/template_clickpage.asp?pageid=141
Beam, R. A. (2006), "Quantitative methods in media management and economics," In Albarran, A. B., Chan-Olmsted, S. M., & Wirth, M. O. (Eds.), *Handbook of media management and economics* (pp.523-551), Mahwah, NJ, Lawrence Earlbaum Associates.
Beatty, S. G. (1996, June 4), "CNBC will air a show owned, vetted by IBM," *Wall Street Journal*, pp.B1, B8.
Bell Global Media. (2005, September 28), "MTV Returns to Canada," Retrieved October 22, 2005 from the World Wide Web: http://www.bce.ca/en/news/releases/bg/2005/09/28/72780.html
Bellamy, R. V., Jr. (1998), "The evolving television sports marketplace," In L. A. Warner (Ed.), *Media Sport* (pp.73-87), London, Routledge.
Bellamy, R. V., Jr., & Chabin, J. B. (1999), "Global promotion and marketing of television," In S. T. Eastman, D. A. Ferguson, & R. A. Klein (Eds.), *Promotion and marketing for broadcasting and cable* (3rd ed., pp.211-232), Boston, Focal Press.
Berg, B. L. (2001), *Qualitative research methods for the social science* (4th ed.), Needham Heights, MA, Allyn and Bacon.
Beuselinck, L. (2000), "Internationalization and doctoral study: Some reflections on cross-cultural case research," In C. J. Pole, & R. G. Burgess (Eds.), *Cross-cultural case study* (pp.83-94), Amsterdam, JAI.

Bilkey, W. J., & Nes, E. (1982), "Country-of-origin effects on product evaluations," *Journal of International Business Studies*, 13 (1), pp.89-99.
Billboard (2001, February 17), "Music television: A global status report. Most Asian nets focus on music," *Billboard*, 113 (7), p.1.
Boddewyn, J. J., & Hansen, D. M. (1977), "American marketing in the European common market, 1963-1977," *European Journal of Marketing*, 11 (7), pp.548-563.
Boddewyn, J. J., Soehl, R., & Picard, J. (1986), "Standardization in international marketing: Is Ted Levitt in fact right?" *Business Horizons*, 29 (6), pp.69-75.
Bowman, J. (2003, October 31), "Regional television," *Media*, p.M50.
Bowman, J. (2003/2004), "Programming set to win the war for pay-TV networks," *Media*, p.8.
Bradley, M. F. (1987), "Nature and significance of international marketing: A review," *Journal of Business Research*, 15, pp.205-219.
Broadfoot, P. (2000), "Interviewing in a cross-cultural context: Some issues for comparative research," In C. J. Pole, & R. G. Burgess (Eds.), *Cross-cultural case study* (pp.53-65), Amsterdam, JAI.
Buckley, P. J., & Brooke, M. Z. (1992), *International business studies: An overview*, Oxford, Blackwell.
Burpee, G. (1996, May 16), "Global music-video broadcasters act locally," *Billboard*, 108 (20), p.APQ1.
Buzzell, R. D. (1968), "Can you standardize multinational marketing?" *Harvard Business Review*, 46 (6), pp.102-113.
Cable & Satellite Asia (1996a, November), "Discovery Channel in Asia," *Cable & Satellite Asia*, p.23.
Cable & Satellite Asia (1996b, November), "STAR TV in Asia," *Cable & Satellite Asia*, p.30.
Campaign (2002, October 25), "The borderless world," *Campaign*, p.9.
Capell, K., Belton, C., Lowry, T., Kripalani, M., Bremner, N., & Roberts, D. (2002, February 18), "MTV's world; Mando-pop. Mexican hip hop. Russian rap. It's all fueling the biggest global channel," *Business Week*, p.81.
Carson, D., Gilmore, A., Perry, C., & Gronhaug, K. (2001), *Qualitative marketing research*, London, Sage.
Carveth, R. (1992), "The reconstruction of the global media marketplace," *Communication Research*, 19 (6), pp.705-723.
Cateora, P. R., & Graham, J. (2001), *International marketing* (11th ed.), Chicago, McGraw-Hill/Irwin.
Cauley, L. (1999, March 10), "Discovery is tailoring 'Cleopatra' as a one-stop global media buy," *Wall Street Journal*, p.1.
Cavusgil, S. T., & Zou, S. (1994), "Marketing strategy-performance relationship: An investigation of the empirical link in export market ventures," *Journal of Marketing*, 58 (1), pp.1-21.
Cavusgil, S. T., Zou, S., & Naidu, G. M. (1993), "Product and promotion adaptation in export ventures: An empirical investigation," *Journal of International Business Studies*, 24 (3), pp.479-506.
Central Intelligence Agency (2005), "The world fact book," Retrieved September 15, 2005 from the World Wide Web: http://www.cia.gov/cia/publications/factbook/
Chadha, K., & Kavoori, A. (2000), "Media imperialism revised: Some findings from the Asian case," *Media, Culture, & Society*, 22 (4), pp.415-432.
Chalaby, J. K. (2002), "Transnational television in Europe: The role of pan-European channels," *European Journal of Communication*, 17 (2), pp.183-203.
Chalaby, J. K. (2003), "Television for a new global order," *Gazette: The International Journal for*

Communication Studies, 65(6), pp.457-472.
Chalaby, J. K. (2004a), "Towards an understanding of media transnationalism," In J. K. Chalaby (Ed.), *Transnational television worldwide: Towards a new media order* (pp.1-13), London, I. B. Tauris.
Chalaby, J. K. (2004b), "The quiet invention of a new medium: Twenty years of transnational television in Europe," In J. K. Chalaby (Ed.), *Transnational television worldwide: Towards a new media order* (pp.43-65), London, I. B. Tauris.
Chalaby, J. K. (2005), "Deconstructing the transnational: A typology of cross-border television channels in Europe," *New Media & Society*, 7(2), pp.155-175.
Chan, J. M. (1994), "National responses and accessibility to STAR TV in Asia," *Journal of Communication*, 44(3), pp.112-131.
Chan, J. M. (2004), "Trans-border broadcasters and TV regionalization in Greater China: Processes and strategies," In J. K. Chalaby (Ed.), *Transnational television worldwide: Towards a new media order* (pp.173-195), London, I. B. Tauris.
Chan-Olmsted, S. M. (2004), "In search of partnership in a changing global media market: Trends and drivers of international strategic alliances," In R. G. Picard (Ed.), *Strategic responses to media market changes* (pp.47-64), Jönköping, Sweden, Jönköping International Business School.
Chan-Olmsted, S. M. (2006), *Competitive strategy for media firms: Strategic and brand management in changing media markets*, Mahwah, NJ, Lawrence Erlbaum Associates.
Chan-Olmsted, S. M., & Albarran, A. B. (1998), "A framework for the study of global media economics," In A. B. Albarran, & Chan-Olmsted, S. M. (Eds.), *Global media economics: Commercialization, concentration, and integration of world media market* (pp.3-16), Ames, IA, Iowa State University Press.
Chan-Olmsted, S. M., & Chang, B. (2003), "Diversification strategy of global media conglomerates: Examining its pattern and determinants," *Journal of Media Economics*, 16(4), pp.213-233.
Chan-Olmsted, S. M., & Kim, Y. (2001), "Perceptions of branding among television station managers: An exploratory analysis," *Journal of Broadcasting & Electronic Media*, 45(1), pp.75-91.
Chan-Olmsted, S. M., & Oba, G. (2004), "The world media landscape: A comprehensive examination of media markets and their determinants in 98 countries," Presented at the Media Management & Economics Division of the Association for Education in Journalism and Mass Communication (AEJMC), Toronto, Canada.
Chan-Olmsted, S. M., & Oba, G. (2006), "Assessing the international video marketplace: A longitudinal examination of the environmental factors affecting the export of U.S. video media goods," Presented at the 7th World Media Economics Conference, Beijing, China.
Chandler, A. D., Jr. (1962), *Strategy and structure*, Cambridge, MA, MIT Press.
Chang, Y. (2003), "'Glocalization' of television: Programming strategies of global television broadcasters in Asia," *Asian Journal of Communication*, 13(1), pp.1-37.
Chen, P. (2004), "Transnational cable channels in the Taiwanese market: A study of domestication through programming strategies," *Gazette: The International Journal for Communication Studies*, 66(2), pp.167-183.
Collis, D. J., & Montgomery, C. A. (1995), "Competing on resources: Strategy in the 1990s," *Harvard Business Review*, 73(4), pp.118-129.
Cooper, M. (2000, April 21), "TV: The local imperative," *Campaign*, p.44.
Cooper-Chen, A. (1997), *Mass communication in Japan*, Ames, IO, Iowa State University Press.

Cordell, V. V. (1993), "Interaction effects of country-of-origin with branding, price, and perceived performance risk," *Journal of International Consumer Marketing*, 5(2), pp.5-16.

Craig, C. S., & Douglas, S. P. (2000), "Configural advantage in global markets," *Journal of International Marketing*, 8(1), pp.6-26.

Craig, C. S., Greene, W. H., & Douglas, S. P. (2005), "Culture matters: Consumer acceptance of U.S. films in foreign markets," *Journal of International Marketing*, 13(4), pp.80-103.

Crawford, J. C., Garland, B., & Ganesh, G. (1988), "Identifying the global pro-trade consumer," *International Marketing Review*, 3(4), pp.25-33.

Croteau, D., & Hoynes, W. (2001), *The business of media: Corporate media and the public interest*, Thousand Oaks, CA, Pine Forge Press.

Cullity, J. (2002), "The global desi: Cultural nationalism on MTV India," *Journal of Communication Inquiry*, 26(4), pp.408-425.

Curtin, M. (2005), "Murdoch's dilemma, or 'What's the price of TV in China?'" *Media, Culture, & Society*, 27(2), pp.155-175.

Das, T. K., & Teng, B. (2000), "A resource-based theory of strategic alliances," *Journal of Management*, 26(1), pp.31-61.

Daswani, M. (2005, October), "Singapore swing," Retrieved August 18, 2006 from the World Wide Web: http://www.worldscreen.com/print.php?filename=singapore1005.htm

Dawar, N., & Parker, P. (1994), "Marketing universals: Consumers' use of brand name, price, physical appearance, and retailer reputation as signals of product quality," *Journal of Marketing*, 58(2), pp.81-95.

de Chernatony, L., Halliburton, C., & Bernath, R. (1995), "International branding: Demand- or supply-driven opportunity?" *International Marketing Review*, 12(2), pp.9-21.

de Mooij, M. (2000), "The future is predictable for international marketing: Converging incomes lead to diverging consumer behavior," *International Marketing Review*, 17(2), pp.103-113.

de Mooij, M. (2004), *Consumer behavior and culture: Consequences for global marketing and advertising*, Thousand Oaks, CA, Sage.

Demers, D. (2001), *Global media: Menace or messiah?* (Revised ed.), Cresskill, NJ, Hampton Press.

Dentsu (1986), *Dentsu Japan marketing/advertising yearbook 1987*, Tokyo, Dentsu Inc.

Dess, G. G., Lampkin, G. T., & Taylor, M. (2004), *Strategic management: Creating competitive advantages*, Maidenhead, UK, McGraw-Hill.

Dhar, P. (1994, September 19), "STAR TV starts thinking local with new channels in Asia," *Advertising Age*, p.35.

Dhar, P. (1995, March 20), "After Apstar, broadcasters retool expansion in Asia," *Advertising Age*, p.I14.

Dickson, G. (1996, July 15), "Discovery goes digital in Asia," *Broadcasting & Cable*, 126(30), p.56.

Dimmick, J. W. (2003), *Media competition and coexistence: The theory of the niche*, Mahwah, NJ, Lawrence Erlbaum Associates.

Discovery Communications Inc. (2004), "Global offices," Retrieved May 2, 2005 from the World Wide Web: http://www.corporate.discovery.com/headquarters/offices.html

Discovery Communications Inc. (2006a), "Discovery Networks Asia—Corporate profile," Retrieved August 23, 2006 from the World Wide Web: http://www.discoverychannelasia.com/_includes/corporate/index.shtml

Discovery Communications Inc. (2006b), "International networks," Retrieved October 18, 2006 from

the World Wide Web: http://corporate.discovery.com/brands/intl_networks/intl_networks.html
Douglas, S. P., & Craig, C. S. (1989), "Evolution of global marketing strategy: Scale, scope, and synergy," *Columbia Journal of World Business*, 24(3), pp.47-59.
Douglas, S. P., & Craig, C. S. (1992), "Advances in international marketing," *International Journal of Research in Marketing*, 9(4), pp.291-318.
Douglas, S. P., & Urban, C. D. (1977), "Life-style analysis to profile women in international markets," *Journal of Marketing*, 41(3), pp.46-54.
Douglas, S. P., & Wind, Y. (1987), "The myth of globalization," *Columbia Journal of World Business*, 22(4), pp.19-29.
Doyle, G. (2002), *Understanding media economics*, London, Sage.
Doyle, G., & Frith, S. (2006), "Methodological approaches in media management and media economics research," In Albarran, A. B., Chan-Olmsted, S. M., & Wirth, M. O. (Eds.), *Handbook of media management and economics* (pp.553-572), Mahwah, NJ, Lawrence Earlbaum Associates.
Drucker, P. F. (1977), *People and performance*, New York, Harper's College Press.
Dupagne, M. (1992), "Factors influencing the international syndication marketplace in the 1990s," *Journal of Media Economics*, 5(3), pp.3-29.
Dwyer, S., Mesak, H., & Hsu, M. (2005), "An exploratory examination of the influence of national culture on cross-national product diffusion," *Journal of International Marketing*, 13(2), pp.1-28.
Ebert, H. (1991, September 28), "MTV Asia debuts in Hong Kong: Cui Jian's 'Wild in Snow' 1st clip to air," *Billboard*, 103(39), p.14.
Economist, the. (1994, March 26), "Murdoch in Asia: Third time unlucky?" *The Economist*, 330(7856), p.74.
Edmunds, M. (1994, December), "Cultural differences cause problems for programmers," *Broadcast & Cable International*, p.28.
Edwards, H. (2004, October), "Animation options for authors from an Australian perspective," Retrieved September 20, 2006 from the World Wide Web: http://www.writerswrite.com/journal/oct04/edwards18.htm
Eger, J. M. (1987), "Global television: An executive overview," *Columbia Journal of World Business*, 22(3), pp.5-10.
Eisenhardt, K. M. (1989), "Building theories from case study research," *Academy of Management Review*, 14(4), pp.532-550.
Ekeledo, I., & Sivakumar, K. (1998), "Foreign market entry mode choice of service firms: A contingency perspective," *Journal of the Academy of Marketing Science*, 26(4), pp.274-292.
Elasmar, M., & Hunter, J. (1997), "The impact of foreign TV on a domestic audience: A meta-analysis," In B. R. Burleson (Ed.), *Communication Yearbook 20* (pp.47-69), Thousand Oaks, CA, Sage.
Engardio, P. (1994, June 6), "Murdoch in Asia: Think globally, broadcast locally," *Business Week*, p.29.
ESPN International (2005), "The world of ESPN," Retrieved August 14, 2006 from the World Wide Web: www.intltv.espn.com/company_information/Print_ESPN_FactSheetB.pdf
ESPN STAR Sports (2005), "Corporate info: Offices," Retrieved July 10, 2005 from the World Wide Web: http://www.espnstar.com/corporate/offices/corpo_offices.html
Fahey, A. (1991, October 14), "Cable plots international growth," *Advertising Age*, p.6.
Flagg, M. (1999, December 20), "HBO may come to India...with commercials," *New York Times*, p.1.

Flagg, M. (2000, August 23), "Asia proves unexpectedly tough terrain for HBO, Cinemax Channels ―National censors dictate cuts, ban some films altogether; neutered 'Sex and the City,'" *Wall Street Journal*, p.B1.
Forrester, C. (1999, June), "MTV and Nickelodeon: Rocking in the hard places," *Multichannel News International*, p.18.
Geddes, A. (1994, July 18), "TV finds no pan-Asian panacea," *Advertising Age International*, p.I16.
Gershon, R. A. (1993), "International deregulation and the rise of transnational media corporation," *Journal of Media Economics*, 6(2), pp.3-22.
Gershon, R. A. (1997), *The transnational media corporation: Global messages and free market competition*, Mahwah, NJ, Lawrence Erlbaum Associates.
Gershon, R. A. (2000), "The transnational media corporation: Environmental scanning and strategy formulation," *Journal of Media Economics*, 13(2), pp.81-101.
Gershon, R. A. (2006), "Issues in transnational media management," In Albarran, A. B., Chan-Olmsted, S. M., & Wirth, M. O. (Eds.), *Handbook of media management and economics* (pp.203-228), Mahwah, NJ, Lawrence Earlbaum Associates.
Gershon, R. A., & Suri, V. R. (2004), "Viacom Inc.: A case study in transnational media management," *Journal of Media Business Studies*, 1(1), pp.47-69.
Glaser, B., & Strauss, A. L. (1967), *The discovery of grounded theory: Strategies for qualitative research*, Chicago, Aldine.
Godard, F. (1994, December), "East is East when it comes to programming," *Broadcast & Cable International*, p.28.
Godfrey, P. C., & Hill, C. W. L. (1995), "The problem of unobservables in strategic management research," *Strategic Management Journal*, 16(7), pp.519-533.
Goll, S. D. (1993, April 30), "ESPN is ready to score runs in TV in Asia: U.S. sports network aims to lead market but has a rival in prime sports," *Wall Street Journal*.
Goll, S. D. (1994, May 2), "MTV is leaving Murdoch's STAR TV to launch its own channels in Asia," *Wall Street Journal*, p.A11E
Grant, R. M. (1991), "The resource-based theory of competitive advantage: Implication for strategy formulation," *California Management Review*, 33(3), pp.114-135.
Gundersen, E. (2001, August 1), "MTV, at 20, rocks on its own," *U.S.A. Today*. Retrieved March 25, 2004 from the World Wide Web: http://www.usatoday.com/life/enter/tv/2001-08-01-mtv-at-20.htm
Gurhan-Canli, Z., & Maheswaran, D. (2000), "Cultural variations in country of origin effects," *Journal of Marketing Research*, 37(3), pp.309-317.
Ha, L. (1997), "Limitations and strengths of pan-Asian advertising media: A review for international advertisers," *International Journal of Advertising*, 16, pp.148-163.
Hakim, C. (2000), *Research design: Successful designs for social and economic research* (2nd ed.), London, Routledge.
Haley, K. (2005, April 4), "A two-decade march to the forefront of the cable world," *Television Week*, 24(14), p.C1.
Hall, E. T. (1976), *Beyond culture*, New York, Anchor Books/Doubleday.
Hall, S. (1991), "The local and the global: Globalization and ethnicity," In A. D. King (Ed.), *Culture, globalization, and the world-system: Contemporary conditions for the representation of identity* (pp.19-39), London, UK, Macmillan.

Han, C. M. (1989), "Country image: Halo or summary construct?" *Journal of Marketing Research*, 26(2), pp.222-229.
Han, C. M., & Terpstra, V. (1988), "Country of origin effects for uni-national and bi-national products," *Journal of International Business Studies*, 19(2), 235-255.
Harris, P. R., & Moran, R. T. (2000), *Managing cultural differences: Leadership strategies for a new world of business* (5th ed.), Houston, Gulf Professional Publishing.
Hasegawa, K. (1998), "Japan," In Albarran, A. B. & Chan-Olmsted, S. M. (Eds.), *Global media economics: Commercialization, concentration, and integration of world media market* (pp.284-296), Ames, Iowa State University Press.
Hassan, S., & Katsanis, L. P. (1991), "Identification of global consumer segments: A behavioral framework," *Journal of International Consumer Marketing*, 3(2), pp.11-28.
Hau, L. (2001, July 21), "Battle for viewers heat up as interest in indigenous acts broadcast," *Billboard*, 113(29), p.60.
Havens, T. J. (2003), "Exhibiting global television: On the business and cultural functions of global television fairs," *Journal of Broadcasting & Electronic Media*, 47(1), pp.18-35.
Hedges, A. (1985), "Group interviewing," In R. Walker (Ed.), *Applied qualitative research* (pp.71-91), Brookfield, VT, Gower.
Herman, E. S., & McChesney, R. W. (1997), *The global media: The new missionaries of corporate capitalism*, London, Cassell.
Hill, J. S., & Still, R. R. (1984), "Adapting products to LDC tastes," *Harvard Business Review*, 62(2), pp.92-101.
Hitt, M. A., Ireland, R. D., & Hoskisson, R. E. (2003), *Strategic management: Competitiveness and globalization* (5th ed.). Mason, OH, Thomson South-Western.
Hofstede, G. (2001), *Culture's consequences: Comparing values, behaviors, institutions, and organizations across nations* (2nd ed.). Thousand Oaks, CA, Sage.
Hollifield, C. A. (2001), "Cross borders: Media management research in a transnational market environment," *Journal of Media Economics*, 14(3), pp.133-146.
Hollifield, C. A. (2003), "The economics of international media," In A. Alexander, J. Owers, R. Carveth, C. A. Hollifield, & A. N. Greco (Eds.), *Media economics: Theory and practice* (3rd ed., pp.85-106), Mahwah, NJ, Lawrence Erlbaum Associates.
Hollifield, C. A., & Coffey, A. J. (2006), "Qualitative research in media management and economics," In Albarran, A. B., Chan-Olmsted, S. M., & Wirth, M. O. (Eds.), *Handbook of media management and economics* (pp.573-600), Mahwah, NJ, Lawrence Earlbaum Associates.
Hong, J. (1998), *The internationalization of television in China: The evolution of ideology, society, and media since the reform*, Westport, CT, Praeger.
Hong, J., & Hsu, Y. (1999), "Asian NIC's broadcast media in the era of globalization," *Gazette: The International Journal for Communication Studies*, 61(3/4), pp.225-242.
Hoskins, C., & McFadyen, S. (1991), "U.S. competitive advantage in the global television market: Is it sustainable in the new broadcast market?" *Canadian Journal of Communication*, 16(2), pp.207-224.
Hoskins, C., McFadyen, S., & Finn, A. (1997), *Global television and film: An introduction to the economics of the business*, New York, Oxford University Press.
Hoskins, C., & Mirus, R. (1988), "Reasons for the U.S. dominance of the international trade in television programmes," *Media, Culture, and Society*, 10(4), pp.499-515.

Hsieh, M. H. (2002), "Identifying brand image dimensionality and measuring the degree of brand globalization: A cross-national study," *Journal of International Marketing*, 10(2), pp.46-67.
Hughes, O. (1996, October 14), "STAR, ESPN smoke peace pipe in Pac Rim (STAR TV Inc., ESPN Asia form joint venture)," *Multichannel News*, 17(42), p.36.
Hughes, O. (1997a, April), "Most pay TV services in Asia rely on advertising as main source of revenue: 15% decline in TV ad spending to U.S.$350 mil making situation more difficult," *Multichannel News International*, 3(4), p.9.
Hughes, O. (1997b, September), "Asia's reality check," *Multichannel News International*, 3(7), p.26.
Hughes, O. (1997c, November), "Subs standard earning," *Cable & Satellite Asia*, p.49.
Hughes, O. (2000a, September 2), "MTV Asia 5th anniversary," *Billboard*, 112(36), p.47.
Hughes, O. (2000b, September 2), "MTV Asia's five branches," *Billboard*, 112(36), p.48.
Huszagh, S. M., Fox, R. J., & Day, E. (1985), "Global marketing: An empirical investigation," *Columbia Journal of World Business*, 20(4), pp.31-43.
Indiatelevision.com (2003, September 1), "Interview with Nickelodeon Asia's senior VP & MD Richard Cunningham," Retrieved July 13, 2005 from the World Wide Web: http://www.indiatelevision.com/interviews/y2k3/executive/richardcunningham.htm
Information and Communications Policy Bureau. (2006), "Main data on information and communications in Japan," Retrieved August 18, 2006 from the World Wide Web: http://www.soumu.go.jp/joho_tsusin/eng/main_data.html
Ishii, K., Su, H., & Watanabe, S. (1999), "Japanese and U.S. programs in Taiwan: New patterns in Taiwanese television," *Journal of Broadcasting & Electronic Media*, 43(3), pp.416-431.
Iwabuchi, K. (2001), "Becoming 'culturally proximate': The a/scent of Japanese idol dramas in Taiwan," In B. Moeran (Ed.), *Asian media productions* (pp.54-74), Honolulu, University of Hawaii Press.
Jacobs, R. D., & Klein, R. A. (1999), "Cable marketing and promotion," In S. T. Eastman, D. A. Ferguson, & R. A. Klein (Eds.), *Promotion and marketing for broadcasting and cable* (3rd ed., pp.127-151), Boston, Focal Press.
Jain, S. C. (1989), "Standardization of international marketing strategy: Some research hypotheses," *Journal of Marketing*, 53(1), pp.70-79.
Jenkins, B. (2001, April 1), "One species, two animals," *Multichannel News International*, 7(2), p.11.
Jensen, E. (1994, April 18), "Television: Cable concerns explore export of programs," *Wall Street Journal*, p.B1.
Johansson, J. K., Douglas, S. P., & Nonaka, I. (1985), "Assessing the impact of country of origin on product evaluations," *Journal of Marketing Research*, 22(4), pp.388-396.
Johansson, J. K., & Nebenzahi, I. D. (1986), "Multinational production: Effect on brand value," *Journal of International Business Studies*, 17(3), pp.101-126.
Johnson, D. (1996, August 12), "Kids TV's delicate global balance," *Broadcasting & Cable*, 126(34), p.41.
Johnson, J. L., & Arunthanes, W. (1995), "Ideal and actual product adaptation in US exporting firms: Market-related determinants and impact on performance," *International Marketing Review*, 12(3), pp.31-46.
Johnstone, H. (1996, October), "Asian TV companies tale lead in local content," *Asian Business*, 32(10), p.26.

Jung, J., & Chan-Olmsted, S. M. (2005), "Impacts of media conglomerates' dual diversification on financial performance," *Journal of Media Economics*, 18(3), pp.183-202.

Kale, S. H. (1995), "Grouping Euroconsumers: A culture-based clustering approach," *Journal of International Marketing*, 3(3), pp.35-48.

Kan, W. (2003, November 3), "MTV hits bum note with fans," *Variety*, 393(12), p.29.

Kanso, A. (1992), "International advertising strategies: Global commitment to local vision," *Journal of Advertising Research*, 32(1), pp.10-14.

Keegan, W. J. (1969), "Multinational product planning: Strategic alternatives," *Journal of Marketing*, 33(1), pp.58-62.

Keller, K. L. (1998), *Strategic brand management: Building, measuring, and managing brand equity*, Upper Saddle River, NJ, Prentice Hall.

Kim, W. C., & Hwang, P. (1992), "Global strategies and multinationals' entry mode choice," *Journal of International Business Studies*, 23(1), pp.29-53.

Kleppe, I. A., Iversen, N. M., & Stensaker, I. G. (2002), "Country images in marketing strategies: Conceptual issues and an empirical Asian illustration," *Brand Management*, 10(1), pp.61-74.

Koranteng, J. (1995, March 20), "ESPN splits Asia into subregions, targeted markets," *Advertising Age*, p.I14.

Kotler. P. (1986), "Global standardization—courting danger," *Journal of Consumer Marketing*, 3(2), pp.13-15.

Kotler, P. (1994), *Marketing management: Analysis, planning, implementation, and control* (8th ed.), Englewood Cliffs, NJ, Prentice Hall.

Kotler, P., & Armstrong, G. (2003), *Principles of marketing* (10th ed.), Englewood Cliffs, NJ, Prentice Hall.

Kotler, P., & Gertner, D. (2002), "Country as brand, product, and beyond: A place marketing and brand management perspective," *Brand Management*, 9(4/5), pp.249-261.

Kottak, C. P. (1990), *Prime-time society: An anthropological analysis of technology and culture*, Belmont, CA, Wadsworth.

Kraar, L. (1994, January 24), "TV is exploding all over Asia," *Fortune*, 129(2), p.97.

Lacter, M. (2000, June 12), "Mickey stumbles at the border," *Forbes*, 165(14), p.58.

Landers, D. E., & Chan-Olmsted, S. M. (2004), "Assessing the changing network TV market: A resource-based analysis of broadcast television networks," *Journal of Media Business Studies*, 1(1), pp.1-26.

Landler, M., Barnathan, J., Smith, G., & Edmondson, G. (1994, November 18), "Think globally, program locally," *Business Week*, p.186.

Lemak, D. J., & Arunthanes, W. (1997), "Global business strategy: A contingency approach," *Multinational Business Review*, 5(1), pp.26-37.

Leonidou, L. C. (1996), "Product standardization or adaptation: The Japanese approach," *Journal of Marketing Practice*, 2(4), pp.53-71.

Lerner, D. (1958), *The passing of traditional society: Modernizing the Middle East*, New York, Free Press.

Levin, M. (1994, May 14), "STAR TV takes over after MTV Asia goes off the air," *Billboard*, 106(20), p.8.

Levin, M. (1995, May 13), "MTV Asia relaunches in a much more crowded market," *Billboard*, 107(19), p.66.

Levitt, T. (1983), "The globalization of markets," *Harvard Business Review*, 61 (3), pp.92-102.
Levitt, T. (1988), "The pluralization of consumption," *Harvard Business Review*, 66 (3), pp.7-8.
Lewis, J. (2003), "Design issues," In J. Ritchie, & J. Lewis (Eds.), *Qualitative research practice: A guide for social science students and researchers* (pp.47-76), London, Sage.
Li, Z., & Dimmick, J. (2004), "Western media corporations' strategic behavior in transnational and emerging markets," Presented at the 6th World Media Economics Conference, Montreal, Canada.
Liebes, T., & Katz, E. (1990), *The export of meaning: Cross cultural readings of Dallas*, New York, Oxford University Press.
Lin, M. (2004), "Changes and consistency: China's media market after WTO entry," *Journal of Media Economics*, 17 (3), pp.177-192.
Liu, Y., & Chen. Y. (2003), "Cloning, adoptation, import and originality: Taiwan in the global format business," In A. Moran, & M. Keane (Eds.), *Television across Asia: Television industries, programme formats and globalization* (pp.54-73), London, Routledge.
Livingstone, S. (2003), "On the challenges of cross-national comparative media research," *European Journal of Communication*, 18 (4), pp.477-500.
Lockett, A., & Thompson, A. (2001), "The resource-based view and economics," *Journal of Management*, 27 (6), pp.723-754.
Loyka, J. J., & Powers, T. L. (2003), "A model of factors that influence global product standardization," *Journal of Leadership and Organizational Studies*, 10 (2), pp.64-72.
Lugo, L. M. T. (2003, January 31), "Weekender: Marketing," *Business World*, p.1.
LyngSat Address (2005), "LyngSat Address TV," Retrieved July 10, 2005 from the World Wide Web: http://www.lyngsat-address.com
Magnier, M. (2000, September 1), "MTV to reenter Japanese market in sync with local style, flair entertainment: In new partnership, the channel plans January launch, this time more focused on international reach," Retrieved February 28, 2005 from the World Wide Web: http://www.hqap.com/press_news/news_items/news20000901-1.html
Malhotra, N. K., Agarwal, J., & Baalbaki, I. (1998), "Heterogenuity of regional trading blocs and global marketing strategies: A multinational perspective," *International Marketing Review*, 15 (6), pp.476-506.
Martenson, R. (1987), "Is standardization of marketing feasible in culture-bound industries?: A European case study," *International Marketing Review*, 4 (3), 1-17.
McChesney, R. W. (1998), "Media convergence and globalization," In D. K. Thussu (Ed.), *Electronic empires: Global media and local resistance* (pp.27-46), London, Arnold.
McDowell, W. S. (2006), "Issues in marketing and branding," In Albarran, A. B., Chan-Olmsted, S. M., & Wirth, M. O. (Eds.), *Handbook of media management and economics* (pp.229-250), Mahwah, NJ, Lawrence Earlbaum Associates.
McGrath, N. (1995, June), "Battle for Asia's airwaves," *Asian Business*, 31 (6), pp.22-26.
Media Partners Asia (2005, June 30), *Media route 26*, Hong Kong, Media Partners Asia.
Medina, J. F., & Duffy, M. F. (1998), "Standardization vs. globalization: A new perspective of brand strategies," *Journal of Product & Brand Management*, 7 (3), pp.223-243.
Meltz, M. (1999), "Hand it over: Eurovision, exclusive EU sports broadcasting rights, and the article 85 (3) exemption," *Boston College International & Comparative Law Review*, 23 (1), pp.105-120.
Merriam, S. B. (1988), *Case study research in education*, San Francisco, Jossey-Bass.

Mifflin, L. (1995, November 27), "Can the Flintstones fly in Fiji?" *New York Times*, p.D1.
Miles, M. B., & Huberman, A. M. (1994), *Qualitative data analysis: An expanded sourcebook*, Newbury Park, NJ, Sage.
Mills, P. (1985), "An international audience?" *Media, Culture, and Society*, 7(4), pp.487-501.
Money, R. B., Gilly, M. C., & Graham, J. L. (1998), "Explorations of national culture and word-of-mouth referral behavior in the purchase of industrial services in the United States and Japan," *Journal of Marketing*, 62(4), pp.76-87.
Morley, D., & Robins, K. (1995), *Space of identity: Global media, electronic landscapes and cultural boundaries*, London, Routledge.
Murrell, D. (1997, May), "HBO Asia at Five: The challenges ahead," *Multichannel News International*, 3(5), p.41.
National Cable & Telecommunications Association (2005), "Cable programming guide book," Retrieved September 15, 2005 from the World Wide Web: http://www.ncta.com/Docs/PageContent.cfm?page ID=240
Negrine, R., & Papathanassopoulos, S. (1990), *The internationalization of television*, London, Pinter.
NHK (2001), *Sekai no hoso 2001* [World television 2001], Tokyo, NHK Broadcasting Culture Research Institute (in Japanese).
Noam, E. M. (1993), "Media Americanization, national culture, and forces of integration," In E. M. Noam, & J. C. Millonzi (Eds.), *The international market in film and television programs* (pp.41-58), Norwood, NJ, Ablex Publishing.
Oba, G. (2004), "New demands for US-imported television programmes in Japan's new video distribution environment," *Media Asia*, 31(2), pp.98-109.
Oba, G. (2005), "The popularity of Japanese television programming among Taiwanese audiences: Examining the impact of cultural proximity in regionalization of television," Presented at the International Communication Division, Association for Education in Journalism and Mass Communication, San Antonio, TX.
Oba, G., & Chan-Olmsted, S. M. (2005), "The development of cable television in East Asian countries: A comparative analysis of determinants," *Gazette: The International Journal for Communication Studies*, 67(3), pp.211-237.
Oba, G., & Chan-Olmsted, S. M. (2007), "Video strategy of transnational media corporations: A resource-based view examination of global alliances and patterns," *Journal of Media Business Studies*, 4(2), pp.1-25.
O'Donnell, S., & Jeong, I. (2000), "Marketing standardization within global industries: An empirical study of performance implications," *International Marketing Review*, 17(1), pp.19-33.
Ohmae, K. (1985), *Triad power: The coming space of global competition*, New York, Free Press.
Onkvisit, S., & Shaw, J. J. (1987), "Standardized international advertising: A review and critical evaluation of the theoretical and empirical evidence," *Columbia Journal of World Business*, 22(3), pp.43-55.
Osborne, M. (2000, September), "Seeking fair value, HBO Asia launches as-based channel," *Ad Age Global*, 1(1), p.6.
Owen, B. M., & Wildman, S. S. (1992), *Video economics*, Cambridge, MA, Harvard University Press.
Page, D., & Crawley, W. (2004), "The transnational and the national: Changing patterns of cultural influence in the Southern Asian TV market," In J. K. Chalaby (Ed.), *Transnational television*

worldwide: Towards a new media order (pp.128-155), London, I. B. Tauris.

Papadopoulos, N., & Heslop, L. A. (1993), *Product—country images: Impact and role in international marketing*, New York, International Business Press.

Papavassiliou, N., & Stathakopoulos, V. (1997), "Standardization versus adaptation of international advertising strategies: Towards a framework," *European Journal of Marketing*, 31(7), pp.504-527.

Parameswaran, R., & Yaprak, A. (1987), "A cross-national comparison of consumer research measures," *Journal of International Business Studies*, 18(1), pp.35-50.

Parsons, P. R., & Frieden, R. M. (1998), *The cable and satellite television industries*, Boston, Allyn and Bacon.

Pathania-Jain, G. (2001), "Global parents, local partners: A value-chain analysis of collaborative strategies of media firm in India," *Journal of Media Economics*, 14(3), pp.169-187.

Pathania-Jain, G. (1998), *When global companies localize: Adaptive strategies of media companies entering India*, Unpublished doctoral dissertation, University of Texas, Austin.

Pearson. (2003, December 17), "Press releases," Retrieved November 19, 2005 from the World Wide Web: http://www.pearson.com/about/ft/press_release.cfm?itemid=394&mediaid=494

Perlmutter, H. V. (1969), "The tortuous evolution of the multinational corporation," *Columbia Journal of World business*, 4(1), pp.9-18.

Petrecca, L. (2002, July), "ESPN in the zones," *Ad Age Global*, 2(11).

Phau, I., & Prendergast, G. (2000), "Conceptualizing the country of origin of brand," *Journal of Marketing Communications*, 6(3), pp.159-170.

Philo, S. (1999), "MTV's global footprint," In R. B. Browne, & M. W. Fishwick (Eds.), *The global village: Dead or alive?* (pp.66-78), Bowling Green, OH, Bowling Green State University Popular Press.

Picard, R. G. (1989), *Media economics*, Beverly Hills, CA, Sage.

Picard, R. G. (1993), "Introduction," In R. G. Picard (Ed.), *The cable networks handbook* (pp.1-7), Riverside, CA, Carpelan Publishing.

Picard, R. G. (2002), *The economics and financing of media companies*, New York, Fordham University Press.

Picard, R. G. (2005), "The nature of media product portfolios," In R. G. Picard (Ed.), *Media product portfolios: Issues in management of multiple products and services* (pp. 1-22), Mahwah, NJ, Lawrence Earlbaum Associates.

Porter, M. E. (1985), *Competitive advantage: Creating and sustaining superior performance*, New York, Free Press.

Porter, M. E. (1986), "The strategic role of international marketing," *Journal of Consumer Marketing*, 3(2), pp.17-21.

Price, M. E. (2002), *Media and sovereignty: The global information revolution and its challenge to state power*, Cambridge, MA, The MIT Press.

Quelch, J. A., & Hoff, E. J. (1986), "Customizing global marketing," *Harvard Business Review*, 64(3), pp.59-68.

Rau, P. A., & Preble, J. F. (1987), "Standardization of marketing strategy by multinationals," *International Marketing Review*, 4(3), pp.18-28.

Reca, A. A. (2006), "Issues in media product management," In Albarran, A. B., Chan-Olmsted, S. M., & Wirth, M. O. (Eds.), *Handbook of media management and economics* (pp.181-201), Mahwah,

NJ, Lawrence Earlbaum Associates.
Redstone, S., & Knobler, P. (2001), *A passion to win*, New York, Simon & Schuster.
Renaud, J., & Litman, B. R. (1985), "Changing dynamics of the overseas marketplace for TV programming: The rise of international co-production," *Telecommunications Policy*, 9(3), pp.245-261.
Ritchie, J., Lewis, J., & Elam, G. (2003), "Designing and selecting samples," In J. Ritchie, & J. Lewis (Eds.), *Qualitative research practice: A guide for social science students and researchers* (pp.77-108), London, Sage.
Robertson, R. (1995), "Glocalization: Time-space and homogeneity-heterogeneity," In M. Featherstone, S. Lash, & R. Robertson (Eds.), *Global modernities* (pp.25-44), Thousand Oaks, CA, Sage.
Rogers, E. M. (1983), *Diffusion of innovations* (3rd ed.), New York, The Free Press.
Roth, M. S. (1995), "The effects of culture and socioeconomics on the performance of global brand image strategies," *Journal of Marketing Research*, 32(3), pp.163-175.
Rugman, A. M., & Verbeke, A. (2004), "A perspective on regional and global strategies of multinational enterprises," *Journal of International Business Studies*, 35(1), pp.3-18.
Ryans, J. K., Jr., Griffith, D. A., & White, D. S. (2003), "Standardization/adaptation of international marketing strategy: Necessary conditions for the advancement of knowledge," *International Marketing Review*, 20(6), pp.588-603.
Salwen, M. B. (1991), "Cultural imperialism: A media effects approach," *Critical Studies in Mass Communication*, 8, pp.29-38.
Samiee, S., Jeong, I., Pae, J., & Tai, S. (2003), "Advertising standardization in multinational corporations: The subsidiary perspective," *Journal of Business Research*, 56(8), pp.613-626.
Samiee, S., & Roth, K. (1992), "The influence of global marketing standardization on performance," *Journal of Marketing*, 56(2), pp.1-17.
Sanchez-Tabernero, A. (2006), "Issues in media globalization," In Albarran, A. B., Chan-Olmsted, S. M., & Wirth, M. O. (Eds.), *Handbook of media management and economics* (pp.463-491), Mahwah, NJ, Lawrence Earlbaum Associates.
Santana, K. (2003, August 12), "MTV goes to Asia," *Global Policy Forum*, Retrieved March 16, 2004 from the World Wide Web: http://www.globalpolicy.org/globaliz/cultural/2003/0813mtv.htm
Schiller, H. I. (1976), *Communication and cultural domination*, New York, International Arts & Sciences Press.
Schiller, H. I. (1991), "Not yet the post-imperialist era," *Critical Studies in Mass Communication*, 8, pp.13-28.
Schramm, W. (1964), *Mass media and national development: The role of information in the developing countries*, Stanford, CA, Stanford University Press.
Schudson, M. (1994), "Culture and the integration of national societies," *International Social Science Journal*, 46(1), pp.63-81.
Schuiling, I., & Kapferer, J. N. (2004), "Real differences between local and international brands: Strategic implications for international marketers," *Journal of International Marketing*, 12(4), pp.97-112.
Scott, K. (2005, March 1), "That's entertainment," *Cable & Satellite Europe*, p.1.
Sheth, J. (1986), "Global markets or global competition?" *Journal of Consumer Marketing*, 3(2), pp.9-11.

Shimp, T. A., Samiee, S., & Madden, T. J. (1993), "Countries and their products: A cognitive structure perspective," *Journal of the Academy of Marketing Science*, 21(4), pp.323-330.

Shin, A. (2005, June 20), "Discovery at 20: Global strategy," *Washington Post*, p.D1.

Shoham, A. (1995), "Global marketing standardization," *Journal of Global Marketing*, 9(1/2), pp.91-119.

Shoham, A. (1996), "Marketing-mix standardization: Determinants of export performance," *Journal of Global Marketing*, 10(2), pp.53-73.

Shrikhande, S. (2001), "Competitive strategies in the internationalization of television: CNNI and BBC World in Asia," *Journal of Media Economics*, 14(3), pp.147-168.

Shrikhande, S. (2004), "Business news channels in Asia: Strategies and challenges," *Asian Journal of Communication*, 14(1), pp.38-52.

Simon-Miller, F. (1986), "World marketing: Going global or acting local? Five expert viewpoints," *The Journal of Consumer Marketing*, 3(2), pp.5-7.

Sinclair, J. (2004), "International television channels in the Latin American audiovisual space," In J. K. Chalaby (Ed.), *Transnational television worldwide: Towards a new media order* (pp.196-215), London, I. B. Tauris.

Sinclair, J., Jacka, E., & Cunningham, S. (1996), "Peripheral vision," In J. Sinclair, E. Jacka, & S. Cunningham (Eds.), *New patterns in global television: Peripheral vision* (pp.1-32), London, Oxford University Press.

Singleton, R., Straits, B., Straits, M., & McAllister, R. (1988), *Approaches to social research*, New York, Oxford University Press.

Snape, D., & Spencer, L. (2003), "The foundations of qualitative research," In J. Ritchie, & J. Lewis (Eds.), *Qualitative research practice: A guide for social science students and researchers* (pp.1-23), London, Sage.

Solberg, C. A. (2000), "Standardization or adaptation of the international marketing mix: The role of the local subsidiary/representative," *Journal of International Marketing*, 8(1), pp.78-98.

Song, X. M., Montoya-Weiss, M. M., & Schmidt, J. B. (1997), "The role of marketing in developing successful new products in South Korea and Taiwan," *Journal of International Marketing*, 5(3), pp.47-69.

Sorenson, R. Z., & Wiechmann, U. E. (1975), "How multinationals view marketing standardization," *Harvard Business Review*, 53(3), pp.38-54, 166-167.

Sricharatchanya, H. (1999, June 9), "Discovery Channel zooms in on Asia," *Bangkok Post*.

Steenkamp, J-D. E. M., Batra, R., & Alden, D. L. (2003), "How perceived brand globalness creates brand value," *Journal of International Business Studies*, 34(1), pp.53-65.

Straubhaar, J. D. (1991), "Beyond media imperialism: Assymetrical interdependence and cultural proximity," *Critical Studies in Mass Communication*, 8, pp.39-59.

Straubhaar, J. D. (1997), "Distinguishing the global, regional, and national levels of world television," In A. Sreberny-Mohammadi, D. Winseck, J. McKenna, & O. Boyd-Barrett. (Eds.), *Media in global context: A reader* (pp.284-298), London, Arnold.

Straubhaar, J. D. (2003), "Choosing national TV: Cultural capital, language, and cultural proximity in Brazil," In M. G. Elasmar (Ed.), *The impact of international television: A paradigm shift* (pp.77-110), Mahwah, NJ, Lawrence Erlbaum Associates.

Straubhaar, J. D., & Duarte, L. G. (2004), "Adapting US transnational television channels to a complex world: From cultural imperialism to localization to hybridization," In J. K. Chalaby (Ed.),

Transnational television worldwide: Towards a new media order (pp.216-253), London, I. B. Tauris.

Strauss, A. L., & Corbin, J. (1998), *Basics of qualitative research: Grounded theory procedures and techniques* (2nd ed.), Thousand Oaks, CA, Sage.

Street, J. (1997), "Across the universe: The limits of global popular culture," In A. Scott (Ed.), *The limits of globalisation* (pp.75-89), London, Routledge.

Strizzi, N., & Kindra, G. S. (1998), "Emerging issues related to marketing and business activity in Asia," *International Marketing Review*, 15(1), pp.29-44.

Strohm, S. M. (1993), "The Discovery Channel," In R. G. Picard (Ed.), *The cable networks handbook* (pp.69-77), Riverside, CA, Carpelan Publishing.

Su, H., & Chen, S. (2000), "The choice between local and foreign: Taiwan youth's television viewing behavior," In G. Wang, J. Servaes, & A. Goonasekera (Eds.), *The new communications landscape: Demystifying media globalization* (pp.225-244). London, Routledge.

Sutton, R. A. (2003), "Local, global, or national?: Popular music on Indonesian television," In L. Parks, & S. Kuman, (Eds.), *Planet TV: A global television reader* (pp.320-340), New York, New York University Press.

Szymanski, D. M., Bharadwaj, S. G., & Varadarajan, P. R. (1993), "Standardization versus adaptation of international marketing strategy: An empirical investigation," *Journal of Marketing*, 57(4), pp.1-17.

Tai, S. H. C. (1997), "Advertising in Asia: Localize or regionalize?" *International Journal of Advertising*, 16(1), pp.48-61.

Tai, S. H. C., & Tam, J. L. M. (1996), "A comparative study of Chinese consumers in Asian markets: A lifestyle analysis," *Journal of International Consumer Marketing*, 9(1), pp.25-42.

Tan, Z. (1997), "Taiwan," In H. Newcombs (Ed.), *Encyclopedia of television*, Retrieved August 18, 2004 from the World Wide Web: http://www.museum.tv/archives/etv/T/htmlT/taiwan/taiwan.htm

Tanzer, A. (1991, November 11), "The Asian village," *Forbes*, 148(11), p.58.

Tayeb, M. (2001), "Conducting research across cultures: Overcoming drawbacks and obstacles," *International Journal of Cross-Cultural Management*, 1(1), 91-108.

Taylor, S., & Bogdan, R. (1998), *Introduction to qualitative research methods* (3rd ed.), New York, Wiley.

Television Asia (2000, May), "A perfect blend," *Television Asia*, p.6.

Television Asia (2003a, January/February), "Discovery tops recall charts in Asia," *Television Asia*, p.4.

Television Asia (2003b, December), "Multichannel viewership increases in Asia," *Television Asia*, p.6.

Television Asia (2004, September), "Cartoon Network," *Television Asia*, p.4.

Television Business International (2003, August 1), "Cartoon Network boosts international content," *Television Business International*, p.1.

Television Business International (2004, August 1), "There's a crowd," *Television Business International*, p.1.

Terpstra, V., & Sarathy, R. (2000), *International marketing* (8th ed.), Fort Worth, TX, Dryden Press.

Terpstra, V., & Yu, C. (1988), "Determinants of foreign investment of U.S. advertising agencies," *Journal of International Business Studies*, 19(1), pp.33-46.

Thorelli, H. B., Becker, H., & Engledow, J. (1975), *The information seekers: An international study*

of consumer information and advertising image, Cambridge, MA, Ballinger.
Thussu, D. K. (2000), *International communication: continuity and change*, London, Arnold.
Thussu, D. K. (2004), "Taming the dragon and the elephant: Murdoch's media in Asia," *Media Development*, Retrieved August 30, 2005 from the World Wide Web: http://www.wacc.org.uk/wacc/publications/media_development/2004_4
Time Warner Inc. (2005a), "2004 annual report on form 10-K," Retrieved August 3, 2005 from the World Wide Web: http://ir.timewarner.com/edgar.cfm?ptype=1&hpage=on
Time Warner Inc. (2005b), "Home Box Office," Retrieved May 2, 2005 from the World Wide Web: http://www.timewarner.com/corp/businesses/detail/hbo/index_pf.html
Time Warner Inc. (2005c), "Turner Broadcasting System," Retrieved June 23, 2005 from the World Wide Web: http://www.timewarner.com/corp/businesses/detail/turner_broadcasting/index.html
Tomlinson, J. (1997), "Cultural globalization and cultural imperialism," In A. Mohammadi (Ed.), *International communication and globalization: A critical introduction* (pp.170-190), Thousand Oaks, CA, Sage.
Tracey, M. (1988), "Popular culture and the economics of global television," *Intermedia*, 16(2), pp.9-25.
Turner Enterprises (2005), "Ted Turner," Retrieved August 14, 2006 from the World Wide Web: http://www.tedturner.com/tedturner/LegacyTemplate.asp?file=PIMGhe248790.html
Usunier, J. C. (1993), *International marketing: A cultural approach*, London, Prentice Hall.
van den Berg-Weitzel, L., & van de Laar, G. (2001), "Relation between culture and communication in packaging design," *Brand Management*, 8(3), pp.171-184.
Verhage, B. J., Dahringer, L. D., & Cundiff, E. W. (1989), "Will a global marketing strategy work?: An energy conservation perspective," *Journal of the Academy of Marketing Science*, 17(2), pp.129-136.
Viacom Inc. (2004), "Form 10-K," Retrieved July 30, 2005 from the World Wide Web: http://www.sec.gov/Archives
Viacom Inc. (2005a), "Form 10-K," Retrieved August 3, 2005 from the World Wide Web: http://www.viacom.com/pdf/form10KMar2005.pdf
Viacom Inc. (2005b), "MTV: Music Television," Retrieved May 2, 2005 from the World Wide Web: http://www.viacom.com/prodbyunit1.tin?ixBusUnit=19
Viacom Inc. (2005c), "Nickelodeon," Retrieved May 2, 2005 from the World Wide Web: http://www.viacom.com/prodbyunit1.tin?ixBusUnit=20
Waheeduzzaman, A. N. M., & Dube, L. F. (2002), "Elements of standardization, firm performance, and selected marketing variables: A general linear relationship framework," *Journal of Global Marketing*, 16(1/2), pp.187-205.
Waheeduzzaman, A. N. M., & Dube, L. F. (2004), "Trends and development in standardization adaptation research," *Journal of Global Marketing*, 17(4), pp.23-52.
Waldman, A. (2002, May 1), "Global programmer the Disney Channel: Patience and aggressive local programming pay off," *Multinational News International*, p.21.
Walker, C. (1996), "Can TV save the planet?: Television is spawning worldwide consumer culture," *American Demographics*, 18(5), pp.42-47.
Wall Street Journal (1994, October 6), "Turner Broadcasting System Inc.: Company launches network of films, cartoons in Asia," *Wall Street Journal*, p.B4.
Wall Street Journal (2000, August 30), "Viacom says MTV will re-enter Japan with a new partner,"

Wall Street Journal, p.1.

Walley, W. (1995, September 18), "Programming globally-with care: Cultural research ensures Discovery's success abroad," *Advertising Age*, p.I14.

Walt Disney Co. (2004a), "Fact books," Retrieved July 30, 2005 from the World Wide Web: http://corporate.disney.go.com/investors/fact_books/2004/index.html

Walt Disney Co. (2004b), "Annual report 2004," Retrieved July 30, 2005 from the World Wide Web: http://corporate.disney.go.com/investors/annual_reports/2004/index.html

Walt Disney Co. (2005), "2004 form 10-K," Retrieved August 3, 2005 from the World Wide Web: http://corporate.disney.go.com/investors/

Walters, P. G. P. (1986), "International marketing policy: A discussion of the standardized construct and its relevance for corporate policy," *Journal of International Business Studies*, 17(2), pp.55-69.

Wang, C. (1996), "The degree of standardization: A contingency framework for global marketing strategy development," *Journal of Global Marketing*, 10(1), pp.89-107.

Warner, C., & Buchman, J. (1991), *Broadcast and cable selling* (2nd ed.), Belmont, CA, Wadsworth.

Warner, C., & Wirth, M. O. (1993), "Entertainment and Sports Programming Network (ESPN)," In R. G. Picard (Ed.), *The cable networks handbook* (pp.83-91), Riverside, CA, Carpelan Publishing.

Waterman, D. (1988), "World television trade: The economic effects of privatization and new technology," *Telecommunications Policy*, 12(2), pp.141-151.

Waterman, D., & Rogers, E. M. (1994), "The economics of television program production and trade in Far East Asia," *Journal of Communication*, 44(3), pp.89-111.

Weber, I. (2003), "Localizing the global: Successful strategies for selling television programmes to China," *Gazette: The International Journal for Communication Studies*, 65(3), pp.273-290.

Weber, J. (2002, February), "The ever-expanding, profit-maximizing, cultural-imperialist, wonderful world of Disney, *Wired*, 10(2), p.68.

Wernerfelt, B. (1984), "A resource-based view of the firm," *Strategic Management Journal*, 5(2), pp.171-180.

Westcott, T. (1999, April), "Nature of the beast," *Multichannel News International*, 5(4), p.17.

Whitelock, J. M., & Pimblett, C. (1997), "The standardization debate in international marketing," *Journal of Global Marketing*, 10(3), pp.45-66.

Wildman, S. S. (1995), "Trade liberalization and policy for media industries: A theoretical examination of media flows," *Canadian Journal of Communication*, 20(3), pp.367-388.

Wildman, S. S., & Siwek, S. E. (1988), *International trade in films and television programs*, Cambridge, MA, Ballinger.

Wimmer, R. D., & Dominick, J. R. (2000), *Mass media research: An introduction* (6th ed.), Belmont, CA, Wadsworth.

Wind, Y. (1986), "The myth of globalization," *The Journal of Consumer Marketing*, 3(2), pp.23-26.

Wind, Y., & Douglas, S. P. (1972), "International market segmentation," *European Journal of Marketing*, 6(1), pp.17-25.

Wind, Y., Douglas, S. P., & Perlmutter, H. V. (1973), "Guidelines for developing international marketing strategies," *Journal of Marketing*, 37(2), pp.14-23.

Winslow, G. (2001, June), "Cartoon Network's cartoon convergence," Multichannel News International, 7(5), p.45.

Wolf, M. J. (1999), *The entertainment economy: How mega-media forces are transforming our*

lives, New York, Time Books.
World Screen (2005), "Asia Pacific," Retrieved November 29, 2005 from the World Wide Web: http://www.worldscreen.com/asiapacific.php
World Screen (2006), "Viacom takes full ownership of MTV Japan," Retrieved October 11, 2006 from the World Wide Web: http://www.worldscreen.com/print.php?filename=mtv82906.htm
Xie, J., Song, M., & Stringfellow, A. (2003), "Antecedents and consequences of goal incongruity on new product development in five countries: A marketing view," *Journal of Product Innovation Management*, 20(3), pp.233-250.
Yin, R. K. (1994), *Case study research: Design and methods* (2nd ed.), Thousand Oaks, CA, Sage.
Yin, R. K. (2003), *Applications of case study approach* (2nd ed.), Thousand Oaks, CA, Sage.
Yip, G. S. (1995), *Total global strategy: Managing for worldwide competitive advantage*, Englewood Cliffs, NJ, Prentice Hall.
Zenith Optimedia (2002), "Television in Asian Pacific to 2010," London, Zenith Optimedia.
Zou, S., & Cavusgil, S. T. (1996), "Global strategy: A review and an integrated conceptual framework," *European Journal of Marketing*, 30(1), pp.52-69.

索　引

欧文

CNNI　5, 6, 55, 64, 69, 70, 72, 87
CNO　121, 122, 123, 124, 125, 127, 131, 132, 133, 134, 135, 136, 137, 183
ESPN　55, 64, 72, 87, 90, 138, 139, 140, 146, 147, 148, 149, 150, 151, 152, 153, 169, 185, 187, 188, 189, 190
────STARスポーツ　91, 138, 139, 140, 141, 146, 150, 151, 152, 153, 170, 178, 191, 192
────アジア　138, 140, 141, 145, 146, 147, 170, 189
────インド　138
────台湾　138, 140, 141, 145, 146, 147, 148, 150, 170, 173, 192
────の現地版チャンネル　144, 152, 170, 171, 187
────香港　139, 141
HBO　10, 54, 63, 72, 209
MTV　6, 55, 66, 69, 72, 76, 87, 90, 99, 100, 101, 102, 103, 105, 106, 107, 108, 109, 110, 111, 112, 113, 114, 115, 116, 117, 118, 169, 172, 173, 174, 175, 184, 185, 186, 188, 189, 190, 192
────アジア　69, 101, 102, 103
────インド　89, 101
────インドネシア　102
────コリア　102, 105
────サム　101, 102, 104, 109, 117, 191
────ジャパン　99, 102, 103, 104, 108, 109, 110, 111, 112, 115, 116, 117, 174, 176
────タイ　102
────台湾　96, 101, 102, 104, 108, 109, 110, 111, 113, 115, 117, 189, 191, 192
────チャイナ　101, 109
────ネットワークス　5, 6, 87, 101, 102, 103, 105, 112, 113, 114, 116, 117, 118, 188, 189, 191, 206
────ネットワークス・アジア　91, 101, 103, 109, 113, 117, 176, 178, 191, 192
────の現地版チャンネル　103, 105, 107, 108, 109, 112, 113, 114, 115, 117, 170, 171, 173, 184
────フィリピン　102
────ブランド　113, 116, 184
STAR TV　56, 57, 67, 68, 74, 101, 138, 140
TNMC　2, 3, 4, 5, 8, 12, 63, 74, 75, 77, 89, 199
VH1　101

ア行

アジア市場　12, 15, 16, 17, 61, 65, 66, 68, 69, 70, 72, 75, 78, 79, 81, 86, 87, 89, 91, 94, 101, 103, 108, 113, 115, 117, 119, 138, 150, 152, 174, 175, 176, 178, 180, 181, 196, 209
アジアのMTV　103, 104, 105, 108, 109, 111, 113, 190
アジアのカートゥーン・ネットワーク　120, 121, 122, 126
アジアの現地版チャンネル　116, 128, 160, 164, 178, 189, 202
アジアの視聴者　57, 65, 104, 106, 122, 130, 157, 162, 170, 183, 184, 191, 200
アジアのディスカバリー・チャンネル　156, 169
アニメーション　12, 55, 87, 119, 121, 123, 124, 125, 126, 127, 128, 130, 131, 132, 133, 136, 171, 172, 174, 179, 181, 197, 200
────・キャラクター　173
意思決定　47, 116, 117, 185, 188, 191, 201, 206
イノベーション　18, 34, 35
インフラストラクチャー　16, 17, 35, 37, 38, 61, 177, 180, 181, 199
ヴィアコム　2, 4, 5, 12, 68, 74, 87, 101, 191

索　引　237

ウィンドウ戦略　53, 164
衛星放送　5, 14, 16, 38, 51, 56, 64, 66, 71, 191
エンターテインメント番組　87, 88
欧米のアニメーション　127, 131
音楽番組　55, 87, 103, 106, 107, 108, 111, 117, 118, 170, 173, 174
音楽ビデオ　103, 106, 109, 112, 113, 174

カ行

カートゥーン・ネットワーク　12, 87, 91, 119, 121, 122, 123, 124, 125, 128, 129, 130, 131, 132, 133, 134, 135, 136, 139, 169, 170, 171, 173, 174, 175, 182, 183, 184, 185, 187, 188, 189, 190
　──・アジア太平洋　91, 119, 120, 122, 132, 135, 178, 191, 192, 193
　──・ジャパン　120, 122, 123, 126, 129, 130, 131, 132, 134, 136, 137
　──台湾　121, 123, 127, 128, 129, 130, 133, 135, 136, 192
　──東南アジア　89, 120, 121, 122, 123, 133, 134, 136, 179
　──の現地版チャンネル　134, 135, 183, 185
　──・ブランド　183
外国製アニメーション　127, 128, 130
外国製番組　8, 10, 54, 61, 62, 63, 110, 128, 145, 146, 150, 172, 178, 179
カスタム化　19, 52, 170
完全所有子会社　3, 4, 48, 49, 76, 77, 101, 117, 132, 136, 166, 167, 192, 193, 202
完全適応化　23
完全標準化　19, 21, 23, 28, 52
関連会社　4, 5, 6, 43, 44, 45, 47, 48, 51, 75, 76, 89, 131, 151, 169, 173, 190, 191, 201, 206, 209
企業特性　79, 193, 197
企業内部要因　12, 117, 166, 196, 201
規制　11, 14, 15, 37, 62, 63, 110, 146, 160, 179, 180, 182, 199
　──緩和　1, 4, 63, 199
規模の経済　2, 9, 15, 20, 22, 29, 31, 53, 163, 166, 186, 187, 188, 201, 205
規模・範囲・学習の経済　11
規模・範囲の経済　187, 193, 202

キャラクター　127, 128, 133, 171, 181, 187, 197
競技の嗜好　144, 153
競争　10, 17, 24, 38, 39, 46, 68, 69, 70, 75, 79, 110, 111, 129, 130, 138, 147, 153, 161, 166, 182, 197, 199, 208
　──優位　12, 45, 46, 47, 75, 76, 77
　──力　20, 22, 24, 39, 48, 79, 115, 161, 182, 200
巨大メディア企業　2, 68
キラー・コンテンツ　140
グローカリゼーション　22
グローカル　112
グローバル・イメージ　40, 183, 184
グローバル規模での事業　2, 3, 22
グローバル規模で配給　124, 183
グローバル市場　11, 33, 44
グローバル・テレビネットワーク　6, 8, 9, 10, 11, 12, 13, 15, 17, 51, 52, 53, 54, 56, 57, 62, 66, 67, 68, 69, 70, 71, 75, 76, 77, 90, 91, 114, 115, 144, 147, 162, 163, 164, 169, 178, 183, 184, 188, 190, 199, 200, 201, 203, 204, 205, 207, 208, 210, 211, 212
　──の番組　13, 14, 207, 208, 210, 211
グローバル・ブランド　32, 40, 57, 72, 73, 112, 136, 147, 162, 183, 184, 200, 202, 206, 207
グローバルメディア複合企業　2
経営効率　20, 166, 188
経営資源　12, 43, 46, 79, 185, 201
経験財　15, 71
ケーブルテレビ　4, 5, 14, 16, 17, 63, 64, 65, 66, 90, 101, 179
ケーブルネットワーク　4, 5, 6, 10, 12, 15, 55, 62, 63, 64, 65, 66, 71, 72, 73, 86, 90, 101, 134, 154, 179, 181
決定権　135, 151, 152, 153, 166, 178, 188, 190, 191, 192, 202, 206
言語カスタム化　52, 70, 114, 122, 141, 150, 163, 170
原産国　41, 42, 55, 73, 79, 131, 162, 182, 183, 184, 198, 200
　──効果　24, 42, 43, 79, 148, 184, 197, 200, 201
現地制作番組　115, 116, 117, 118, 170, 207
現地適応化　10, 12, 22, 33, 39, 44, 54, 67, 68, 69,

238　索　引

　　　　70, 75, 78, 104, 105, 110, 113, 114, 122,
　　　　123, 132, 136, 137, 141, 142, 149, 152,
　　　　153, 156, 157, 163, 169, 170, 171, 172,
　　　　174, 181, 182, 184, 185, 190, 199, 202,
　　　　203, 204, 207, 208, 210, 211
　——戦略　11, 105, 117, 118, 153, 169, 193
　——番組　69, 170, 193, 196, 202, 207, 211
現地独自番組　202
現地パートナー　49, 77, 102, 123, 187, 191
現地版チャンネル　6, 9, 51, 55, 67, 90, 101, 103,
　　　　105, 111, 113, 114, 115, 117, 118, 119,
　　　　120, 121, 132, 134, 135, 136, 150, 151,
　　　　152, 153, 154, 159, 163, 165, 166, 167,
　　　　168, 173, 174, 176, 179, 181, 184, 186,
　　　　187, 189, 191, 192, 193, 196, 197, 199,
　　　　200, 202, 206, 207, 209
コア・コンピタンス　46, 48
公共財　14, 52
広告　15, 17, 20, 56, 65, 67, 68, 90, 110, 161, 181
　——市場　90, 91
　——収入　56, 64, 66, 71, 93, 110, 114, 133, 199
　——代理店　66
　——主　15, 38, 56, 64, 66, 67, 68, 71, 79, 93, 110,
　　　　129, 146, 161, 181, 182
　——費　61, 65, 90
高視聴率　115, 123, 145
購入番組　168
合弁企業　4, 140, 152, 187
合弁事業　48, 49, 77, 101, 102, 117, 136, 139, 154,
　　　　191, 193
効率　23, 66, 67, 114, 164, 186, 204
　——性　9, 29, 37, 45, 46, 187, 188
子会社　190, 191
国際マーケティング　14, 18, 19, 20, 22, 32, 46,
　　　　187, 193
　——研究　14, 15, 18, 20, 51, 70, 77, 78, 129, 175,
　　　　177, 178, 180, 182, 187, 190, 193, 196,
　　　　197, 210
　——戦略　43
国際流通　1, 10, 11, 52, 53, 59, 62, 108
国産アニメーション・チャンネル　129, 136, 137
国産音楽チャンネル　69, 110, 111, 115
国産スポーツ・チャンネル　147, 153
国産チャンネル　72, 112, 130, 166, 182, 199, 202,
　　　　207
コメディ　55, 63, 127, 131
コンテンツ　121
　——資源　115, 134, 165, 188, 189, 190, 201, 206

サ行

サード・パーティー　121, 128, 133
　——・コンテンツ　133, 134
資源　2, 4, 11, 12, 20, 43, 45, 46, 48, 51, 74, 75,
　　　　76, 77, 84, 115, 134, 151, 164, 187, 188,
　　　　189, 190, 193, 206
　——配置　12
嗜好　8, 15, 33, 108, 125, 131, 150, 159, 172, 175,
　　　　177, 182, 184, 185, 196, 198, 205
自国製番組　8, 10, 57, 61, 63, 69, 178, 184, 185
市場参入　3, 6, 43, 48, 79, 185, 193
市場セグメント　31, 44
視聴者　6, 8, 9, 11, 15, 52, 53, 54, 56, 58, 59, 66,
　　　　67, 69, 70, 71, 73, 74, 75, 88, 107, 108,
　　　　110, 112, 114, 115, 122, 124, 125, 126,
　　　　131, 135, 139, 142, 146, 148, 149, 154,
　　　　156, 157, 158, 159, 161, 162, 163, 166,
　　　　172, 173, 174, 175, 176, 177, 181, 183,
　　　　184, 185, 196, 197, 198, 200, 204, 205,
　　　　207, 209, 211
　——数　4, 65, 176, 203
　——セグメント　66, 71, 78, 107, 136, 143, 205
　——の嗜好　17, 178, 204, 205
　——のニーズ　107, 191
視聴率　108, 114, 126, 130, 150
質的研究　83, 210
質的調査　81, 82, 83, 97, 98
ジャンル　55, 62, 73, 104, 172, 184, 197
消費者セグメント　24, 31, 197
所有権ベース資源　74, 75, 188, 201
事例研究　83, 84, 99, 208, 209, 210
シンガポール市場　169
シンガポールの視聴者　108, 159, 176, 178, 184,
　　　　185, 199
シンジケーション　1, 90
スポーツ・アイESPN　138, 139, 140, 141, 146,
　　　　147, 149, 151, 152
スポーツ競技の嗜好　142, 144, 145
スポーツ・ニュース　141, 143, 147, 171

索　引　239

スポーツ番組　55, 87, 139, 140, 142, 143, 145, 146, 148, 150, 153
製品適応化　21, 22, 23, 29, 31, 37, 38, 47, 111, 182, 210
──戦略　180
製品特性　24, 54, 170, 197, 205
製品標準化　21, 22, 23, 28, 32, 33, 35, 36, 37, 39, 40, 42, 43, 47, 53, 60, 78, 79, 177
──戦略　22
──・適応化　14, 24, 35, 43, 78-79, 87, 172, 177, 196, 203
世界規模で配給　10, 53, 136, 148, 166, 173, 175, 176, 180, 184, 187, 189, 196, 198, 201, 205
世界規模での魅力　125
世界規模の視聴者　54, 172, 205
世界標準化　21, 22, 23, 39, 47, 51, 53, 182, 190, 212
──製品　30
──戦略　11, 38, 166, 180, 190
──番組　51, 62, 198
セグメント　31, 32, 56, 57, 66, 78, 107, 174, 175, 198, 204, 211
戦略的提携　12, 77
相乗効果　22, 46, 134, 210

タ行

ターゲット　35, 54, 56, 57, 65, 66, 67, 70, 71, 74, 78, 107, 130, 131, 172, 174, 175, 198, 204
──市場　13, 14, 20, 29, 72
──視聴者　56, 70, 104, 108, 123, 158, 176, 183
──消費者　181, 200
ターナー・ブロードキャスティング　5, 87, 119, 121, 122, 125, 132, 135, 136
タイム・ワーナー　2, 4, 5, 12, 68, 87, 119, 121
台湾の視聴者　58, 73, 108, 123, 126, 131, 135, 141, 143, 145, 147, 148
台湾製番組　58
多チャンネル　5, 64, 68, 110, 199
──化　1, 64
──契約　147, 199
──・サービス　16, 64, 180, 181
──事業者　64, 65, 79, 110, 147, 161, 180, 181, 182
──市場　91, 110
──・メディア　70, 91, 93
地域規模　67, 157, 165, 185
──で配給　178
地域共通番組　151, 152
地域共有番組　108, 192, 193
地域標準化　62, 153
地域本部　91, 135, 136, 146, 165, 166, 167, 178, 188, 189, 191, 192, 193, 201
知識ベース資源　74, 75, 188, 189, 190, 201
中国製番組　58
超国家視聴者セグメント　56, 57, 79, 107, 166, 175, 198, 205, 209
超国家消費者セグメント　31, 32, 55
ディスカバリー・アジア　91, 154, 155, 156, 159, 160, 161, 163, 164, 165, 166, 167, 170, 173, 176, 178, 191, 192, 193
ディスカバリー・コミュニケーションズ　11, 154, 165, 166
ディスカバリー・ジャパン　156, 166
ディスカバリー・チャンネル　64, 67, 72, 87, 88, 90, 154, 155, 156, 157, 158, 159, 160, 161, 162, 163, 164, 165, 166, 169, 170, 173, 175, 182, 183, 184, 185, 186, 187, 188, 189, 190
──・ジャパン　156, 160, 161, 164, 189, 192
──台湾　160
──東南アジア　160
──の現地版チャンネル　154, 162, 164, 169, 183
ディスカバリー・ブランド　183
ディスカバリー中央ヨーロッパ　155
ディズニー　2, 4, 76, 87, 124, 133, 138
──・チャンネル　76, 119, 129, 136, 209
適応化　19, 20, 22, 25, 28, 38, 43, 46, 49, 65, 170, 191, 204
──番組　68, 210
テレノベラ　58, 73
テレビ番組製品　14, 15, 18, 79, 180
テレビ番組の現地適応化　169, 170, 172
テレビ番組の標準化　53, 186, 204
東南アジアの視聴者　143, 145, 147
ドキュメンタリー　1, 55, 67, 73, 87, 88, 154,

156, 157, 158, 159, 160, 161, 162, 164, 166, 170, 172, 173, 174, 177, 179, 197
独自制作番組　140, 149, 168, 174, 187
独自番組　114, 164, 166, 170, 171, 173, 174, 180
　——制作　160, 186, 197, 199
ドラマ　1, 55, 59, 61, 62, 63, 174
トランスナショナル・メディア企業　2

ナ行

ナショナル・ジオグラフィック・チャンネル　161
ニケロデオン　12, 101, 119, 127
日本製アニメーション　122, 123, 124, 127, 129, 130, 131, 133, 184
日本製番組　58, 59, 73
日本の視聴者　108, 126, 130, 143, 145, 152, 156, 159, 162
日本や台湾の視聴者　145, 176, 185, 199
ニュース　12, 55, 64, 68, 69, 70, 87, 88, 151
ニューズ・コーポレーション　74
ネットワーク番組　102, 103, 114, 115, 116, 117, 118, 134, 135, 147, 152, 156, 158, 161, 163, 164, 166, 168, 169, 170, 171, 172, 173, 175, 176, 180, 181, 182, 183, 185, 186, 191, 192, 193, 196, 199, 200, 201, 202, 207
ネットワーク本社　134, 135, 188, 191, 192, 193, 201, 202, 209

ハ行

汎アジア　56, 57, 72, 74, 101, 160
範囲の経済　134
番組資源　53
番組嗜好　174, 177, 205
番組製品　12, 51, 53, 94, 169, 175, 182, 185, 187, 193, 196, 203, 204, 205, 206, 207, 208, 209
　——の特性　10, 18, 78, 174
番組タイプ　55, 68, 86, 87, 124, 170, 172, 173, 174, 184, 197, 200
番組適応化　10, 54, 61, 70, 74, 77, 111, 182, 196, 200, 202, 207
番組標準化　51, 54, 56, 57, 181, 198, 200, 201, 204, 205, 210

——・適応化　52, 68, 87, 208, 210
ヒストリー・チャンネル　161
費用削減　20, 22, 23, 114
標準化　9, 19, 23, 24, 28, 30, 32, 38, 39, 49, 70, 198, 200, 201, 204, 205, 206, 207, 208
　——製品　21, 30, 38, 42, 79, 186
　——戦略　23, 43, 47, 186, 204
　——・適応化　14, 20, 23, 24, 28, 31, 46, 196, 208, 211
　——番組　51, 54, 57, 58, 61, 63, 68, 72, 73, 168, 198, 203, 210
　——メディア製品　30, 31
費用対効果　186, 204
フォーマット　117, 161, 174, 197
普遍的魅力　10, 21, 54, 106, 117, 118, 124, 126, 136, 143, 157, 166, 172, 173, 174, 175, 197
ブラジル製番組　59
ブランド　21, 24, 37, 39, 40, 41, 42, 46, 65, 66, 70, 71, 72, 73, 76, 79, 91, 111, 112, 115, 129, 132, 148, 161, 182, 183, 184, 197, 200, 202, 207, 209
　——・アイデンティティ　72, 73, 135
　——・イメージ　21, 40, 42, 43, 79, 111, 113, 130, 131, 148, 183, 191, 200
　——設定　39, 40, 70, 71, 72
　——戦略　70, 72
文化製品　7, 8, 10, 54, 58, 175, 197, 199
文化帝国主義　7, 8, 9
文化的価値　8, 10, 34, 42, 59, 170, 173, 175, 176, 198
文化的感受性　10, 28, 29, 55, 57, 88, 136, 172, 174, 197
文化的近似性　57, 58, 59, 62, 108, 159, 178
文化的割引　54, 61, 125
文化特性　15, 24, 28, 29, 34, 42, 74, 175, 177, 197, 198, 199, 200, 205
米国 ESPN　140, 141, 147
米国 MTV　103, 106, 108, 111, 113, 176
米国カートゥーン・ネットワーク　121, 123, 127
米国製アニメーション　123, 126, 127, 176
米国製ドキュメンタリー　158
米国製番組　10, 17, 53, 54, 59, 61, 73, 75, 93, 112, 211

米国ディスカバリー・チャンネル　156, 162
米国の視聴者　54, 104, 124, 156, 157, 159
放映権　115, 133, 138, 140, 142, 146, 148, 149, 150, 151, 164, 169, 185, 187, 189
北東アジアの視聴者　145
本社　43, 47, 48, 76, 152, 166, 190, 193, 198

マ行

マーケティング　13, 14, 18, 19, 20, 22, 24, 29, 33, 35, 39, 41, 43, 44, 45, 46, 47, 48, 51, 69, 72, 75, 84, 93, 94, 141, 149, 172, 186, 189, 201, 212
　――・インフラストラクチャー　37, 38, 180
　――戦略　19, 23, 28, 38, 39, 40, 161
　――標準化　36, 38
　――・ミックス　19, 20
メディア・グローバリゼーション　1, 2, 6, 9, 51, 202, 207
メディア製品　2, 7, 8, 10, 14, 15, 53, 207
メディア・ブランド　70, 71, 72

ラ行

ライセンス　4, 49
　――契約　48, 49, 77, 133
ライブラリー　1, 12, 115, 121, 122, 125
リアリティ番組　103, 106, 112, 113
リージョナリゼーション　37
リージョナル　67, 70, 110, 159, 161, 163
　――企業　67, 68
　――規模　37, 131, 164
　――番組　108, 141
リメイク　105, 106, 141, 147, 171
量的調査　81, 82, 98, 210
ローカル市場　8, 10, 11, 17, 19, 22, 38, 39, 47, 48, 52, 53, 67, 68, 69, 74, 75, 76, 77, 88, 103, 104, 105, 106, 108, 109, 111, 113, 114, 115, 118, 126, 128, 129, 135, 141, 142, 143, 147, 150, 153, 156, 162, 164, 165, 170, 171, 175, 179, 184, 185, 188, 189, 190, 191, 193, 196, 199, 203, 211
　――の音楽　105, 112
　――の嗜好　8, 9, 23, 69, 130, 144, 170, 171, 176, 186
　――の視聴者　65, 66, 105, 112, 113, 116, 130, 157, 163, 165, 169, 172, 176, 206
　――の視聴者の嗜好　57, 144, 159, 170, 202
　――の需要　105, 113, 114, 175, 184
　――のターゲット視聴者　105, 117
　――の特異性　45, 47
　――の特性　116, 117
　――のニーズ　21, 45, 163, 182, 188, 199
　――の文化　29
ローカル視聴者　107, 141, 142, 147, 202
ローカル制作番組　150, 161, 181, 207
ローカル・チーム　91, 115, 116, 117, 135, 141, 165, 167, 188, 190, 192, 193, 196, 202, 206, 210

ワ行

ワーナー・ブラザース　121

著者紹介
大場吾郎（おおば ごろう）

佛教大学社会学部現代社会学科准教授，マスコミュニケーション学博士
1968年　英国に生まれる。
1991年　慶應義塾大学文学部社会学専攻卒業
1991〜2001年　日本テレビ放送網株式会社勤務
2003年　ミシガン州立大学大学院修士課程修了
2007年　フロリダ大学大学院博士課程修了
専門　メディア産業論，メディア・グローバリゼーション

グローバル・テレビネットワークとアジア市場

2008年11月15日　第1版第1刷発行　　　　　　検印省略

著　者	大　場　吾　郎	
発行者	前　野　　　弘	

東京都新宿区早稲田鶴巻町533

発行所　株式会社 文眞堂
電　話　03(3202)8480
ＦＡＸ　03(3203)2638
http://www.bunshin-do.co.jp
郵便番号 (162-0041)　振替 00120-2-96437

印刷・㈱キタジマ　製本・イマヰ製本所

Ⓒ 2008
定価はカバー裏に表示してあります
ISBN978-4-8309-4629-5　C3036